DER GENETISCHE CODE

FASZINATION MENSCHLICHER KÖRPER

DER GENETISCHE CODE

FASZINATION MENSCHLICHER KÖRPER

NAUMANN & GÖBEL

Dieser Band gehört zu der Reihe

Faszination menschlicher Körper,

die sich mit dem faszinierenden inneren Universum des menschlichen Körpers und Geistes befaßt.

Bisher sind erschienen:

Der genetische Code
Wahrnehmung und Bewußtsein
Rätsel der Persönlichkeit
Selbstheilungskräfte des Körpers
Das Immunsystem

Der genetische Code

Lizenzausgabe für
© Naumann & Göbel Verlagsgesellschaft mbH in der VEMAG
Verlags- und Medien Aktiengesellschaft, Köln

Umschlagmotive: Bavaria Bildagentur, Düsseldorf; ZEFA Bildagentur, Düsseldorf
Gesamtherstellung: Naumann & Göbel Verlagsgesellschaft mbH, Köln
ISBN 3-625-10630-2

FASZINATION MENSCHLICHER KÖRPER

BERATER

KEN BROWN, der die Rolle von Neurohormonen und Stressproteinen bei der Regulation der Genexpression untersucht, lehrt an der Abteilung Biowissenschaften der George Washington University, Washington, D.C.

WESLEY BROWN lehrt an der University of Michigan, Ann Arbor; seine Forschungsgebiete sind Evolutionsgenetik und Molekularbiologie.

SEAN CARROLL lehrt Molekularbiologie und Genetik an der University of Wisconsin, Madison.

PAULA GREGORY ist Education Director des Human-Genom-Zentrums, Abteilung Innere Medizin, National Institutes of Health, an der University of Michigan, Ann Arbor.

MICHAEL KASTAN ist Onkologe und Genetiker an der Johns Hopkins University, Baltimore.

JEANNE M. MECK leitet das Labor für Cytogenetik am Medizinischen Zentrum der Georgetown University, Washington, D.C., wo sie an der Abteilung für Geburtshilfe und Frauenheilkunde lehrt.

REED PYERITZ ist Klinischer Direktor des Zentrums für Medizinische Genetik an der Johns Hopkins University, Baltimore. Er beschäftigt sich mit der Diagnostik und dem Umgang von Erbkrankheiten.

NANCY SEGAL leitet das Zentrum für Zwillingsforschung an der California State University, Fullerton, wo sie in der Abteilung Psychologie auch als Dozentin tätig ist.

WAYNE STANLEY ist Leiter der Abteilung Cytogenetik am Children's National Medical Center, Washington, D.C., und lehrt an der George Washington University, Washington, D.C.

IRWIN WALDMAN lehrt an der Abteilung Psychologie der Emory University, Atlanta. Sein Forschungsgebiet ist die Entwicklungspsychopathologie.

NELSON WIVEL ist Direktor des Büros für Projekte mit rekombinierter DNS an den National Institutes of Health, Bethesda, Maryland.

INHALT

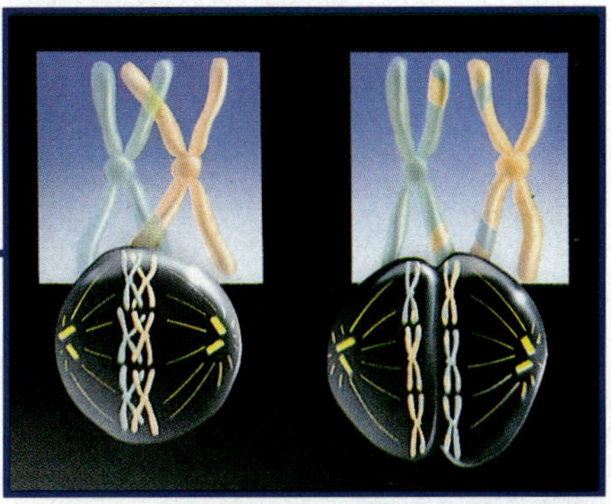

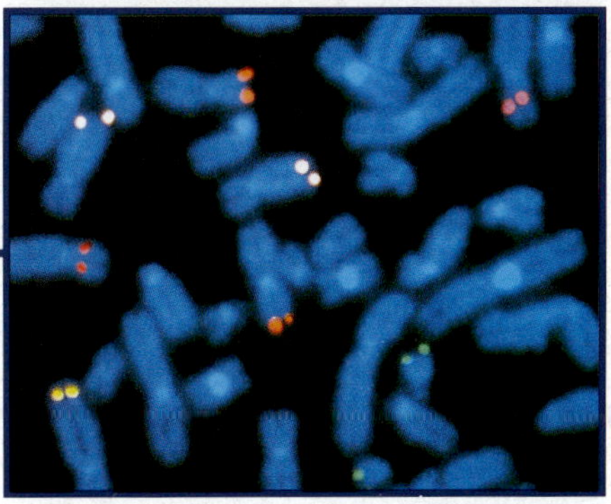

22
3

1

Das Wunder der Vererbung

Selbst verblüffende Übereinstimmungen hinsichtlich der Lebensumstände von Zwillingen wecken bei seriösen Wissenschaftlern zumeist nur vorübergehendes Interesse, da sie diese für eher zufällig halten. Die Geschichte von Jim Springer und Jim Lewis, eineiigen Zwillingen, die wenige Wochen nach ihrer Geburt voneinander getrennt worden waren, bietet hierfür ein gutes Beispiel. Als sich die beiden Brüder 1979 im Alter von 39 Jahren wiedersahen und ihre Lebensläufe verglichen, stellten sie eine Reihe ungewöhnlicher Parallelen fest. So war ihnen von ihren Adoptiveltern nicht nur derselbe Vorname verliehen worden, sie besaßen auch beide einen Adoptivbruder namens Larry und als Kind einen Hund namens Toy. Darüber hinaus hatten sie beide bei McDonald's und an Tankstellen gearbeitet sowie als Deputy-Sheriffs gedient. Beide waren zweimal verheiratet gewesen; beide Male hieß ihre erste Frau Linda und die zweite Betty mit Vornamen. Jim Lewis hatte einen Sohn namens James Alan und Jim Springer einen Sohn namens James Allan. Sie machten regelmäßig am selben Küstenstreifen Floridas Urlaub, bevorzugten das gleiche Automodell in gleicher Farbe und Ausstattung, hatten die gleiche Vorliebe für eine bestimmte Biersorte und griffen als Kettenraucher zur selben Zigarettenmarke. Beide lebten in Städten, die von ihrem Geburtsort Piqua, Ohio, etwa gleich weit entfernt waren, und wohnten jeweils in dem einzigen Haus

VORHERGEHENDE SEITE: Dieses farbkodierte Bild, das durch ein Elektronenmikroskop aufgenommen wurde, zeigt eine Ansammlung menschlicher Chromosomen aus einer weißen Blutzelle in 10 000facher Vergrößerung. Fast alle Zellen des Körpers enthalten 23 Chromosomenpaare; sie sind Träger sämtlicher genetischer Informationen, die benötigt werden, um einen Menschen zu erschaffen.

des Viertels, in dessen Hof ein Baum mit einer weißen Bank stand.

Als diese bemerkenswerten Ähnlichkeiten bekannt wurden, begannen die Medien sich für die sogenannten Jim-Zwillinge zu interessieren. Die Wissenschaftler bewegte indes eher die Frage, was die so lange getrennten Brüder voneinander unterschied. Dies galt besonders für Thomas J. Bouchard jr., Psychologe an der University of Minnesota. Er hatte sich mit dem Einfluß der Umwelt auf das Verhalten beschäftigt. Da Zwillinge wie Lewis und Springer hinsichtlich ihrer Erbanlagen identisch waren, sei jeder Unterschied zwischen ihnen, so sein Credo, auf Umweltfaktoren zurückzuführen. In kürzester Zeit, nachdem er von dem Fall gelesen hatte, bemühte er sich um Forschungsgelder, die es ihm erlauben würden, die Zwillinge unter wissenschaftlichen Bedingungen zu testen. Kaum einen Monat, nachdem die beiden Brüder einander wiedergefunden hatten, begannen in Bouchards Labor die ersten Untersuchungen. Jim Springer berichtete später: „Dr. Bouchard wollte uns erforschen, bevor wir – wie er sich ausdrückte – aufgrund eines zu intensiven Beisammenseins jeweils durch den anderen ‚kontaminiert' wären."

In gewissem Sinne jedoch schien die „Kontamination" durch das biologische Erbe bereits vorgegeben zu sein. Je mehr Bouchard über die Zwillinge erfuhr, desto mehr Parallelen stellte er zwischen ihnen fest. Neben der offenkundigen Übereinstimmung in ihrem Äußeren besaßen sie auch eine verblüffend ähnliche Krankengeschichte. Beide litten unter hohem Blutdruck und seit ihrer Jugendzeit an Migräne; außerdem hatten sie zur gleichen Zeit Herzrhythmusstörungen gehabt, die sie als Herzinfarkt deuteten. Schon diese physiologischen Parallelen waren erstaunlich, aber was Bouchard wirklich frappierte, waren die mentalen und psychologischen Profile der Zwillinge. Die Bewertungen ihrer jeweiligen Persönlichkeit mittels eines Punktesystems hinsichtlich verschiedener Eigenschaften wie Geselligkeit, Selbstbeherrschung und Weltoffenheit waren bis ins Detail identisch, wie wenn sie das Prüfungsergebnis einer Einzelperson aus zwei separaten Sitzungen wiedergäben. Auch die Resultate der Intelligenztests lagen sehr nahe beieinander. Das vielleicht objektivste Maß lieferten EEGs (Elektroenzephalogramme), Aufzeichnungen der Hirnströme: Sie waren so ähnlich, daß auch die Wissenschaftler Jim Springer und Jim Lewis kaum voneinander unterscheiden konnten.

Am überzeugendsten jedoch waren, so Bouchard, „die kleinen Dinge, die erst zusammengenommen eine Persönlichkeit ausmachen" – Haltung und Körpersprache, der Gesichtsausdruck und die feinen Schattierungen in der Klangfarbe der Stimme. Hinsichtlich dieser Kriterien glichen sich die beiden Jims nach Meinung der Psychologen wie ein Ei dem anderen.

Die Ergebnisse seiner Untersuchungen verblüfften Bouchard, da es bislang als gesicherte Erkenntnis galt, daß die Charaktermerkmale eines Menschen – allgemeine Veranlagung, Vorlieben und Abneigungen, Eigenheiten und Anschauungen – eher ein Produkt der Erziehung und des Umfelds als des Erbguts seien. Bouchard vermied es jedoch, aus seinen Beobachtungen an Springer und Lewis voreilige Schlüsse zu ziehen. Vielmehr beabsichtigte er, eine umfangreiche Studie mit mehr als hundert anderen getrennt aufgewachsenen Zwillingspaaren durchzuführen, um das Verhältnis von Erbanlage und Erziehung quantifizieren zu können (*Kapitel* 3). Gleichwohl war er bereit, einen vorsichtigen, wenn auch bedeutenden Schritt in eine Richtung zu wagen, den er sich bis dahin nicht hatte vorstellen können: Im Falle der Jim-Zwillinge schien die Schlußfolgerung nahe zu liegen, daß, wie Bouchard es formulierte, „der genetische Effekt die gesamte Persönlichkeitsstruktur prägt".

Dieser sogenannte genetische Effekt führt zu einem der wundersamsten Aspekte des Lebens auf Erden. Zusammengebündelt in nahezu jeder Zelle des menschlichen Körpers – das heißt in den Zellen eines jeden Lebewesens – existiert eine Art geheimer Konstruktionsplan, ein komplizierter Satz verschlüsselter Instruktionen, geschrieben in Molekülen und weitergegeben von Generation zu Generation, in manchen Fällen sogar über Milliarden von Jahren hinweg. Dieser Bauplan ist für jeden Organismus von zentraler Bedeutung, da er dessen Wachstum und die zelluläre Aktivität steuert. In der Fachsprache wird er als „Genom" bezeichnet, das ebenso die Merkmale einer jeden Art bestimmt wie auch die Einzigartigkeit eines jeden Individuums innerhalb einer Art.

Die physischen Komponenten dieser Individualität treten bei unserer eigenen Spezies deutlich in Erscheinung. Das Genom des Menschen umfaßt ein breites Spektrum variierender Körpermerkmale, die von der Unterschiedlichkeit in Haar-, Augen- und Hautfarbe bis zu den feineren Details der Gesichtszüge und den Mustern der Fingerabdrücke reichen. Zwillinge und Mehrlinge ausgenommen, haben sich aus diesen Elementen so viele Kombinationen ergeben, wie jemals Menschen existierten.

Doch wie Bouchard und andere Wissenschaftler entdeckten, bestimmt der Konstruktionsplan auch Intellekt und Temperament – in welchem Ausmaß, ist nach wie vor umstritten. Manche Forscher vertreten den radikalen Standpunkt, daß sich alle Aspekte menschlichen Verhaltens auf das ererbte biologische Programm zurückführen ließen, während andere die ebenfalls extreme Position einnehmen, daß Erbanlagen für die Persönlichkeitsentwicklung prinzipiell nicht von Bedeutung seien – sogar zweitrangig in ihrer Wirkung auf die körperliche

Obwohl sie getrennt aufgewachsen sind, haben die eineiigen Zwillinge Jim Lewis *(oben)* und Jim Springer *(unten)* wesentlich mehr gemeinsam als körperliche Merkmale: Die Brüder sind nicht nur beide Kettenraucher, sie verbringen auch viele Stunden in ihrem Hobbykeller, wo sie – auch darin übereinstimmend – gern Miniaturmöbel schreinern.

Entwicklung, verglichen mit dem Einfluß der Umwelt. Obwohl die meisten Gelehrten der Auffassung zuneigen, daß Erbanlagen und Erziehung zusammenwirken bei der Ausprägung eines Individuums, scheint sich inzwischen eher die Meinung derer bestätigt zu haben, die den biologischen Aspekten Priorität einräumen; zumindest gilt als gesichert, daß das Genom einen weitergehenden Einfluß besitzt als bisher angenommen.

Vor weniger als 150 Jahren hatte man von den Prinzipien der Vererbung noch keinerlei Kenntnis. Seitdem hat sich die Vererbungslehre oder „Genetik" – wie sie in Anlehnung an das griechische Wort *genesis*, „Abstammung", genannt wurde – überaus rasch und besonders in den letzten 50 Jahren in geradezu atemberaubendem Tempo entwickelt. Im wesentlichen ist dieser Fortschritt zurückzuführen auf eine Verlagerung des Interessenschwerpunkts, indem man sich zunehmend den grundlegenden Details zuwandte. Man begann mit Studien, auf welche Weise Körpermerkmale von einer Generation zur nächsten weitergegeben werden, und gelangte zu den Untersuchungen des molekularen Alphabets, in dem diese Merkmale verschlüsselt sind. Bis heute unternahmen die Wissenschaftler gemeinsam alle nur denkbaren Anstrengungen, um Buchstabe für Buchstabe jenes Alphabets zu entschlüsseln und die genetischen Anweisungen verstehen zu lernen, aus denen ein Mensch hervorgeht.

Der explosionsartige Zuwachs an Wissen hat die Genetik revolutioniert, und die Gelehrten begnügen sich heute nicht mehr damit, den Bauplan des Lebens und dessen Ausführung zu erkennen. Die Menschen manipulierten die Natur zwar schon in prähistorischen Zeiten, als sie Pflanzen mit bevorzugten Eigenschaften zu züchten begannen, doch erst durch die hochentwickelten Labortechniken und aufgrund der Fülle an detaillierten genetischen Informationen wurden die Experimentatoren von heute in die Lage versetzt, die Anweisungen des Bauplans in direkten Eingriffen zu verändern. Sie können Instruktionen in die Zelle einschleusen, welche die Natur so nie gegeben hätte, und auf diese Weise Ergebnisse erzielen, die durch Züchtung nicht erreichbar sind.

Die meisten genetischen Manipulationen wurden bislang an Bakterien, Getreide, Haus- und Labortieren vorgenommen. Aber die Wissenschaftler hatten auch schon kleinere Erfolge in der Behandlung menschlicher Krankheiten, indem sie einigen Patienten genetisch veränderte Zellen zuführten. Sie wagten damit den Versuch, Gendefekte an ihrem zellulären Ursprungsort zu korrigieren. Diese Bemühungen haben unter Philosophen, Theologen, Juristen und Politikern, aber auch unter den Wissenschaftlern selbst zu ethischen Grundsatzdiskussionen geführt, denn die gleichen Methoden, die zur Heilung von Krankheiten angewandt werden, könnte man ebenso dazu benutzen, um Nachkommen mit „idealen" Merkmalen zu schaffen – und die Natur somit auf eine Art und Weise zu manipulieren, die viele Menschen zutiefst verstört.

Bei den Versuchen, die Wirkungsweise des genetischen Codes detailliert zu erfassen, entdeckte man eine der fundamentalen Eigenschaften des Erbguts: seine Fähigkeit, Konstanz mit Variabilität zu verbinden. Wissenschaftler, die sich mit den frühesten Lebensformen auf der Erde beschäftigen, haben festgestellt, daß es sich dabei um ein Grundprinzip der Evolution handelt. Die ersten einzelligen Lebewesen, die sich vor mehr als drei Milliarden Jahren auf dem gerade lebenstauglich gewordenen Planeten entwickelten, sollten von ihrer Anlage her lediglich ihre originären Eigenschaften bewahren. Sie pflanzten sich durch einfache Zellteilung fort und gaben dadurch exakte Kopien der verschlüsselten Instruktionen weiter, die ihre komplette biologische Aktivität steuerten. Diese Urzellen waren allerdings starker Sonnenstrahlung, welche durch die dünne, sich eben erst bildende Atmosphäre des Planeten drang, sowie vielerlei chemischen Verbindungen in der dickflüssigen ozeanischen Materie der noch jungen Erde ausgesetzt. Die Umwelteinflüsse hatten Mutationen in den Zellen zur Folge, so daß sich deren Programmierung änderte. Durch natürliche Auslese setzten sich dann jene Versionen eines Organismustyps durch, die am besten an ihre Umwelt angepaßt

unbestreitbaren Einfluß seiner „Erbfaktoren" nicht einmal erahnen.

Zu seinen Lebzeiten blieb Mendels Werk in der wissenschaftlichen Welt weitgehend unbeachtet. Drei Jahre nach der Veröffentlichung seiner Forschungsergebnisse wurde Mendel zum Abt seines Klosters bestellt und konnte seine Untersuchungen nicht weiterführen. Erst im Jahre 1900 entdeckte man seine Arbeiten wieder. Mittlerweile waren die Wissenschaftler mit Hilfe des Mikroskops in der Lage, in die Zellen hineinzublicken und einige der Vorgänge, die dort abliefen, in ihrer Bedeutung aufzuklären.

Was die Vererbungsforschung anbelangt, so machte man die wichtigste Entdeckung in den 70er Jahren des 19. Jahrhunderts. Die Biologen wußten damals bereits, daß die meisten Zellen eines Organismus einen Zellkern, „Nukleus", enthielten und daß sich viele von ihnen in einem Prozeß, den man „Mitose" nennt, in zwei neue Zellen teilten. Um weiteren Aufschluß über das Geschehen im Zellkern zu erlangen, setzten sie den Zellen verschiedene Farbstoffe zu. So konnten sie beobachten, daß sich unmittelbar vor Ablauf der Zellteilung im Zellkern ein Bündel fadenartiger Strukturen ausbildete. Da diese Farbe gut aufnahmen, nannte man sie „Chromosomen", abgeleitet vom griechischen *chroma*, „Farbe", und *soma*, „Körper".

Spätere Untersuchungen zeigten, daß Chromosomen in der Lage sind, Kopien von sich selbst herzustellen. Die Kopien trennen sich unmittelbar vor der Teilung der Zelle voneinander, wobei jeweils eine Kopie in jede Tochterzelle wandert. Folglich enthält jede Tochterzelle ebenso viele Chromosomen wie die Mutterzelle. Es gibt jedoch eine Ausnahme: Ein besonderer Zelltyp entsteht durch zwei unmittelbar aufeinanderfolgende Teilungen des Zellkerns, die man „Reifeteilung" oder „Meiose" nennt (S. 23–26). Aus ihr gehen die Geschlechts- oder Fortpflanzungszellen – wie die Samen- und Eizellen des Menschen – hervor, die nur halb so viele Chromosomen besitzen wie die Körperzellen. Dies bedeutet, daß durch die Verschmelzung der Geschlechtszellen bei der Befruchtung die neugebildete Zelle wieder einen kompletten Chromosomensatz erhält, der jeweils zur Hälfte von den beiden Elternteilen stammt.

Bereits vor der Jahrhundertwende veranlaßten diese Ergebnisse die Gelehrten zu der Spekulation, daß die Chromosomen die Träger der Erbinformation seien. Als im Jahre 1900 die Mendelschen Vererbungsgesetze wiederentdeckt wurden, lag die Schlußfolgerung auf der Hand: Die Chromosomenpaare entsprachen den Paaren der Mendelschen Erbfaktoren. Zwei Wissenschaftler, Walter Sutton in den Vereinigten Staaten und Theodor Boveri in Deutschland, haben unabhängig voneinander 1903 jene These aufgestellt, die später als „Chromosomentheorie der Vererbung" bekannt wurde. Sie setzt die Paarung der Faktoren, die Mendel beobachtet hatte, in direkte Beziehung zu dem Verhalten der Chromosomen.

Gleichwohl blieben noch viele Rätsel zu lösen. So gab es bei den meisten Arten, die man untersucht hatte, offensichtlich viel mehr Mendelsche Erbfaktoren, als Chromosomen vorhanden waren. Die Wissenschaftler mutmaßten, daß diese Faktoren, von dem dänischen Forscher Wilhelm Johannsen 1909 als „Gene" bezeichnet, Untereinheiten der Chromosomen sein könnten. Falls dies zutraf, müßten einige der Merkmale, die von einem Elternteil auf Nachkommen übertragen werden, ihre Reise gemeinsam antreten, da die für sie zuständigen Gene auf demselben Chromosom plaziert wären. So logisch dies auch scheinen mochte, die Annahme widersprach einem von Mendels zentralen Grundsätzen: daß die Merkmale völlig unabhängig voneinander seien („Unabhängigkeitsgesetz"). In keinem seiner Versuche hatte er festgestellt, daß das Auftreten eines Merkmals an die Präsenz eines anderen gebunden war.

Dies erwies sich als einer der wenigen Irrtümer Mendels. Der Trugschluß ging allerdings nicht auf einen Denkfehler zurück, sondern resultierte aus einer seltsamen Verstrickung der Umstände. Wie sich später herausstellte, besaßen Mendels Erbsenpflanzen lediglich sieben Chromosomenpaare,

1 ZELLKERN. Der sogenannte „Nukleus" ist das Steuerungszentrum der Zelle und enthält nahezu alle genetischen Informationen. Die dunkle Kugelform im Inneren ist das Kernkörperchen, „Nukleolus", das bei der Bildung von Ribosomen eine Rolle spielt *(4)*.

2 CHROMATIN. Diese kompakten, strangartigen Fäden enthalten die DNS, das Material, aus dem die Gene bestehen. Im Zellkern gibt es 46 solcher Fäden. Jeder von ihnen verkürzt sich kurz vor der Zellteilung durch Spiralisierung zu einem Chromosom.

3 MESSENGER-RNS (mRNS). Als eine Art Kopie der DNS liefert die mRNS die Instruktionen für die Proteinsynthese außerhalb des Zellkerns. In einer Zelle können rund 10 000 Versionen von mRNS vorkommen, eine für jedes Protein, das die Zelle produziert.

4 RIBOSOMEN. Eine Zelle kann bis zu zehn Millionen dieser winzigen Strukturen enthalten, an denen die Basensequenz der mRNS in die Aminosäuresequenz eines Proteins übersetzt wird. Einige Ribosomen treiben im Cytoplasma *(12)*, andere sitzen am RER *(5)*.

5 RAUHES ENDOPLASMATISCHES RETIKULUM (RER). Hierbei handelt es sich um eine Ausstülpung der Zellkernwand in Form eines labyrinthartigen Kanalsystems, an deren Außenseite Ribosomen *(4)* sitzen, was ihr das granuläre Aussehen verleiht.

6 GOLGI-APPARAT. Die aus fünf bis acht dünnen überlappenden Membranscheiben gebildeten Hohlräume nehmen die im RER *(5)* produzierten Proteine zeitweilig auf, verarbeiten sie weiter und lagern sie bis zu ihrem weiteren Transport aus der Zelle.

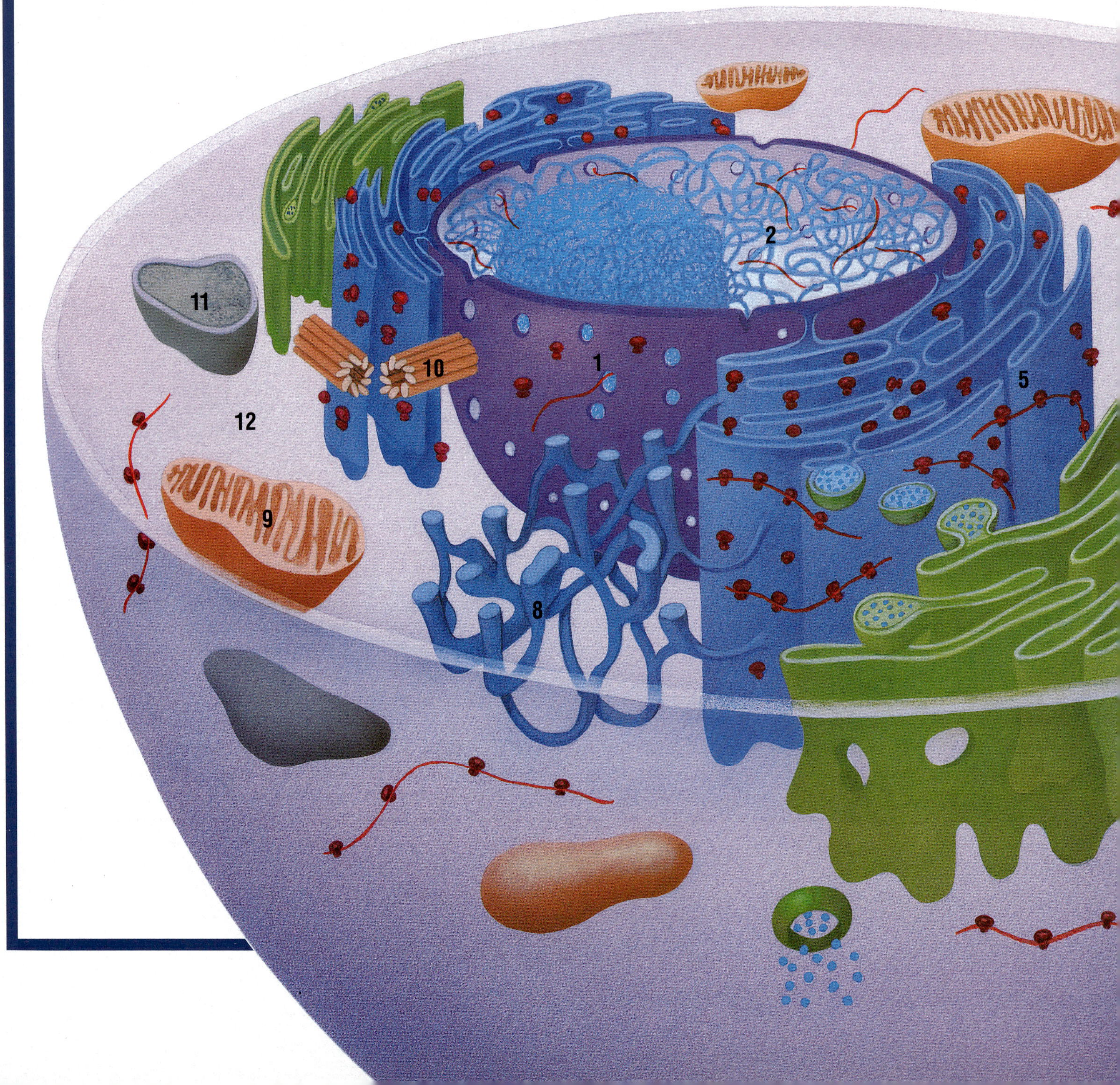

7 VESIKEL. Diese bläschenartigen Strukturen transportieren Proteinmoleküle durch das Cytoplasma *(12)* zum Golgi-Apparat *(6)* und von dort zur Zellmembran. Auf diese Weise sind die Proteine vor Reaktionen mit anderen Substanzen im Cytoplasma geschützt.

8 GLATTES ENDOPLASMATISCHES RETIKULUM (GER). Das röhrenartige Netzwerk, eine ribosomenfreie Erweiterung des RER *(5)*, kann je nach Zelltyp verschiedene Aufgaben erfüllen – von der Cholesterinsynthese bis hin zur Neutralisierung von Schadstoffen.

9 MITOCHONDRIEN. In diesen in Größe und Struktur variablen Zellorganellen, die der Zelle als eine Art Kraftwerk für den Stoffwechsel dienen, wird Fetten und Zucker die Energie entzogen und in Form von ATP, einer zelleigenen Verbindung, gespeichert.

10 ZENTRIOLEN. Die beiden kleinen zylinderförmigen Gebilde enthalten jeweils 27 winzige röhrenartige Elemente. Die Zentriolen verdoppeln sich während der Zellteilung und helfen so mit, daß jede Tochterzelle einen kompletten Chromosomensatz erhält.

11 LYSOSOMEN. Die im Cytoplasma *(12)* liegenden Lysosomen enthalten Enzyme, die Zucker und Fette sowie fremde Partikel oder Moleküle verdauen. Als freie Verbindungen würden die Enzyme das chemische Gleichgewicht in der Zelle stören.

12 CYTOPLASMA. Der Raum zwischen dem Zellkern und der äußeren Zellmembran wird vom Cytoplasma ausgefüllt. Es besteht aus einer viskosen Flüssigkeit, „Cytosol", in die Zellorganellen – wie Golgi-Apparat, Lysosomen und Mitochondrien – eingebettet sind.

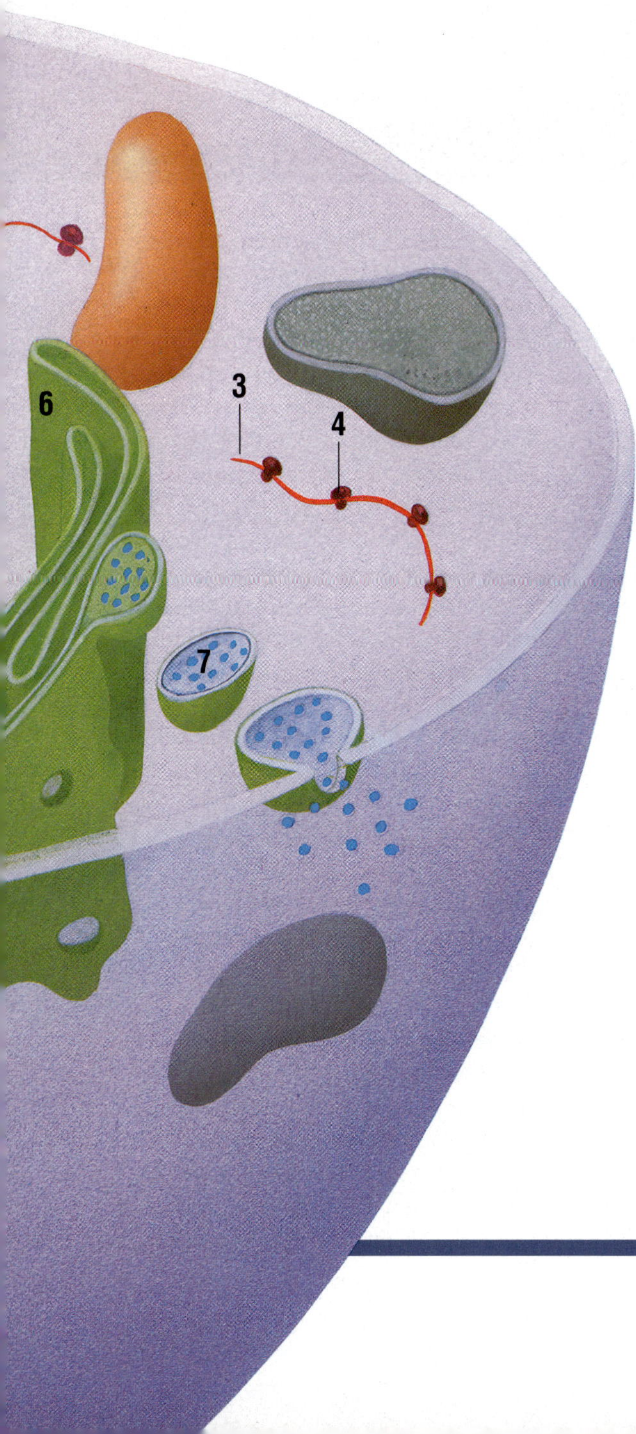

Das Innenleben der Zelle

Sämtliche Gewebe des Körpers wie Knochen, Haut oder Muskeln bauen sich aus Zellen auf, den kleinsten Einheiten menschlichen Lebens. Diese Bausteine sind in der Tat winzig – einige Zehntausend durchschnittlich große Zellen aus der Leber, zum Beispiel, passen bequem auf den Kopf einer Stecknadel. Sie kommen außerdem in einer erstaunlichen Formenvielfalt vor und haben die unterschiedlichsten Aufgaben und Funktionen. Als Einzelakteure transportieren sie Sauerstoff von den Lungen zu allen Körperteilen oder verdauen Bakterien sowie andere schädliche Keime, um Krankheiten zu verhindern. Im Verbund vollbringen sie wahre Kunststücke, indem sie beispielsweise dafür sorgen, daß das Herz rhythmisch schlägt oder eine Information im Gehirn gespeichert wird.

Wie jeder lebende Organismus nehmen die Zellen Nährstoffe auf und nutzen deren Energie für vielerlei Zwecke. So verbrauchen Muskelzellen beachtliche Mengen an Energie, um einen Arm oder ein Bein zu bewegen. Die meisten Zellen vermehren sich zudem selbst und müssen ständig Proteinmoleküle zum Teil für den eigenen Gebrauch, zum Teil für den Export synthetisieren. Bei diesen Aktivitäten ergeben sich Abfälle, die entsorgt werden müssen.

Für ihre vielfältigen Aufgaben besitzen die meisten Zellen den hier links in seinen Grundzügen abgebildeten biologischen „Gerätepark". Die einzige Ausnahme bilden die roten Blutkörperchen, die im Knochenmark entstehen und mit einem lebenslänglichen Vorrat an Hämoglobin als Sauerstoffträger ausgestattet werden. Sie besitzen weder einen Zellkern noch irgendeines der anderen „Werkzeuge", die das dort gespeicherte Genmaterial einsetzen.

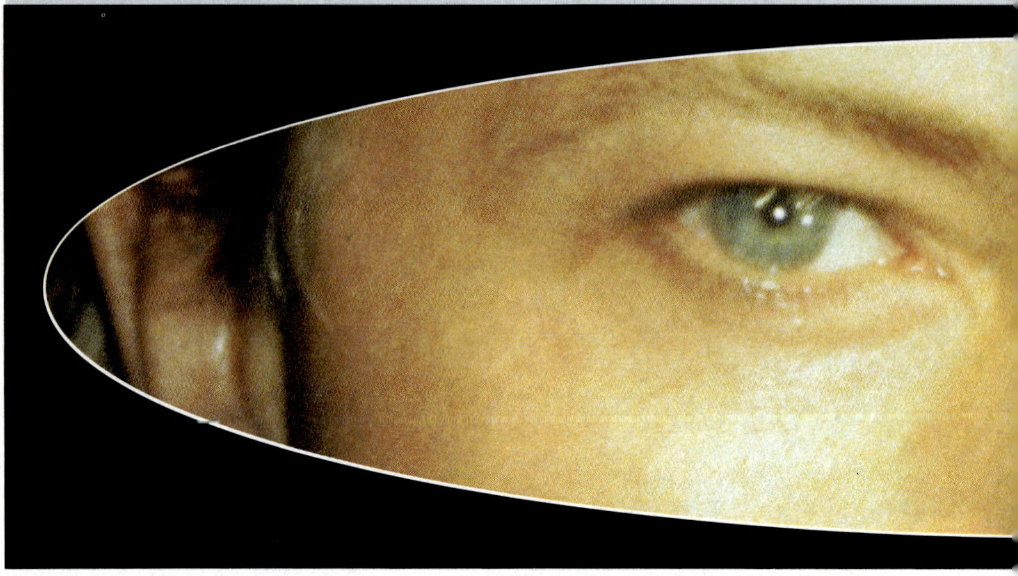

und die sieben Kategorien gepaarter Faktoren, die er untersucht hatte, waren zufälligerweise gerade auf diesen verteilt. (In zwei Fällen saßen die Gene in Wirklichkeit auf demselben Chromosom, doch wurden sie auf eine Weise weitergegeben, als säßen sie auf verschiedenen Chromosomen.)

Mendel hatte indes in so vielerlei Hinsicht recht, daß für Einwände gegen sein Prinzip der Merkmalsunabhängigkeit theoretische Gründe allein nicht ausreichten. Im Jahre 1910 fand der amerikanische Biologe Thomas Morgan die Lösung. Er hatte eine Reihe von Entdeckungen gemacht, die den Sachverhalt offenbarten und gleichzeitig zu einer der ersten stichhaltigen Theorien über die Natur der Gene führten. Sein Studienobjekt, das zu den berühmtesten in den Annalen der genetischen Forschung zählt, war die Fruchtfliege, *Drosophila melanogaster*.

Die Fruchtfliege wurde zu einem beliebten Untersuchungsobjekt für Vererbungsmuster, da sie sich schnell vermehrt – alle zehn Tage entsteht eine neue Generation – und darüber hinaus viele Merkmale besitzt, von der Augen- und Körperfarbe bis hin zur Form der Flügel, die sich leicht verfolgen lassen. Morgan hatte bereits geraume Zeit mehrere Generationen in seinem Labor an der Columbia University in New York gezüchtet, als er eine männliche Fruchtfliege mit einem Merkmal entdeckte, das er niemals zuvor gesehen hatte: Sie besaß weiße Augen anstatt rote. Morgan erkannte augenblicklich, daß es sich um eine Seltenheit handelte, vermutlich um das Ergebnis spontaner Mutation. Er beschloß, das weißäugige Männchen mit einem rotäugigen Weibchen zu paaren. Dadurch wurde offenbar, daß Weißäugigkeit ein rezessives Merkmal war, denn alle Nachkommen der ersten Generation besaßen rote Augen. Doch bei den Folgegenerationen zeigte sich eine Reihe neuer Vererbungsmuster, von denen sich zwei als besonders wichtig erwiesen: Von den weißäugigen Nachkommen waren mehr männlich als weiblich und die männlichen Nachkommen weißäugiger Weibchen stets weißäugig, was eher auf ein dominantes als auf ein rezessives Merkmal schließen ließ.

Für diese Befunde gab es nur eine Erklärung, und sie stand in Zusammenhang mit einer Entdeckung, die bereits um die Jahrhundertwende dem amerikanischen Zoologen Clarence McClung gelungen war. Er hatte festgestellt, daß sich die Zellen männlicher und weiblicher Heuschrecken unterschieden: Bei den weiblichen Zellen sahen die beiden Chromosomen jedes Chromosomenpaars absolut gleich aus, während es bei den männlichen Zellen ein Paar gab, das aus einem großen und einem kleinen Chromosom bestand. Er bezeichnete das große Chromosom mit X und das kleine mit Y und stellte die These auf, daß dieses Chromosomenpaar die Information für die Geschlechtsbestimmung einer Heuschrecke enthalte. Da jede Fortpflanzungszelle nur einen Vertreter dieses Paares (ein X- oder ein Y-Chromosom in den Spermien, aber stets ein X-Chromosom in den Eizellen) beinhaltete, schlußfolgerte er richtig, daß das Geschlecht eines Embryos bereits bei der Befruchtung, wenn die beiden Zellen miteinander verschmolzen, festgelegt wurde: Die Kombination von X und Y ließ ein Männchen entstehen, während aus X und X ein Weibchen hervorging.

Da Morgan die Arbeiten von McClung kannte, war es ihm möglich, seine eigenen Fruchtfliegen-Resultate sinnvoll zu interpretieren. Falls sich das Gen für die rezessive Weißäugigkeit auf dem X-Chromosom befand, müßten wesentlich mehr Männchen als Weibchen weiße Augen besitzen, denn die Männchen verfügten über

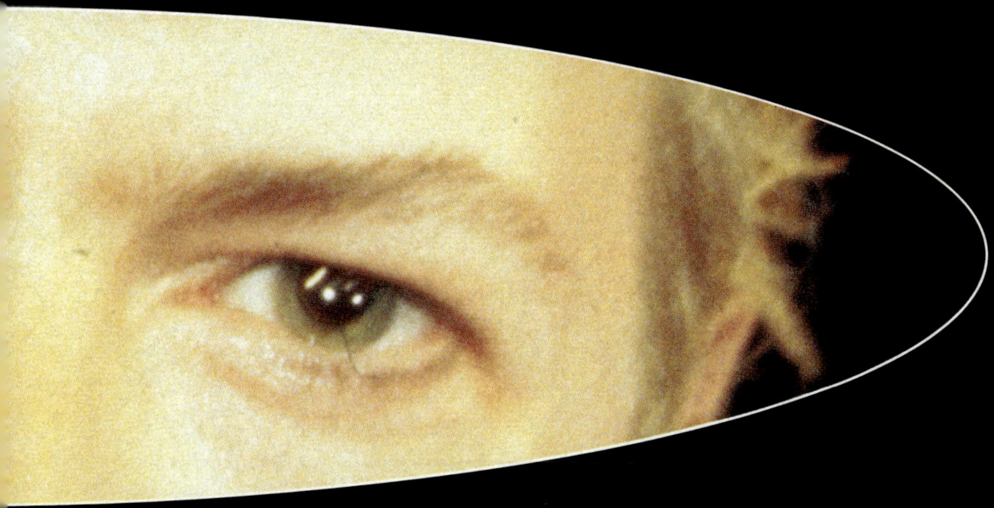

EINE UNGEWÖHNLICHE GENETISCHE BOTSCHAFT. Die unterschiedliche Farbe der Augen bei dem Rockstar David Bowie resultiert wahrscheinlich aus der Mutation eines einzelnen Gens. Im Regelfall bestimmt jenes Genpaar, welches für das Irispigment verantwortlich ist, die Farbe beider Augen gleichermaßen. Eine Mutation in einer der beiden Kopien kann jedoch zu einer ungleichen Expression des Merkmals führen, so daß eines der beiden Augen infolge des fehlenden Pigments heller gefärbt ist.

kein zweites X-Chromosom, das ein Gen für das dominante Merkmal „Rotäugigkeit" hätte tragen können, um Weißäugigkeit zu unterdrücken. Darüber hinaus brachte ein weißäugiges Weibchen, bei dem beide X-Chromosomen ein Gen für Weißäugigkeit hätten besitzen müssen, ausschließlich Männchen mit weißen Augen hervor, denn das einsame X-Chromosom der Männchen konnte nur von dem Weibchen stammen. Mit anderen Worten: Dieses rezessive Merkmal verhielt sich bei Männchen wie ein dominantes Merkmal, weil ausschließlich das Gen auf dem X-Chromosom für seine Ausprägung benötigt wurde.

In diesem Zusammenhang war von besonderer Bedeutung die Tatsache, daß Morgan erstmals und zweifelsfrei eine Kopplung zwischen einem genetischen Merkmal und einem bestimmten Chromosom nachgewiesen hatte. Bei späteren Experimenten entdeckte er weitere Fruchtfliegen-Merkmale, die an das X-Chromosom gekoppelt waren, wie Kurzflügeligkeit und eine gelbe Körperfarbe im Gegensatz zu einer braunen. Damit gehörte das Mendelsche Unabhängigkeitsgesetz endgültig der Vergangenheit an.

Weitere Forschungen brachten Morgan zu der Erkenntnis, daß Chromosomenpaare gelegentlich Teile – und die darin enthaltene genetische Information – untereinander austauschten. Aufgrund der Analyse des als *Crossing-over* oder *Crossover* („Überkreuzung") bezeichneten Vorgangs (S. 23) konnte Morgan eine Karte zeichnen, welche die relative Lage von Dutzenden von Genen auf den Fruchtfliegen-Chromosomen wiedergab. Es war eine bahnbrechende Arbeit, die er 1915 in *The Mechanism of Mendelian Heredity* publizierte. Bereits hier findet sich eine Vorstellung, die bald als richtig erkannt wurde, doch lange umstritten blieb: Die Gene, Träger der Erbinformation, waren als physische Einheiten an den Chromosomen aufgereiht.

Morgans Werk inspirierte zahllose Forscher zu weiteren Studien. Einige von ihnen wollten wissen, woraus die Gene bestehen und auf welche Weise sie die wichtigste ihrer Aufgaben ausführten: die Selbstverdopplung, damit sie ihre Erbinformation weitergeben konnten. Gleichermaßen faszinierte die Wissenschaftler jedoch auch die Möglichkeit, das neue Wissen über die Genetik auf einem mehr makrokosmischen Niveau einzusetzen – die Vererbungsgesetze Mendels dem aktuellen Kenntnisstand anzupassen und sie zu erweitern sowie ihre Nebenwege zu erkunden, besonders im Hinblick auf die Vererbung beim Menschen. Bislang hatte man sich weniger dem Aufbau der Gene gewidmet als vielmehr ihrer bloßen Manifestation: den vererbten Merkmalen.

So fand, zum Beispiel, bald nach der Wiederentdeckung der Mendelschen Arbeiten ein englischer Arzt namens Archibald Garrod heraus, daß eine von ihm untersuchte seltene Krankheit in ihrem Erbgang den Mendelschen Regeln für rezessive Merkmale folgte. Es war der erste unter Tausenden von Fällen, bei denen nachgewiesen wurde, daß Merkmale des Menschen tatsächlich nach den Mendelschen Gesetzen vererbt werden. Wie Garrod weiter feststellte, ging die Krankheit auf einen Enzymdefekt zurück. Enzyme sind spezielle Proteine, die beispielsweise für den Stoffwechsel von Bedeutung sind. Damit wurde erstmals die Rolle bestimmter Gene mit der Produktionssteuerung von Substanzen in Zusammenhang gebracht, welche die Funktionstüchtigkeit eines Organismus gewährleisten.

Mit dem Fortgang der Studien entwickelten die Forscher einige Termini, die im Grunde nur Erweiterungen von Mendels ursprünglichen Bezeichnungen waren. So formalisierten sie etwa die Unterscheidung zwischen dem Prototyp eines Gens, dem sogenannten „Wildtyp", und den verschiedenen, durch Mutation entstandenen Versionen, die sie „Allele" nannten, in Ableitung von dem griechischen Wort für „abweichend". So besitzen Erbsenpflanzen ein Gen für die Stiellänge, dessen zwei Alternativen oder Allele „lang" und „kurz" sind. Folglich wurde ein Nachkomme, der von beiden Elternteilen identische Allele – nach Mendel AA oder aa – erhalten hatte, als „homozygot" bezeichnet. Dieser Begriff setzt sich zusammen aus Ableitungen der griechischen Wörter *homos* („gleich") und *zygon* („Paar"). Ein Nachkomme, der unterschiedliche Versionen eines Gens geerbt hatte, war „heterozygot" (abgeleitet von griechisch *heteros*, „verschieden").

Die berühmteste, von Mendel eingeführte Terminologie blieb jedoch unverändert: Ein Merkmal wurde entweder als „dominant" oder als „rezessiv" bezeichnet, je nachdem wie es von den Eltern auf die Nachkommen weitergegeben wurde. Doch schon bald entdeckte man weitere Variationen im Erbmuster. Die Gelehrten stellten fest, daß ein bestimmtes Gen in drei oder vier allelen Formen vorkommen konnte, so daß es mehr als zwei Möglichkeiten für die Merkmalsausprägung gab. Eine weitergehende Kennzeichnung wurde notwendig.

In diesem Zusammenhang ist ein Verweis auf die Klassifizierung der roten Blutzellen des Menschen aufschlußreich. Von ganz wenigen Ausnahmen abgesehen, existieren in der Weltbevölkerung nur vier Hauptblutgruppen: A, B, Null und AB. Um die Jahrhundertwende gelangte der in Österreich geborene Bakteriologe Karl Landsteiner zu dieser Einteilung, als er das Fehlen oder Vorhandensein bestimmer Proteine, A und B genannt, auf der Zelloberfläche der roten Blutzellen entdeckte. Späteren Studien zufolge sind drei Allele beteiligt bei der Proteinbildung: Ein Allel sorgt für die Produktion der A-, ein anderes für die der B-Komponente, ein weiteres, mit Null bezeichnetes verhindert die Bildung von Oberflächenproteinen.

Ein Kind, das zwei Null-Allele erbt, bildet kein Oberflächenprotein und gehört der Blutgruppe Null an. Ein Kind, das zwei A-Allele oder auch ein A- und ein Null-Allel erhält, bildet das A-Protein und hat die Blutgruppe A. Auf ähnliche Weise resultiert die Blutgruppe B entweder aus zwei B-Allelen oder einem B- und einem Null-Allel. In diesen Fällen gelten die Mendelschen Gesetze, wobei sich die A- und die B-Allele als dominant gegenüber dem Null-Allel erweisen. Aber es gibt noch eine vierte Möglichkeit: Wenn der eine Elternteil ein A-Allel und der andere ein B-Allel vererbt, dann bilden die roten Blutzellen des Kindes beide Proteine, so daß die Blutgruppe AB entsteht. Die A- und B-Allele fallen demnach in eine Unterkategorie dominanter Vererbung, die man „Kodominanz" nennt: Keines von beiden vermag das andere zu verdrängen, und beide sind in der Lage, das zu ihnen gehörende Protein zu bilden.

Manchmal ist eine deutliche Unterscheidung zwischen dominanten und rezessiven Merkmalen kaum möglich, wie bei bestimmten Blütenpflanzen, etwa dem Löwenmaul, deutlich wird: Kreuzt man eine weißblühende mit einer rotblühenden Pflanze, so besitzen alle Pflanzen der Tochtergeneration blaßrote oder rosafarbene Blüten. Wie im Falle der beiden Blutproteine bringt weder das weiße noch das rote Allel ein dominantes Merkmal hervor, das den Widerpart zu unterdrücken in der Lage wäre. Beide tragen allerdings in der Kombination zur Ausbildung eines intermediären Merkmals bei.

Gleichwohl ist der Sachverhalt viel komplizierter. Die vereinfachende Vorstellung, daß jedes Gen für ein bestimmtes Merkmal verantwortlich und jedes Merkmal auf ein bestimmtes Gen zurückzuführen sei, mußte bald aufgegeben werden. Bei Fruchtfliegen beispielsweise entdeckte man, daß

Sich teilen, um sich zu vereinen: Die Entstehung der Geschlechtszellen

Wenn eine Samen- und eine Eizelle miteinander verschmelzen, um einen Embryo zu bilden, so ist dies der Abschluß eines Vorgangs, der sicherstellt, daß die genetische Information neu gemischt wird. Im Zentrum dieses Prozesses steht die Schaffung von Geschlechts- oder Fortpflanzungszellen durch eine besondere Art von Zellteilung. Man nennt sie „Meiose", abgeleitet vom griechischen *meiosis*, „Verminderung". Beim Menschen enthalten die meisten Zellen 23 Chromosomenpaare, wobei jeweils einer der Paarlinge von der Mutter und der andere vom Vater stammt. Bei einer normalen Zellteilung erhalten die beiden Tochterzellen stets den kompletten Satz dieser 46 Chromosomen. Die Keimzellen, aus denen Samen- und Eizellen hervorgehen, teilen sich hingegen auf eine Weise, daß jede Geschlechtszelle nur noch die Hälfte der Chromosomen enthält.

Wie hier und auf den folgenden Seiten dargestellt wird, gliedert sich die meiotische Teilung in zwei Phasen und mehrere Teilschritte. Was das Mischen der genetischen Instruktionen anbelangt, so finden die wichtigsten Vorgänge während der ersten Phase statt, wenn sich die Chromosomen paarweise ordnen. Zunächst organisieren sich mütterliche und väterliche Chromosomen zu zufälligen Paaren, wobei jede neu gebildete Zelle ein Mischung aus mütterlichen und väterlichen Chromosomen erhält. Danach tauschen gepaarte Chromosomen in einem Prozeß, den man *Crossing-over* nennt (*unten*), Teile untereinander aus, so daß die Kombination der Gene auf einem bestimmten Chromosom ebenfalls variieren kann.

Endergebnis dieses Prozesses sind die Geschlechtszellen, von denen jede genau die Hälfte der genetischen Information enthält, die nötig ist, um neues Leben hervorzubringen. Damit sind die Voraussetzungen für die geschlechtliche Fortpflanzung geschaffen – die Wiedervereinigung von Chromosomen, die in neuer Anordnung ein einzigartiges menschliches Wesen hervorbringen werden.

(Die 46 Chromosomen werden hier durch drei väterliche Chromosomen [*blaugrün*] und drei mütterliche [*rosafarben*] repräsentiert.)

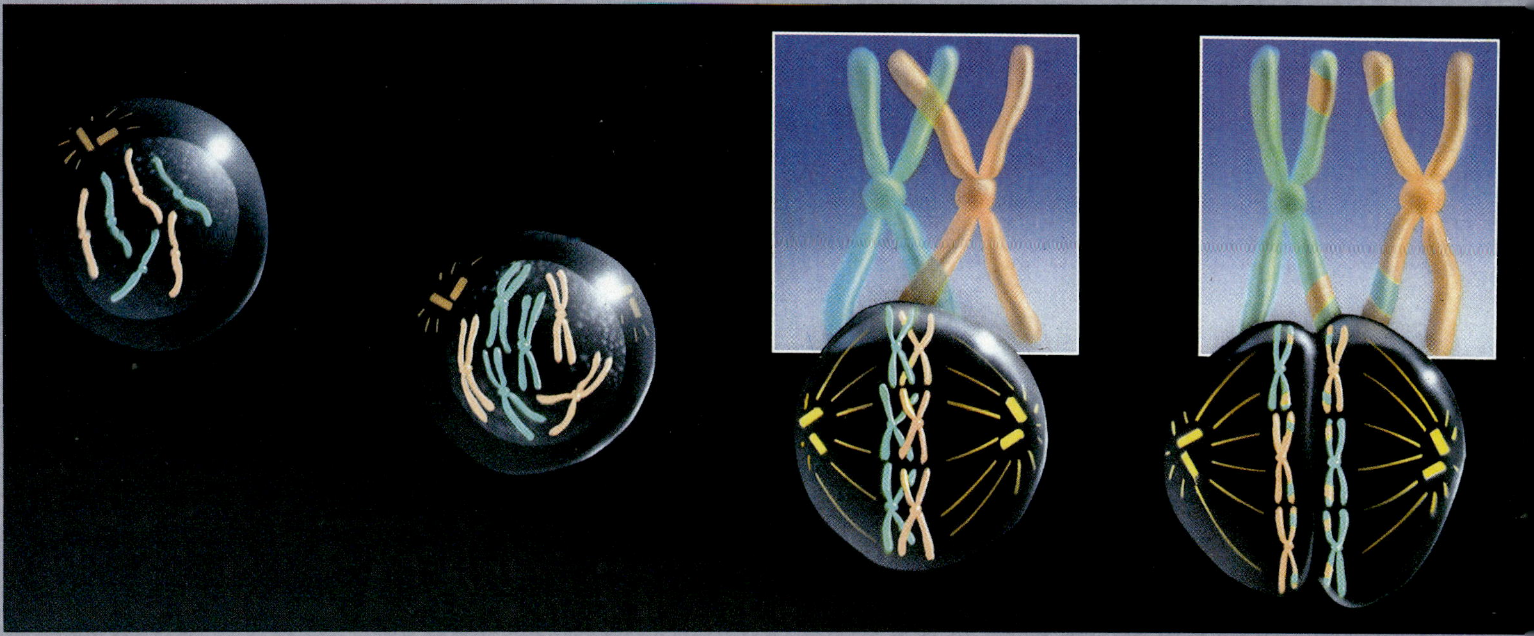

46 EINZELSTRÄNGE
Bevor die Meiose beginnt, bestehen die Chromosomen einer sogenannten „Keimzelle" aus einzelnen Strängen, die innerhalb des Zellkerns verteilt sind. Außerhalb des Zellkerns liegen zwei Zentriolen *(gelb).*

46 DOPPELSTRÄNGE
Jedes Chromosom verdoppelt sich und bildet einen Doppelstrang; die beiden zylinderförmigen Zentriolen verdoppeln sich ebenfalls und beginnen sich zu den entgegengesetzten Polen der Zelle zu bewegen.

46 DOPPELSTRÄNGE
Die Chromosomen paaren sich, und von den Zentriolen ausgehende Spindelfasern sorgen für ihre lineare Ausrichtung. Beim Crossing-over *(oben)* können die gepaarten Chromosomen Teile untereinander austauschen.

23 DOPPELSTRÄNGE
An der Oberfläche hat sich die Zelle bereits sichtbar zu teilen begonnen, als die Spindelfasern die Chromosomenpaare auseinanderziehen. Jedes Chromosom besitzt mütterliche und väterliche Gene *(oben).*

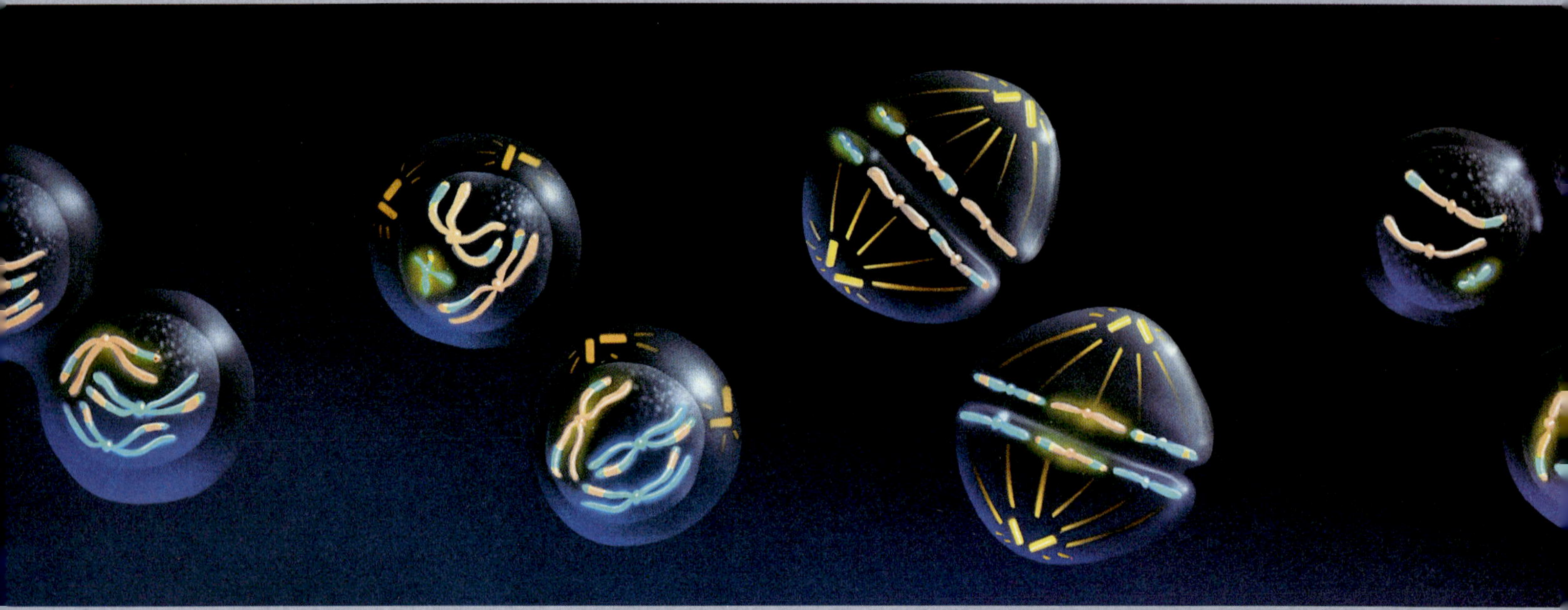

23 DOPPELSTRÄNGE
Beim Mann gehen aus der Teilung zwei gleich große Zellen hervor, jede mit der Hälfte des ursprünglichen Chromosomensatzes ausgestattet. In diesem Stadium haften die äußeren Zellmembranen noch aneinander.

23 DOPPELSTRÄNGE
Jede neue Zelle trägt eines der beiden Geschlechtschromosomen *(hervorgehoben)*: das kleinere Y-Chromosom *(oben)* und das größere X-Chromosom. Mit Beginn der zweiten Phase haben sich auch neue Zentriolen gebildet.

23 EINZELSTRÄNGE
Die Spindelfasern der Zentriolen haben sämtliche Doppelstränge auseinandergezogen. Jedes Chromosom besitzt nun wieder seine ursprüngliche – und nicht die doppelte – Menge an genetischer Information.

23 DOPPELSTRÄNGE
Bei der Frau erfolgt die Teilung des Zellmaterials auf ungleiche Weise, so daß eine größere und eine kleinere Zelle entstehen. Beide Zellen enthalten jedoch den gleichen halben Satz an Chromosomen.

23 DOPPELSTRÄNGE
Aus der größeren Zelle wird schließlich eine Eizelle hervorgehen. Diese wie auch die kleinere Zelle, die als „Polzelle" oder auch „Polkörperchen" bezeichnet wird, enthalten jeweils ein X-Chromosom *(hervorgehoben)*.

23 EINZELSTRÄNGE
Sobald sich die äußeren Membranen voneinander lösen, beginnt die zweite Teilung. Die Spindelfasern der Zentriolen ziehen die doppelsträngigen Chromosomen auseinander. Die größere Zelle teilt sich ungleich.

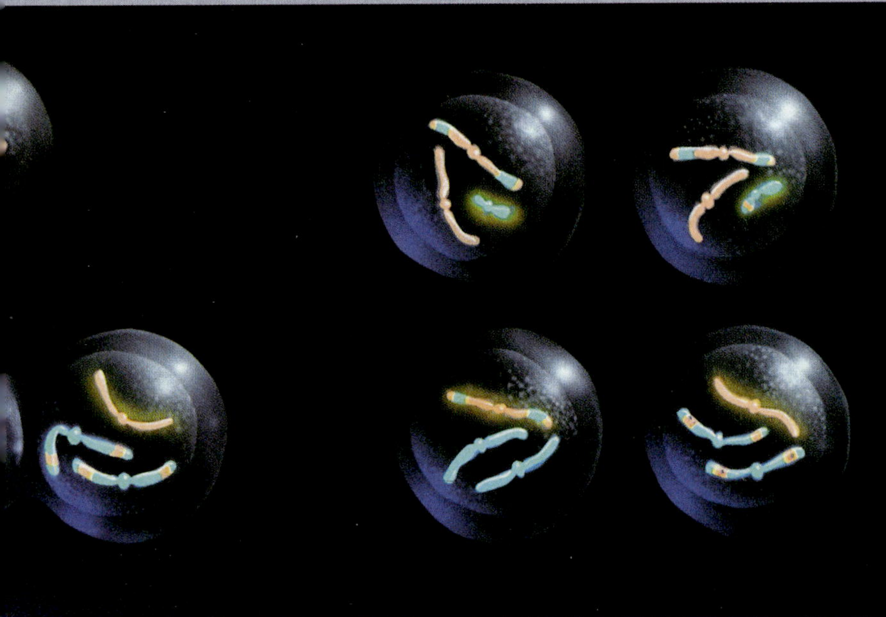

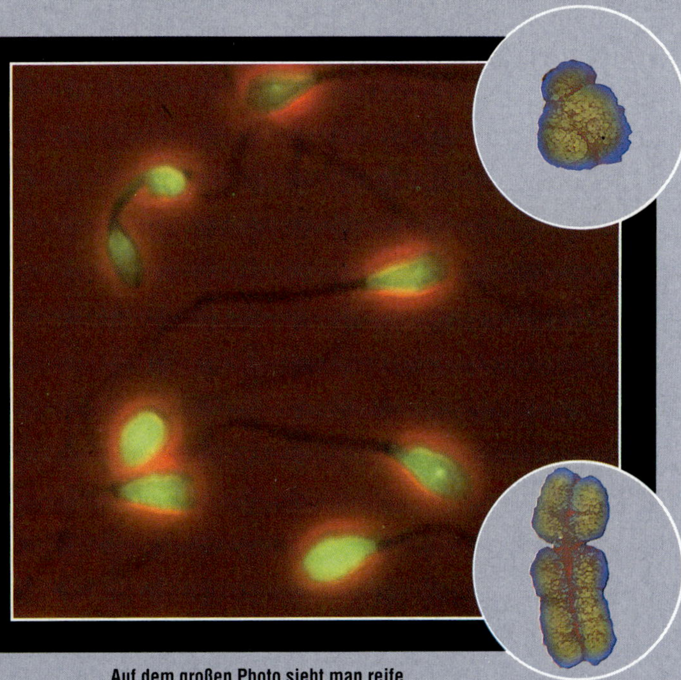

23 EINZELSTRÄNGE
Die zweite Phase der Meiose nähert sich ihrem Abschluß, doch bleiben die äußeren Membranen der sich teilenden Zellen noch verbunden. In jeder der vier neuen Zellen hat sich derweil ein Zellkern gebildet.

23 EINZELSTRÄNGE
Die vier neuen Zellen sind nun völlig unabhängig voneinander. Zwei enthalten Y-Chromosome und die beiden anderen X-Chromosome. Innerhalb von etwa 16 Tagen werden alle vier zu Samenzellen herangereift sein.

Auf dem großen Photo sieht man reife Samenzellen in einer Flüssigkeit, die durch einen besonderen Zusatz die Zellen mit einem Y-Chromosom kräftig gelb zu leuchten veranlaßt. Die kleinen Photos zeigen ein Y-Chromosom *(oben)* und ein X-Chromosom *(unten)*.

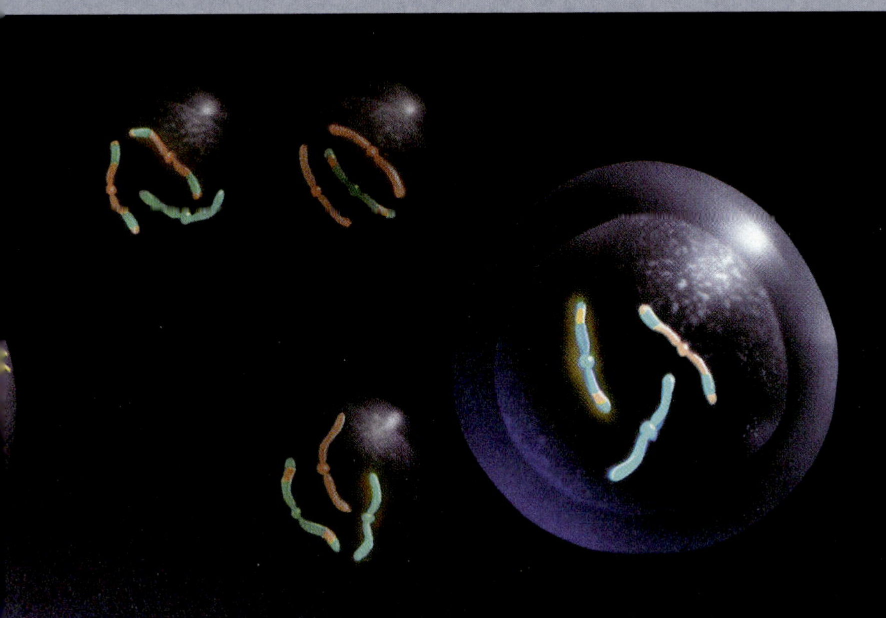

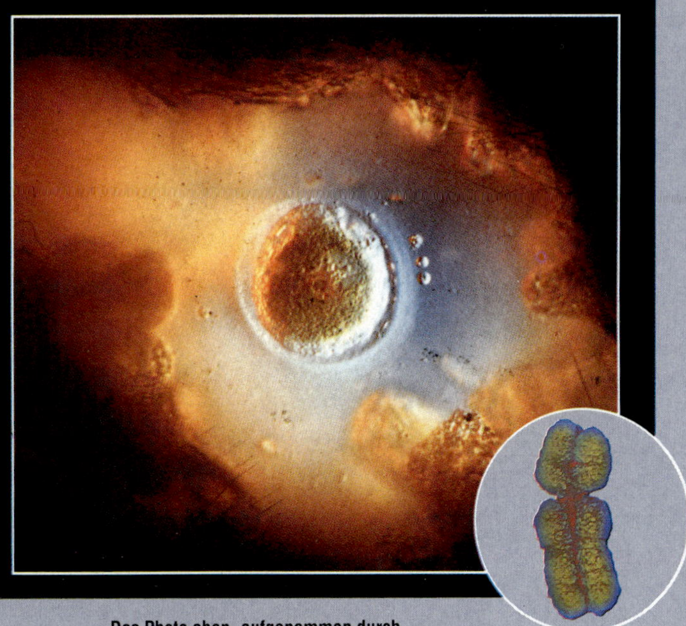

23 EINZELSTRÄNGE
Aus der zweiten Phase der Meiose gehen eine große Zelle hervor, die zu einer plasmareichen, unbeweglichen Eizelle wird, sowie drei Polkörperchen. Die Polkörperchen werden bald darauf zerfallen.

Das Photo oben, aufgenommen durch ein Elektronenmikroskop, zeigt eine reife menschliche Eizelle, die befruchtungsfähig ist. Die drei kleinen Bläschen rechts an ihrem Rand sind Nährzellen. Eizellen enthalten nur das X-Chromosom *(kleines Photo)*.

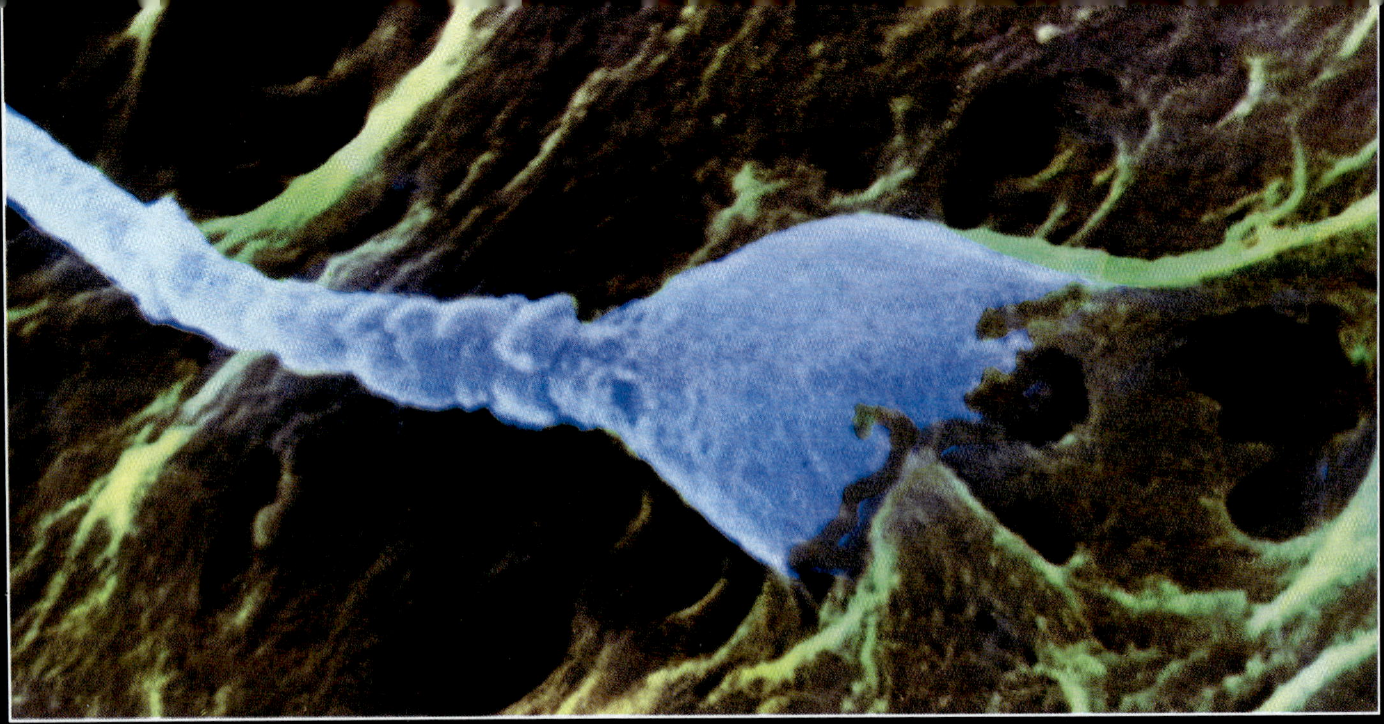

Das einzige Ziel: die Vereinigung

Das farbkodierte Bild oben zeigt in 5000facher Vergrößerung den Augenblick der Empfängnis: Eine reife Samenzelle bohrt sich in die zähe äußere Membran einer Eizelle. Chemische Veränderungen in der Membran der Eizelle verhindern nun das Eindringen weiterer Spermien. Kurze Zeit später wird die Samenzelle – die in ihrem Kopfteil den Zellkern mit seinen 23 Chromosomen transportiert – bis in das Innere der Eizelle vorgedrungen sein und dort mit deren Zellkern verschmelzen. Auf diese Weise entsteht ein Embryo, dessen Zellen den kompletten Satz von 46 Chromosomen besitzen. Das Geschlecht des Kindes, das sich aus dem Embryo entwickeln wird, ist abhängig von dem Typ der Samenzelle, welche die Eizelle befruchtet hat. Eine Samenzelle mit einem Y-Chromosom wird zur XY-Kombination der Geschlechtschromosomen führen *(unten links)* und so ein männliches Baby zeugen. Durch eine Samenzelle mit einem X-Chromosom wird der Embryo mit zwei X-Chromosomen ausgestattet sein *(unten rechts)*, so daß demnach ein weibliches Baby zur Welt kommt.

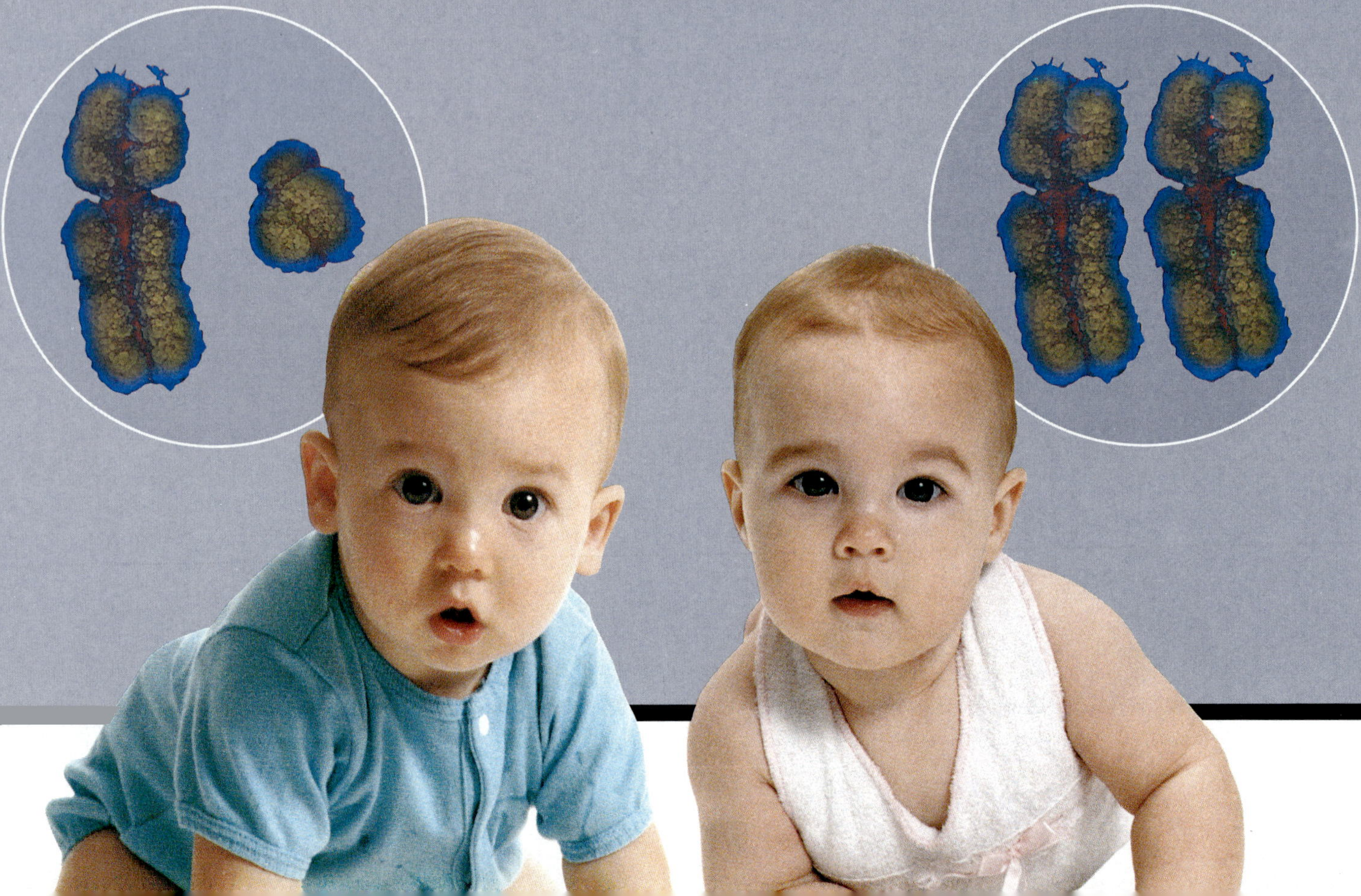

das Gen, welches für die Augenfarbe zuständig ist, auch die Körperlänge mitbeeinflußt. Umgekehrt sind Merkmale wie die Augenfarbe beim Menschen in Wirklichkeit das Ergebnis mehrerer kooperierender Gene. Die Komplexität entsteht dadurch, daß Gene die Anweisungen für die Produktion von Proteinen enthalten, die sich manchmal über den ganzen Organismus verteilen; sie können Form und Funktion des Körpers vielfach beeinflussen wie auch zusammen mit anderen Proteinen, die von anderen Genen stammen, wirksam werden, um einen Einzeleffekt hervorzurufen.

Ohne Zweifel gibt es eine Vielzahl von Variationen im genetischen Programm, die gänzlich ohne Belang sind, gleichgültig ob das fragliche Merkmal dominant oder rezessiv ist. Das Niessyndrom, zum Beispiel, ist ein recht verbreiteter dominanter Zustand, der lediglich dazu führt, daß eine Person, die plötzlich grellem Licht ausgesetzt ist, niesen muß. Andere folgenlose dominante Merkmale etwa sind krauses Haar und Haarwuchs zwischen dem zweiten und dritten Fingergelenk. Zu den harmlosen rezessiven Merkmalen gehören blondes Haar und das Fehlen von Wangengrübchen.

In einem kleinen, aber meßbaren Prozentsatz an Zeit verändern jedoch Mutationen, die bei einem oder beiden Allelen eines bestimmten Gens auftreten, das Programm auf schädigende Weise, indem sie schwere Leiden oder den Tod verursachen. Die Dynamik in solchen Fällen unterscheidet sich geringfügig von derjenigen, die für normale dominante und rezessive Merkmale charakteristisch ist. Glücklicherweise treten schädliche Merkmale, die dominant sind, selten in homozygoter Form auf – das heißt mit zwei Kopien des betreffenden Allels –, weshalb es unwahrscheinlich ist, daß sich zwei Menschen mit dem gleichen dominanten Gendefekt begegnen und Kinder haben, auf welche die beiden mutierten Allele übertragbar wären. Falls dieses unwahrscheinliche Ereignis dennoch eintreten sollte, wären die negativen Auswirkungen allerdings dramatisch. So werden beispielsweise Feten mit der Doppelversion eines Gendefekts, der eine bestimmte Form von Zwergwuchs verursacht, fast niemals ausgetragen, und wenn doch, sterben die Kinder in der Regel sehr früh.

Andere dominante Zustände erweisen sich sogar bei heterozygoten Individuen als tödlich. Zu den tragischen Fällen gehört die *Chorea major*, eine Form des Veitstanzes, die bereits um 1600 in Europa bekannt gewesen sein dürfte. Die Krankheit wurde später nach dem amerikanischen Neurologen George Huntington benannt („Chorea Huntington"), der ihre Symptome 1872 beschrieb, nachdem er sich eingehend mit einer auf Long Island lebenden Familie beschäftigt hatte, die an dieser Erbkrankheit litt.

Eine Fehldiagnose ist bei diesem Leiden nicht selten, denn die Krankheit kann sich anfänglich als eine relativ häufig vorkommende psychische Störung darstellen, beispielsweise als Depression, begleitet von leichten Gesichtszuckungen und geringfügigen Koordinierungsstörungen. Doch bald schon kommt es zur Beeinträchtigung des Intellekts und der Körperkontrolle sowie zu Muskelkrämpfen, die dem Patienten schließlich das Schlukken unmöglich machen.

Neben all ihren Schrecken ist eines der bedrückendsten Merkmale der Chorea Huntington der lange Zeitraum bis zu ihrem Ausbruch. Der Kranke kann bereits Kinder haben, bevor er irgendwelche Symptome zeigt. Da der Zustand dominant ist, besteht für jeden Nachkommen eine 50prozentige Wahrscheinlichkeit, das fatale Allel zu erben und zu erkranken.

Eine zweite wichtige Gruppe von Erbkrankheiten sind diejenigen, die einem rezessiven Erbgang folgen. Da sie nur dann zum Ausbruch kommen, wenn ein Nachkomme identische Kopien eines mutierten Gens besitzt, können rezessive Merkmale – in der Maske eines alternativen dominanten Allels – unbemerkt über mehrere Generationen hinweg weitergegeben werden. Den Erbgang rezessiver Merkmale zu verfolgen ist demnach eine Art Detektivarbeit, die noch am ehesten zu einem befriedigenden Ergebnis führt bei Familien mit einem lückenlosen Stammbaum.

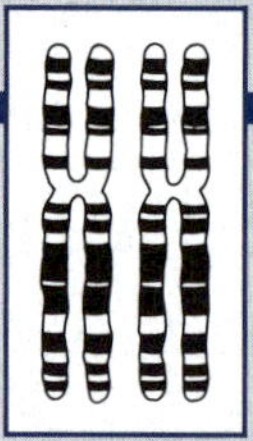

Chromosomen-Ordnung

Viele Krankheiten sind die Folge einer Chromosomenschädigung, wenn beispielsweise Teile der DNS verlorengegangen oder umgeordnet worden sind. Es kann auch vorkommen, daß sich ein Chromosomenpaar während der Bildung der Geschlechtszellen nicht zur rechten Zeit voneinander trennt, so daß entweder überschüssiges genetisches Material vorhanden ist oder Teile fehlen. Um solche chromosomalen Anomalien zu erkennen, ordnen die Genetiker die Chromosomen einer Person nach speziellen Gesichtspunkten: Sie bestimmen den sogenannten „Karyotyp".

Bei einem normalen menschlichen Karyotyp (von griechisch *karyon*, „Kern") werden die 46 Chromosomen – 23 Paare – entsprechend ihrer Größe und anderer Merkmale angeordnet. 22 Paare, die von 1 bis 22 durchnumeriert werden, bezeichnet man als Autosomen; Paar 23 stellt die Geschlechtschromosomen. Theoretisch besitzt jedes Individuum seinen eigenen Karyotyp – ausgenommen vielleicht eineiige Zwillinge. Es gibt aber auch Merkmale, die sich bei gesunden Individuen kaum unterscheiden; hierzu zählen die durch Farbstoffe darstellbaren Bandenmuster sowie die Lage des Zentromers, der primären Einschnürstelle, auf einem Chromosom. Dadurch konnten die Genetiker zu Vergleichszwecken graphische Darstellungen oder Idiogramme von männlichen und weiblichen Karyotypen anfertigen. (Ein Idiogramm von Chromosomenpaar 2 ist oben abgebildet.) Der einzelne Karyotyp wird anhand eines Photos von den Chromosomen bestimmt, die zuvor aus einer sich teilenden Zelle isoliert wurden. Durch einfaches Auszählen der Chromosomen kann man Anomalien wie etwa das Trisomie-21- oder Down-Syndrom – Mongolismus – erkennen. Es tritt auf, wenn eine Person drei statt zwei Kopien von Chromosom 21 besitzt. Um feinere Umordnungen des genetischen Materials zu entdecken, ist es jedoch erforderlich, den Karyotyp mit einem Idiogramm zu vergleichen.

2 UNTER DEM MIKROSKOP. Durch physischen Druck oder durch Zugabe einer anderen chemischen Lösung werden die Zellkerne zum Bersten gebracht, so daß sie die Chromosomen freigeben. Unten sind zwei Sätze versprengter Chromosomen sowie einige intakte Zellkerne abgebildet. Die Chromosomen werden dann mit Farbstoffen angefärbt, die ein typisches Bandenmuster hervorrufen.

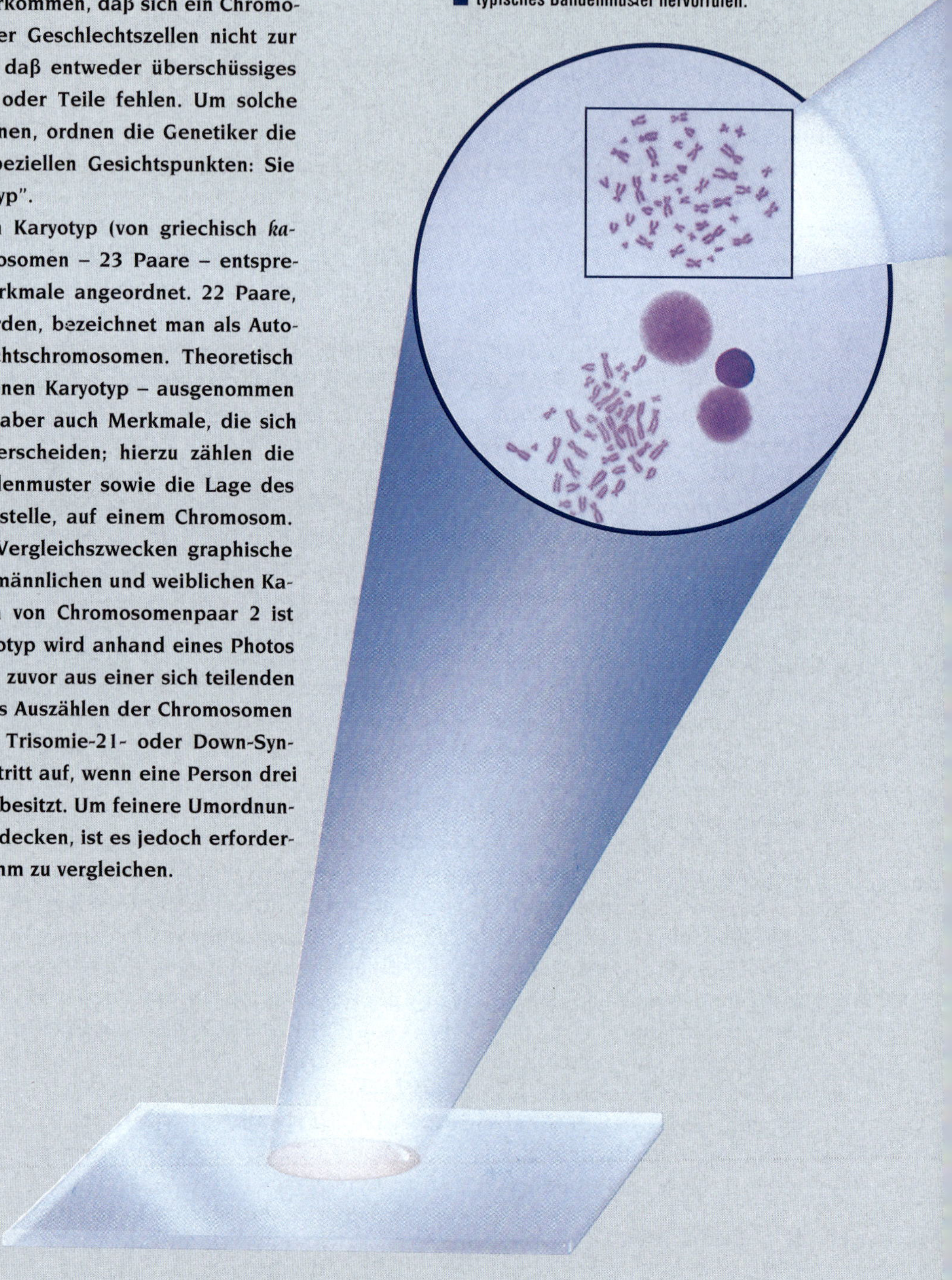

1 DIE VORBEREITUNG DES PRÄPARATS. Um den Karyotyp darzustellen, sind Chromosomen aus sich teilenden Zellen, in der Regel aus Blut, Gewebeproben oder Amnionflüssigkeit (Fruchtwasser), isoliert worden. Die Zugabe einer chemischen Substanz unterbricht den Teilungsvorgang in einem Stadium, in dem die Chromosomen am leichtesten erkennbar sind. Anschließend wird die Probe auf einen Objektträger aufgebracht.

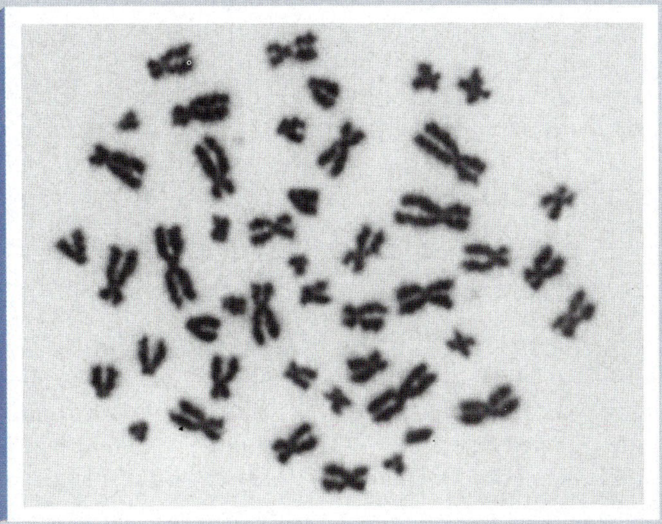

3 NAHAUFNAHME. Dann wird diejenige Chromosomengruppe photographiert, welche die deutlichste Bänderung aufweist *(links)*. Nach der Vergrößerung der Aufnahme kann man das Bandenmuster eines jeden Chromosoms, die Länge seiner beiden Segmente sowie die Lage seines Zentromers mit bloßem Auge gut erkennen. Das Photo wird anschließend in Teile zerschnitten, um die Chromosomen paarweise der Größe nach zum Karyotyp ordnen zu können *(unten)*.

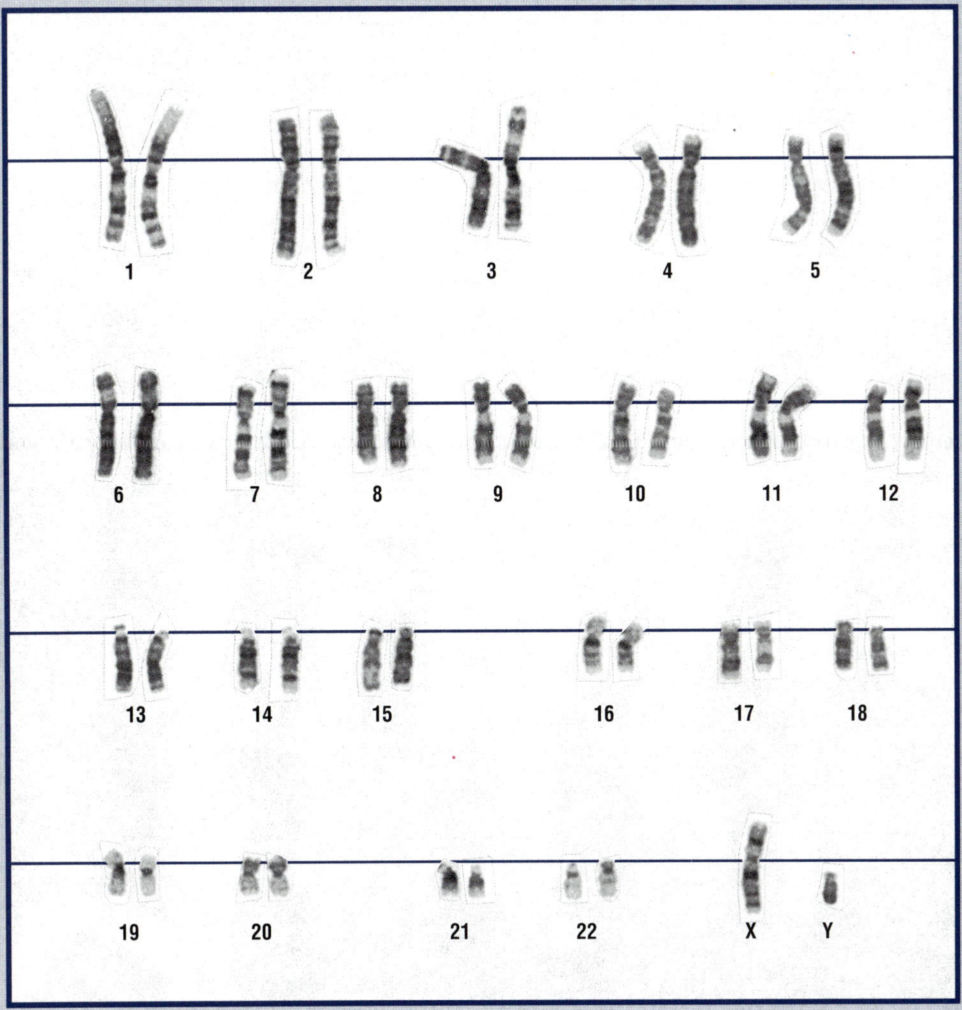

4 BEISPIEL EINES KARYOTYPS. Dieser Karyotyp eines gesunden Mannes ergibt sich, wenn man die 23 Chromosomenpaare nach Größe ordnet. Chromosomen, die etwa gleich groß sind, werden anhand ihrer Bänderung unterschieden; so lassen sich beispielsweise die Paare 21 und 22 identifizieren. Zwar wäre die Karyotypisierung zu automatisieren, doch können Computer die feinen Unterschiede zwischen den Chromosomenpaaren kaum so gut erkennen, daß alle 46 Chromosomen in der richtigen Reihenfolge sortiert wären.

Für rezessive Krankheiten läßt sich das Erkrankungsrisiko nicht so ohne weiteres angeben wie für dominante, aber die von Mendel aufgestellten Vererbungsgesetze sind auch hier immer noch eine geeignete Richtlinie. Ein Individuum, das nur eine Kopie von einem schädlichen Allel für einen rezessiven Zustand besitzt, ist Träger dieses Zustands und gibt ihn mit gleicher Wahrscheinlichkeit an ein Kind weiter. Ein Kind, das dieses Allel erhält, wird die Krankheit dann nicht entwickeln, wenn es von dem anderen Elternteil mit einer harmlosen Version des gleichen Gens ausgestattet wurde. Selbst wenn beide Elternteile Träger des schädlichen Allels sind, müssen die Kinder nicht zwangsläufig erkranken: Nur eines von vier Kindern erhält im Durchschnitt zwei Kopien des Allels für das rezessive Merkmal; ein weiteres Viertel besitzt zwei harmlose dominante Allele, und die Hälfte erbt beide Versionen und wird wie die Eltern Träger des rezessiven Allels.

Die Schätzungen variieren, doch dürfte der Mensch etwa zwischen drei und sieben rezessive Allele vererben, die in ihrer Doppelversion tödlich sind. Aus diesem Grund können gesunde Eltern Kinder haben, die, zum Beispiel, mit Mukoviszidose behaftet sind. Bei dieser rezessiven Erbkrankheit werden in Bronchien und Lunge große Mengen zähflüssiger Sekrete gebildet, die Infektionen begünstigen und die Atmungsorgane schließlich so schwächen, daß sie versagen.

Andere rezessive Erbleiden treten vorwiegend bei engverwandten ethnischen Gruppen auf. Dort ist die Wahrscheinlichkeit größer, daß beide Elternteile die gleichen rezessiven Allele tragen und ein mit der Erbkrankheit behaftetes Kind geboren wird. Eine dieser Krankheiten ist das Tay-Sachs-Syndrom, das vor allem bei Juden zentral- oder osteuropäischer Herkunft auftritt. Es vollbringt sein tödliches Werk in rasender Geschwindigkeit: Die Betroffenen erblinden, zeigen Lähmungserscheinungen und sterben vor Vollendung des vierten Lebensjahres. Eigentlich sollte diese Erbkrankheit mit der Zeit immer seltener werden, da die Kranken keine Nachkommen haben und somit die Anzahl der Kopien des mutierten Gens in einer bestimmten Population kontinuierlich abnehmen müßte.

Das Tay-Sachs-Syndrom hat dennoch bisher überlebt. Man versucht sich sein Fortbestehen auf verschiedene Weise zu erklären. Es soll recht häufig zu Neumutationen des verantwortlichen Gens kommen, so daß die Krankheit immer wieder von neuem eingeführt wird. Wahrscheinlicher dürfte jedoch sein, daß ihr Auftreten von einem gewissen Nutzen ist. Es scheint, daß dasselbe mutierte Gen, das tödlich ist, wenn ein Individuum zwei Kopien von ihm besitzt, möglicherweise vor Tuberkulose schützt, wenn nur eine Kopie vorhanden ist. Anfang dieses Jahrhunderts war in den osteuropäischen Städten ein Fünftel aller Todesfälle auf Tuberkulose zurückzuführen. Doch unter der jüdischen Bevölkerung lag die Todesrate bei den an Tuberkulose Erkrankten wesentlich niedriger. Auch wenn sich die Theoretiker nicht absolut sicher sind, behaupten sie nachdrücklich, daß das Tay-Sachs-Allel eine gewisse Resistenz gegen Tuberkulose verlieh und so durch natürliche Selektion seinen Anteil in der Population erhöhte.

Ganz ähnlich verhält es sich mit der Sichelzellenanämie, einer Blutkrankheit, von der Menschen afrikanischer Abstammung sowie ethnische Gruppen in Arabien, Indien und im Mittelmeerraum betroffen sind. In der Regel ist die Krankheit tödlich, wenn zwei Kopien des entsprechenden Allels vorhanden sind; wie sich allerdings gezeigt hat, macht das Allel immun gegen Malaria, wenn der Träger nur eine Kopie besitzt. Die Malaria, eine Infektionskrankheit, tritt in denselben Regionen auf, in denen die Sichelzellenanämie am häufigsten ist.

Um festzustellen, ob ein bestimmtes Merkmal dominant oder rezessiv ist, muß man nicht wissen, auf welchen Chromosomen die entsprechenden Gene sitzen. Doch liegt es in der Natur der Sache, daß die Erbgänge für eine bestimmte Kategorie von Merkmalen Aufschluß darüber geben, wo die verantwortlichen Gene angesiedelt sind: auf den Geschlechtschromosomen. Beispiele für solche Merkmale beim Menschen wurden identifiziert kurze Zeit nach Thomas Morgans Entdekkung, daß bei Fruchtfliegen einige Merkmale eindeutig an das X-Chro-

EINE ABNORMITÄT VON DAUER. Genetiker glauben, daß diese Statuette aus dem 2. Jahrhundert v. Chr. eine Frau darstellt, welche an einer Art Zwergwuchs litt, einer Erbkrankheit, die auch heute noch relativ häufig auftritt. Da das Merkmal dominant ist, genügt eine Kopie des verantwortlichen Gens, damit die Krankheit zum Ausbruch kommt. Die Nachkommen der betroffenen Person werden mit 50prozentiger Wahrscheinlichkeit das Leiden erben.

mosom gekoppelt sind. Ihre Anzahl ist – verglichen mit der für jene, die an all die anderen Chromosomenpaare gebunden sind – relativ gering. Die meisten von ihnen sind an das X-Chromosom gekoppelt, und es gibt nur zwei Merkmale, die mit dem Y-Chromosom in Zusammenhang stehen: das männliche Geschlecht selbst sowie die Neigung zu Haarwuchs auf dem Außenrand des Ohrs.

Beim Menschen kommen die X-gebundenen Merkmale wie bei anderen Arten in der dominanten wie auch in der rezessiven Form vor. Ihre spezifischen Erbgänge sind in erster Linie durch überaus sorgfältige Analysen von Familienstammbäumen erarbeitet worden. Ein bestimmtes Merkmal kann beispielsweise bei der Nachkommenschaft eines betroffenen Mannes als dominant erkannt werden. Alle seine Töchter werden es zeigen, denn sie erhalten unweigerlich das einzige X-Chromosom ihres Vaters, auf dem das zuständige Allel liegt. Und vorausgesetzt, daß die Mutter seiner Kinder nicht Trägerin dieses Allels ist, werden alle seine Söhne frei von diesem Merkmal sein, denn sie erhalten von ihrem Vater nur das Y-Chromosom. Der Erbgang sieht anders aus, wenn die Frau die Betroffene ist. Sie besitzt meist ein mutiertes und ein normales Allel. Da sie eines ihrer beiden X-Chromosomen sowohl auf männliche wie auf weibliche Nachkommen übertragen kann, werden alle ihre Kinder – unabhängig vom Geschlecht – mit 50prozentiger Sicherheit das Merkmal ausbilden; sollte auch ihr Ehemann betroffen sein, wird die Wahrscheinlichkeit für Töchter, den Gendefekt zu erben, sich natürlich dramatisch erhöhen.

Damit rezessive X-gebundene Krankheiten bei einer Frau auftreten, müssen zwei defekte Allele vorhanden sein. Beim Mann genügt hingegen eines, um die Krankheit zum Ausbruch zu bringen, da er kein zweites X-Chromosom besitzt, das als mögliches Gegengewicht ein normales Allel tragen könnte. Aus diesem Grund werden die meisten der betroffenen Individuen männlich sein – wie bei Morgans weißäugigen Fruchtfliegen –, wohingegen alle Töchter eines betroffenen Vaters lediglich Trägerinnen des mutierten Allels sind, da nur eines ihrer beiden X-Chromosome vom Vater stammt.

Der amerikanische Biologe E. B. Wilson, einer von Morgans Kollegen an der Columbia University, erkannte als erster diesen einzigartigen Erbgang beim Menschen, unmittelbar nach

Mischen und Vereinen: Vererbungsmuster

Die Kombination von Merkmalen, die jeden von uns zu einem Individuum macht – mandelförmige Augen, zum Beispiel, ein Höcker auf dem Nasenrücken oder ein anderes der fast 6000 bislang von den Genetikern identifizierten Merkmale –, ist das Ergebnis des Mischens und Vereinens von genetischen Instruktionen, die unsere Eltern an uns weitergegeben haben. Die Anweisungen für ein bestimmtes Merkmal werden durch sogenannte „Allele" transportiert, Kopien oder Zustandsformen desselben Gens. Wie auf der rechten Seite veranschaulicht, besitzt jeder Elternteil zwei Allele, von denen er jeweils eines auf ein Kind überträgt. In den meisten Fällen wird das dominante Allel das rezessive unterdrücken. Das rezessive Merkmal ist damit jedoch keineswegs ausgelöscht oder verschwunden, sondern kann weitervererbt werden; es tritt in seiner Wirkung wieder zutage, wenn es sich bei einer künftigen Generation mit einem zweiten rezessiven Allel paart.

Die Regeln der Dominanz gelten jedoch nicht immer, besonders nicht im Falle rezessiver X-gekoppelter Merkmale, jener Merkmale, die auf einem der Geschlechtschromosomen sitzen. Frauen, die auf einem ihrer beiden X-Chromosomen ein anomales Allel tragen, bilden dieses Merkmal häufig nicht aus, weil es durch das dominante normale Allel auf dem anderen X-Chromosom maskiert wird. Die Trägerin des anomalen Allels kann dieses jedoch auf den Sohn übertragen, dessen einziges X-Chromosom stets von der Mutter stammt. Da das Y-Chromosom keinen Widerpart trägt, wird der Sohn das rezessive X-gekoppelte Merkmal auch ausbilden.

Bei den Bildern rechts, welche die statistische Verteilung von dominanten, rezessiven und rezessiven X-gekoppelten Merkmalen darstellen, sind die Allele durch Buchstaben bezeichnet – Großbuchstaben stehen für dominante, Kleinbuchstaben für rezessive Merkmale. Buchstaben auf orangefarbenem Grund zeigen an, daß diese Allele für die Merkmalsausbildung notwendig sind.

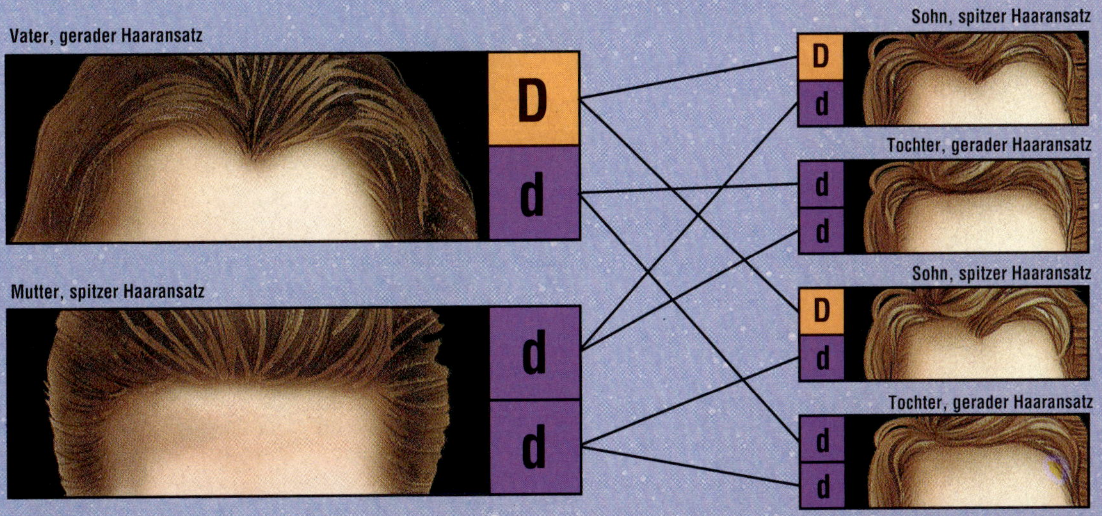

VERERBUNG EINES DOMINANTEN MERKMALS

Besitzt ein Elternteil einen von der Stirnmitte ausgehenden spitzen Haaransatz, der ein dominantes Merkmal darstellt *(großes D in orangefarbenem Kästchen)*, und der andere Elternteil den rezessiven geraden Haaransatz *(dd)*, dann beträgt für jedes Kind die Wahrscheinlichkeit, den spitzen Haaransatz zu erben, 50 Prozent *(Dd)*.

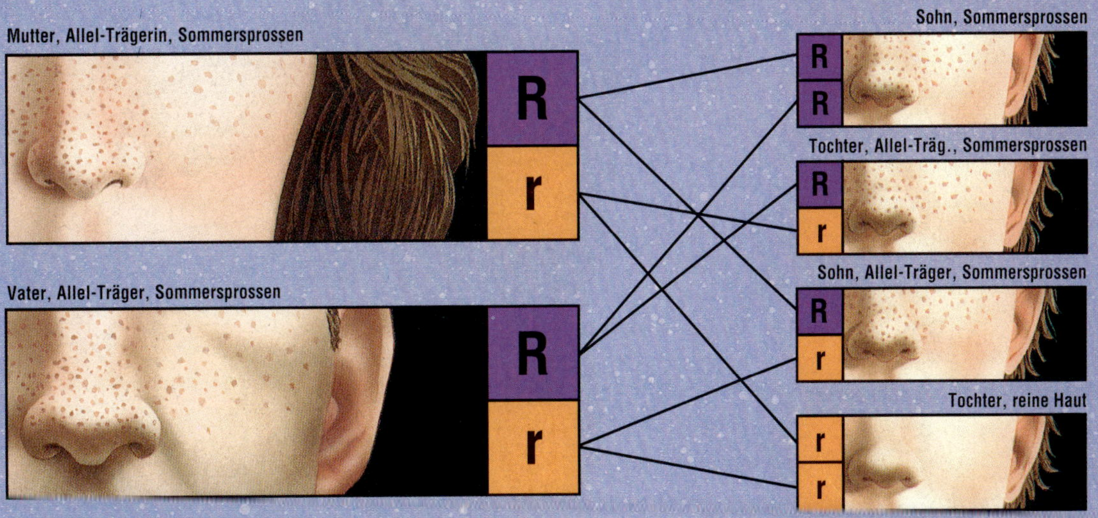

VERERBUNG EINES REZESSIVEN MERKMALS

Beide Eltern haben Sommersprossen, doch ist jeder von ihnen Träger eines Allels für reine Haut *(kleines r in orangefarbenem Kästchen)*. Die Chancen stehen eins zu vier, daß ein Kind von jedem Elternteil dieses Allel *(rr)* erbt und somit eine Haut ohne Sommersprossen aufweist. Hingegen besteht eine 50prozentige Wahrscheinlichkeit, daß die Kinder ihren Eltern gleichen: Sie haben Sommersprossen und sind Träger des Allels für reine Haut *(Rr)*.

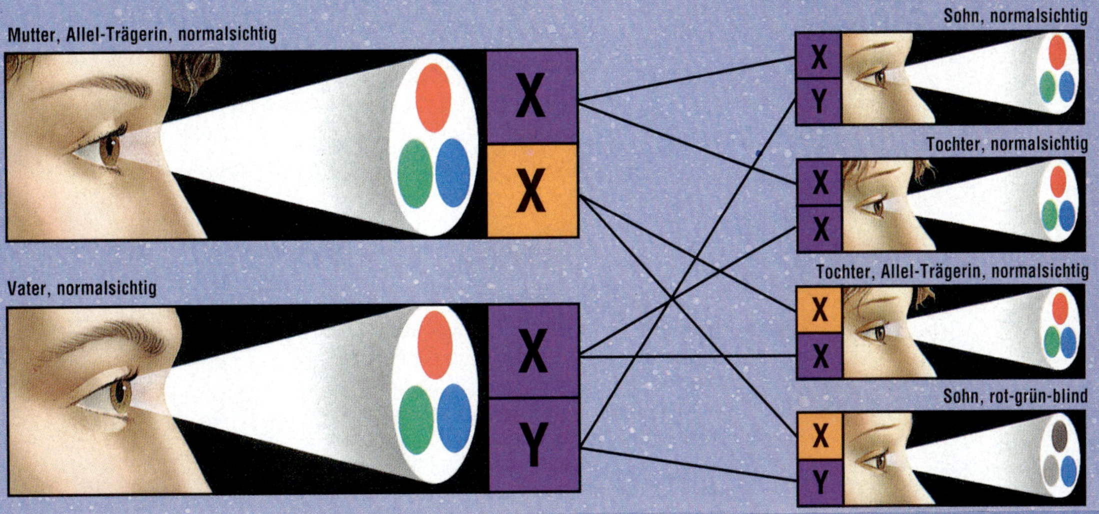

VERERBUNG EINES X-GEKOPPELTEN REZESSIVEN MERKMALS

Ein Vater mit normalem Sehvermögen und eine Mutter, die auf einem ihrer X-Chromosomen ein rezessives Allel für Rot-Grün-Blindheit *(orangefarbenes Kästchen)* trägt, werden mit 50prozentiger Wahrscheinlichkeit das rezessive Allel an ihre Nachkommen vererben. Eine Tochter, die dieses Allel erhält, wird zu seiner Trägerin; doch ein Sohn wird das Merkmal ausbilden und statt Rot und Grün nur Schattierungen von Grau und Schwarz wahrnehmen.

Morgans Entdeckung bei den Fruchtfliegen. Wilson gelang dies, indem er mehrere Generationen von Familien studierte, die mit angeborener Farbenblindheit für Rot und Grün (S. 33) behaftet waren. Bald darauf stellten andere Forscher fest, daß weit bedrohlichere Krankheiten ebenfalls in diese Kategorie fielen, insbesondere die Bluterkrankheit (S. 36–37). Dieses Leiden war im späten 19. und frühen 20. Jahrhundert zu einem bevorzugten Studienobjekt geworden, weil es in den Abstammungslinien europäischer Königshäuser wiederholt auftrat.

Vor allem das Studium geschlechtsgebundener Merkmale führte zu zahlreichen Erkenntnissen nicht nur über den Vererbungsmechanismus, sondern ebenso über die Lage bestimmter Gene auf den Chromosomen, wobei es völlig ausreichte, die Erbgänge der fraglichen Merkmale über Generationen hinweg zu verfolgen. Diese Forschungen bestätigten einmal mehr die Gültigkeit von Mendels bahnbrechenden Experimenten im Klostergarten, und das Bemühen, die Geheimnisse der Vererbung ganz zu ergründen, wurde immer stärker. Wieder und wieder richtete sich während der ersten Hälfte des 20. Jahrhunderts das Interesse auf die nach wie vor mysteriöse Frage nach der Beschaffenheit und Funktionsweise der Gene. Die Antwort, die sich dann schließlich herauskristallisierte, war in ihrer Ein-

GESCHLECHTLICHE AMBIGUITÄT. Als sie sich bei einem Leichtathletik-Wettkampf einem Geschlechtstest unterziehen mußte, erfuhr die spanische Hürdenläuferin Maria Patiño, daß sie genetisch gesehen ein Mann war. Wie die Untersuchung ergab, besaßen ihre Zellen die Geschlechtschromosomen in der XY-Kombination. Körperlich ist die Sportlerin jedoch eine Frau: Da ihr Körper nicht fähig war, auf das von ihm produzierte männliche Hormon Testosteron anzusprechen, bildeten sich weibliche Körpermerkmale aus.

fachheit und Eleganz geradezu verblüffend. Gewiß wird kaum jemand bestreiten, daß es sich hierbei wohl um die wichtigste Entdeckung in der Geschichte der Biologie handelt.

Oberflächlich betrachtet, war die Genforschung kontinuierlich und geradlinig fortgeschritten. Seit Mitte des 19. Jahrhunderts hatten Wissenschaftler Verfahren zur Analyse organischer Verbindungen entwickelt, mit deren Hilfe Modelle konstruiert werden konnten, die veranschaulichten, wie sich aus verschiedenen chemischen Komponenten organische Moleküle zusammenbauen ließen. Als man wußte, daß auf den Chromosomen die Gene aufgereiht waren, wendete man diese Techniken bei Chromosomensträngen an, die aus Zellen isoliert worden waren. Man hoffte, auf diese Weise die chemische Struktur der Gene selbst aufklären zu können.

Doch die Ergebnisse waren nicht befriedigend. Wie sich herausstellte, bestanden die Chromosomen aus zweierlei biochemischem Material, Protein und Desoxyribonukleinsäure (DNS) – in der Fachliteratur ist die englische Bezeichnung *deoxyribonucleic acid* (DNA) gebräuchlich –, die beide in gleichen Anteilen vorhanden waren. Die DNS wurde zwar bereits 1869 entdeckt, doch erst 1940 gelang es den Biochemikern, ihre Bestandteile zu analysieren: Eine Einheit der DNS, „Nukleotid" genannt, besteht aus einer Phosphatgruppe, die an ein Zuckermolekül gebunden ist, welches seinerseits mit einer dritten Komponente, einer Base, in Verbindung tritt, von der es vier Typen gibt. Die Proteine sind noch komplizierter aufgebaut, indem für sie 20 verschiedene Untereinheiten, sogenannte „Aminosäuren", zur Wahl stehen. Doch obwohl die Forscher sämtliche Bausteine dieser komplizierten Moleküle identifiziert hatten, waren sie nicht in der Lage, ihre dreidimensionale Struktur zu erkennen. Damit fehlte ihnen eine wichtige Information, um die Funktion der Moleküle zu verstehen. Auch wußten die Wissenschaftler nicht, welches der beiden Materialien – Protein oder DNS – die Gene letztlich konstituierte.

Einige Forscher bezweifelten jedoch die Bedeutung der DNS. Angesichts der Komplexität, welche die genetische Information hätte haben müssen, wenn sie sämtliche biologischen Instruktionen für einen Organismus enthalten sollte, schien die DNS mit ihren lediglich vier Variablen als Baustein des Lebens wenig geeignet. In der Tat äußerte sich Jahre später der in Berlin geborene Molekularbiologe Max Delbrück, der seinerzeit an solchen Studien wesentlich beteiligt war – und 1969 den Nobelpreis erhielt unter anderem für seine Entdeckungen auf dem Gebiet des Mechanismus der Vererbung –, daß die meisten seiner Kollegen die DNS für eine „dumme Substanz" hielten, von der keine bedeutenden Steuerungsimpulse für die Produktion einer wichtigen Substanz ausgehen könnten. Lange Zeit war man daher überzeugt, daß die Gene aus den Proteinen beständen.

Es gab jedoch auch Wissenschaftler, die eine Abwertung der DNS aus rein theoretischen Gründen nicht akzeptierten. Anfang der 40er Jahre machte ein Forscher namens Oswald Avery, der am Rockefeller Institute in New York tätig war, bei einer Reihe von Experimenten mit Bakterien eine faszinierende Entdeckung. Er arbeitete mit zwei Stämmen, von denen der eine bei Labormäusen eine Lungenentzündung hervorrief, während der andere völlig harmlos war. Wie er feststellte, ließen sich die harmlosen Bakterien durch einen Extrakt, der durch Erhitzen und Abtöten der tödlich wirkenden Bakterien gewonnen worden war, in Killer verwandeln, und – eine noch wichtigere Entdeckung – die Nachkommen der transformierten Bakterien bewahrten diese Killereigenschaft über Generationen hinweg. Die Schlußfolgerung lag nahe, daß der Extrakt etwas beinhaltete, das genetische Instruktionen von dem ersten Stamm auf den zweiten übertrug.

Als Avery und seine Mitarbeiter den Extrakt analysierten, stellten sie fest, daß dieser verschiedene Verbindungen enthielt einschließlich der beiden chromosomalen Komponenten – Protein und DNS. Dies stützte die Vermutung, daß in ihm genetisches Material vorhanden war. Averys Team begann nun, den Extrakt zu reinigen, um seine

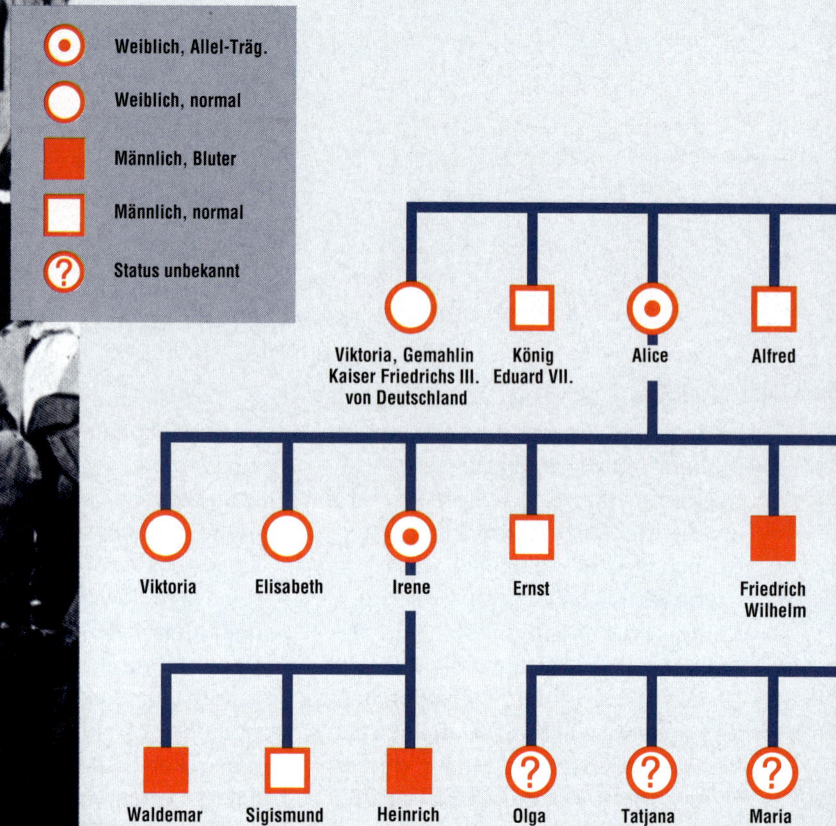

Die Bluterkrankheit

Um das Vererbungsmuster einer Erbkrankheit verfolgen zu können, muß der Stammbaum einer Familie lückenlos dokumentiert sein, wie etwa derjenige der britischen Königin Viktoria. Viele ihrer Nachfahren in den Königshäusern Groß-

einzelnen Bestandteile zu isolieren. Als die Wissenschaftler das isolierte Protein in die harmlosen Bakterien injizierten, blieben diese harmlos. Doch als beim Reinigungsprozeß nur noch die DNS übrigblieb, trat die Kraft des Extrakts, harmlose Bakterien in Killer zu verwandeln, wieder in Erscheinung: Es war demnach ohne jeden Zweifel die DNS, welche die genetische Information in sich trug.

Avery veröffentlichte seine Ergebnisse im Jahre 1944. Dennoch wollten einige Forscher ihre Auffassung, daß nur Proteine hinreichende Komplexität besäßen, um genetische Information zu verschlüsseln, nicht revidieren. Da jedoch immer mehr Experimente anderer Gelehrter Averys Resultate bestätigten, war die wissenschaftliche Welt schon bald davon überzeugt, daß die Gene aus DNS beständen.

Auf das wichtigste Beweisstück war man allerdings immer noch nicht gestoßen. Die dreidimensionale Struktur der DNS blieb ein Geheimnis, und ohne sie offenbarte sich auch nicht der Schlüsselmechanismus der Vererbung – der Prozeß, wie sich die DNS selbst verdoppelt. Anfang der 50er Jahre gewannen zwei Wissenschaftler unabhängig voneinander Erkenntnisse, welche die entscheidenden Hinweise auf die eigentliche Lösung enthielten, die nun unmittelbar bevorstand.

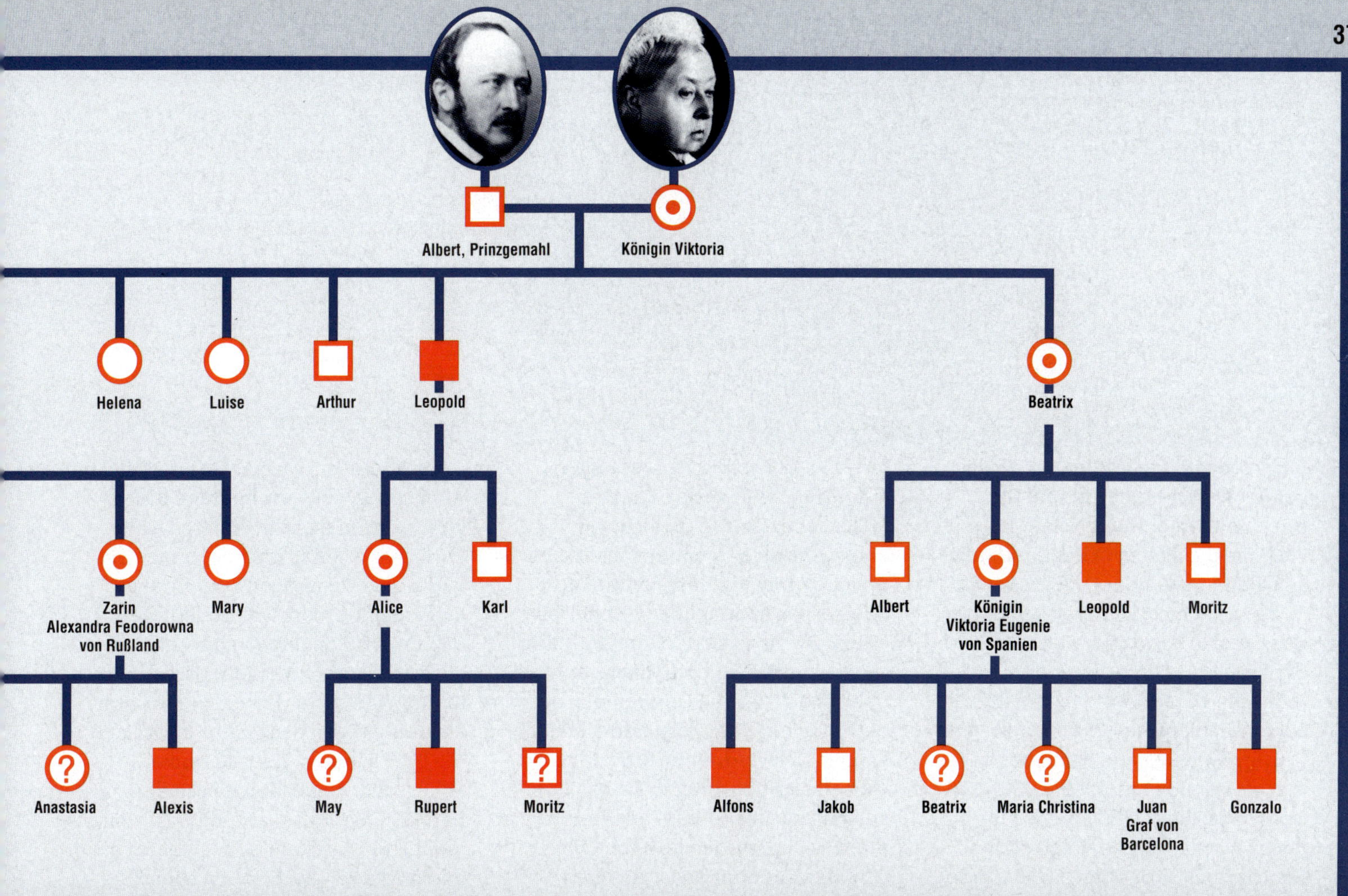

britanniens, Spaniens und Rußlands waren Bluter oder Träger des fraglichen Allels. In ihrer klassischen Form ist Hämophilie ein rezessives X-gekoppeltes Merkmal, so daß fast ausschließlich Männer betroffen sind. Meist wird eine Frau nur dann die Krankheit ausbilden, wenn beide X-Chromosomen das Allel tragen.

Viktorias Sohn Leopold war der erste Bluter in ihrer Familie. Da weder ihr Ehemann noch einer ihrer Vorfahren an Hämophilie litt, vermuteten die Genetiker, daß eine Mutation bei einem ihrer X-Chromosomen Viktoria zur Trägerin der Bluterkrankheit machten. Ihre beiden Töchter, die ebenfalls Trägerinnen waren, hatten beide einen bluterkranken Sohn. Dann traten vier Enkelinnen als Trägerinnen auf. Sechs Urenkel litten an der Krankheit; ein Urenkel und vier Urenkelinnen starben, bevor man ihren Status feststellen konnte. Den der anderen Urenkelinnen wird man erst kennen, wenn einer ihrer Nachkommen bluterkrank ist.

Erwin Chargaff, Biochemiker an der Columbia University, wurde durch Averys Arbeit angeregt, seine Aufmerksamkeit der Erforschung der DNS zuzuwenden. Er untersuchte Zellmaterial von verschiedenen Organismen und bestimmte bei jedem die Anteile der vier DNS-Basen. Man nahm damals noch an, daß diese in gleichen Anteilen vorkämen, was so indes nicht zutraf. Chargaff stellte fest, daß unabhängig von dem untersuchten Organismus Adenin (A) und Thymin (T) sowie Guanin (G) und Cytosin (C) stets jeweils in gleichen Mengen vorhanden waren. Ohne sich ganz schlüssig zu sein, was dies bedeutete, veröffentlichte er seine Daten und begründete damit die „Chargaffschen Regeln": A gleich T und G gleich C.

In der Zwischenzeit hatte der schottische Chemiker Alexander Todd herauszufinden versucht, auf welche Weise sich die als Nukleotide bezeichneten Bausteine der DNS zu DNS-Molekülen vereinten. Im Jahre 1952 waren seine Bemühungen erfolgreich: Die Zucker-Phosphat-Anteile der Nukleotide – so seine Erkenntnis – hefteten sich zu einem kontinuierlichen Strang aneinander, und die

Basen baumelten in offenbar zufälliger Reihenfolge daran herab. Die postulierte Anordnung ließ jedoch zu viele Möglichkeiten in der dreidimensionalen Struktur der DNS zu. Es war immer noch nicht klar, welche Form das Molekül hatte und wie diese in der Lage war, sich zu verdoppeln.

Ein Jahr vor Todds Analyse hatten auch zwei Biochemiker der Cambridge University in England damit begonnen, das Geheimnis um die DNS-Struktur zu lüften: der Amerikaner James Watson und der Engländer Francis Crick. Sie griffen die Hinweise auf, welche die Forschungsarbeiten ihrer Vorgänger erbracht hatten, und stützten sich auch auf die Ergebnisse Chargaffs und Todds. Darüber hinaus machten sie sich die Daten zunutze, die eine Londoner Forschungsgruppe um Maurice Wilkins und Rosalind Franklin zusammengetragen hatte. Wilkins und Franklin war für ihre Untersuchungen von Molekülstrukturen, darunter der DNS, eine besondere Technik eingefallen: Sie setzten die Moleküle Röntgenstrahlen aus und analysierten die Reflexionsmuster.

Mit Hilfe markierter Pappkartonstücke versuchten Watson und Crick, ein Strukturmodell zu konstruieren, und experimentierten mit verschiedenen Anordnungen der bekannten DNS-Bausteine. Dabei orientierten sie sich hauptsächlich an Franklins Röntgenbildern. Am 28. Februar 1953 war das letzte Mosaiksteinchen gefunden. Watson erkannte, daß Chargaffs Regeln – A gleich T, G gleich C – einen Sinn ergaben, wenn die Partner eines jeden Paars chemische Bindungen miteinander eingingen. Ein DNS-Molekül bestand somit nicht aus einem einzelnen, sondern aus zwei Strängen, die über ihre komplementären Basen miteinander verbunden waren. Die Analyse der Röntgenbilder zeigte, daß die beiden Stränge sehr wahrscheinlich eine Doppelhelix bildeten – eine spiralartige Form, ähnlich einer in sich verdrehten Strickleiter. Gemeinsam überprüften sie das Röntgenmuster anhand des Pappkartonmodells und wurden bestätigt. Sie stürmten aus dem Haus, um ihren Erfolg in einem nahegelegenen Pub gebührend zu begießen. Crick soll dabei im Überschwang der Freude in die Menge gerufen haben: „Wir haben das Geheimnis des Lebens entdeckt!"

Mit dem Strukturmodell war endlich klar, wie die DNS ihre wichtigste Lebensfunktion, die Selbstverdopplung, erfüllte. Da sich ein A nur mit einem T und ein G nur mit einem C verbinden würde, war die Basensequenz entlang dem einen Strang stets die exakte Ergänzung der Basensequenz des anderen. Bei einer Trennung der beiden Stränge – nach dem Prinzip, wie man einen Reißverschluß öffnet – ergäben sich demnach Hälften, die beide sämtliche Informationen enthielten, die für die Schaffung eines neuen komplementären Strangs nötig wären, um ein Duplikat des ursprünglichen Moleküls zu erhalten.

Hinzu kam ein weiterer Effekt: Obwohl es nur vier verschiedene Basen gab, konnten diese in einer quasi unendlichen Vielfalt von Sequenzen entlang des kettenartigen DNS-Strangs aufgereiht werden. Das bedeutete, daß die DNS offenbar in der Lage war, als Träger komplexer genetischer Informationen zu fungieren. Vielleicht am treffendsten beschrieben hat Crick die DNS in einem Brief an seinen Sohn, kaum einen Monat nach der Entdeckung: „Unsere Struktur ist sehr schön, sie ist wie ein Code. Wenn man einen Satz von Buchstaben kennt, kann man auch die anderen niederschreiben. Wir glauben inzwischen, daß die DNS in der Tat ein Code ist. Das heißt, die Reihenfolge der Basen (Buchstaben) sorgt dafür, daß sich ein Gen vom anderen unterscheidet."

Nach Watsons und Cricks großartigem Durchbruch wurden weitere Details offenbar. Crick selbst trug zu der Entdeckung bei, wie der DNS-Code funktionierte, um die Produktion spezifischer Substanzen zu veranlassen, die einen Organismus formen und seine biologische Aktivität regulieren (S. 39–49). Die wichtigste Konsequenz bestand jedoch darin, daß sich die Strategie zur Erforschung des Bauplans für das menschliche Leben grundlegend änderte. Die Gelehrten verfügten nunmehr über einen neuen Ansatz, um dem Geheimnis der Vererbung auf die Spur zu kommen, indem sie den genetischen Text selbst entschlüsseln konnten – jene Buchstaben, Wörter und Sätze, in denen das Erbgut niedergeschrieben ist.

DIE TRÄGER DES ERBGUTS

Alle Zellen besitzen Chromosomen; diese übertragen das genetische Erbe einer Zelle, verschlüsselt in der DNS, auf die Tochterzellen. Doch nur für kurze Zeit nehmen die Chromosomen während der Zellteilung die klassische X-Form an. Die übrige Zeit liegen sie als Chromatin ausgestreckt im Zellkern. In diesem Zustand benutzt die Zelle die DNS und ihre spezifischen, Gene bildenden Sequenzen für zwei lebenswichtige Alltagsaktivitäten.

Eine ihrer Aufgaben ist die Zellteilung, wozu exakte Genkopien angefertigt werden müssen. Weit häufiger aber werden Gene aktiviert, um Proteine zu synthetisieren. In gewisser Hinsicht ist eine Zelle tatsächlich kaum mehr als eine Proteinfabrik. Alles und jedes im Körper enthält eine oder mehrere Arten von Proteinmolekülen, von denen jeder einzelne Typ durch ein individuelles Gen gestaltet wird. Proteine befinden sich beispielsweise in den Membranen von Knochen und anderen Zellen sowie in den Säften des Verdauungssystems. Als Antikörper wie das hier abgebildete Molekül können sie auch Krankheiten bekämpfen. Wie sich die DNS verdoppelt und wie eine Zelle Proteine herstellt – beides wird auf den folgenden Seiten erklärt – sind Wunder, die wir der bis ins kleinste gehenden Genialität der Lebens verdanken.

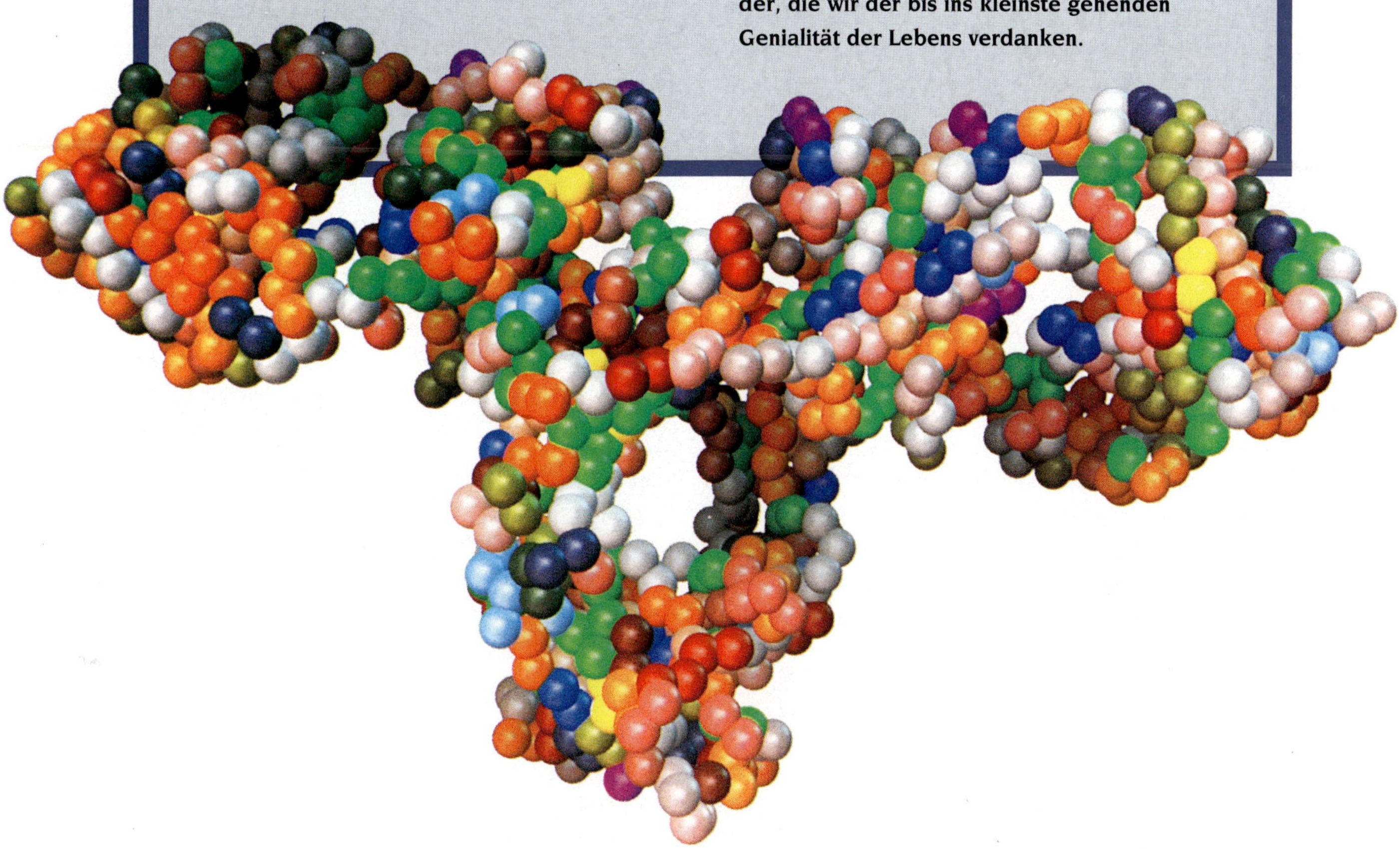

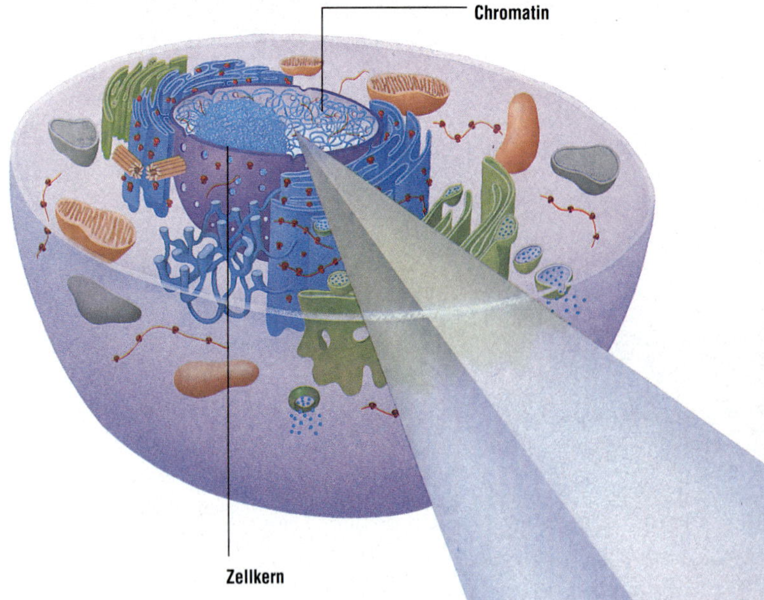

EIN GESCHLINGE CHROMATIN. Innerhalb eines Zellkerns bilden die 46 Chromatinstränge ein verschlungenes Knäuel, in etwa vergleichbar einer Schüssel mit mikroskopisch kleinen Spaghetti, wobei jede „Nudel" eine ornamentartige innere Struktur besitzt, die in ihrer Schönheit nur bei starker Vergrößerung wahrgenommen werden kann.

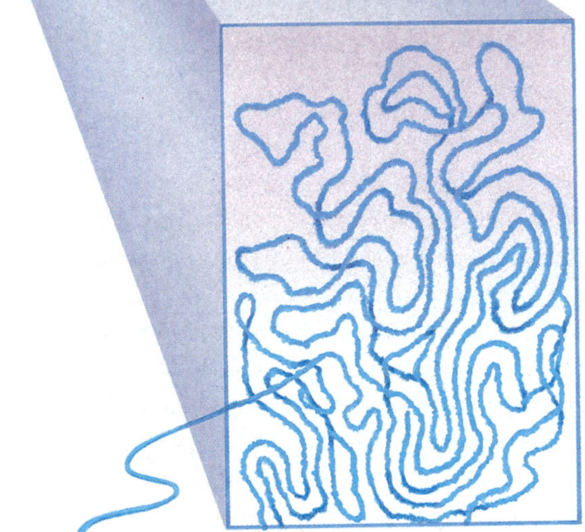

EIN EINZELNER STRANG. In der vergrößerten Darstellung als einzelner Strang ist gut zu erkennen, daß sich das Chromatin im Zellkern viele Male um sich selbst schlängelt. In Wirklichkeit sind natürlich weitere Chromatinstränge – soweit man weiß, in ganz zufälliger Anordnung – mit dem hier isoliert abgebildeten und anderen eng verwoben.

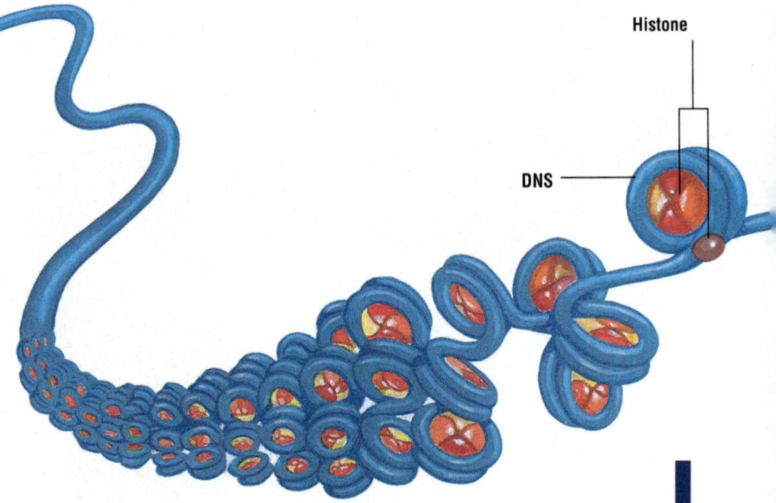

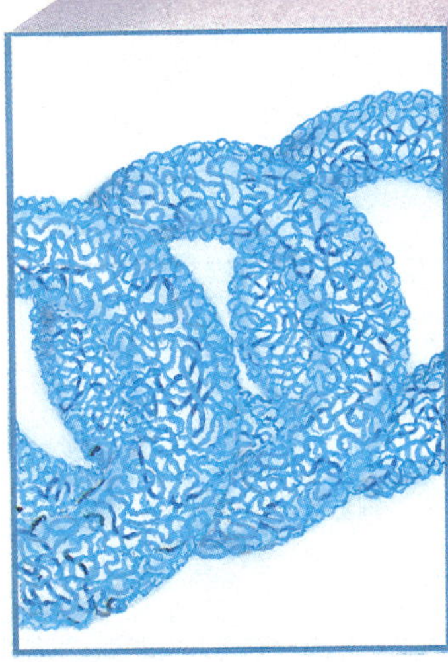

KNÄUEL IN KNÄUEL. Betrachtet man einen Chromatinstrang genau, so zeigt sich, daß es sich um ein Knäuel aus einem Materialstrang handelt. Dieser wiederum besteht selbst aus einem noch feineren Knäuel, dessen Durchmesser weniger als ein millionstel Zentimeter beträgt *(oben rechts)*.

BLICK IN DAS KLEINSTE KNÄUEL. Der winzige DNS-Faden, aus dem das Chromatin besteht, wickelt sich hier zweimal um eine Reihe perlartiger Strukturen. Diese bestehen aus acht Proteinmolekülen, den sogenannten „Histonen". Zusammen mit einem einzelnen Histon außerhalb der Kernzone bilden die Moleküle jene Kräfte, welche die Perlen zusammenknäulen.

KOMPRIMIERUNG DURCH SPIRALISIERUNG

Damit die vielen tausend Gene im Genom des Menschen in einem Zellkern, dessen Durchmesser lediglich 6000stel Millimeter beträgt, auch tatsächlich Platz finden, müssen sie auf höchst effiziente Weise komprimiert werden.

Die Strategie besteht darin, daß zunächst nur eine einfache Verdrillung des DNS-Strangs stattfindet, wodurch sich dieser leicht verkürzt. Darauf folgen weitere Spiralisierungen, die den Strang immer mehr verkürzen und zu einem vergleichsweise stabilen Chromatinfaden verdicken. Im spiralisierten Zustand ist der DNS-Strang schließlich 15 mal kürzer und 250 mal dicker als in seiner recht zerbrechlichen entspiralisierten Form. Dadurch wird das Chromatin im Zellkern weniger verletzlich.

Während des Lebenszyklus einer Zelle muß der einzelne Chromatinstrang häufig seinen defensiven Zustand aufgeben, um seine Aufgaben zu erfüllen. So strecken sich die Stränge, um die Synthese jener Proteine einzuleiten, die von bestimmten Zellen zu bestimmten Zwecken benötigt werden (S. 44–45). Ebenso entspiralisieren sie sich, um Kopien von sich selbst herzustellen, sobald sich eine Zelle zur Teilung anschickt. Bei der Teilung nimmt das Chromatin dann die kompaktere, X-förmige Gestalt der Chromosoms an.

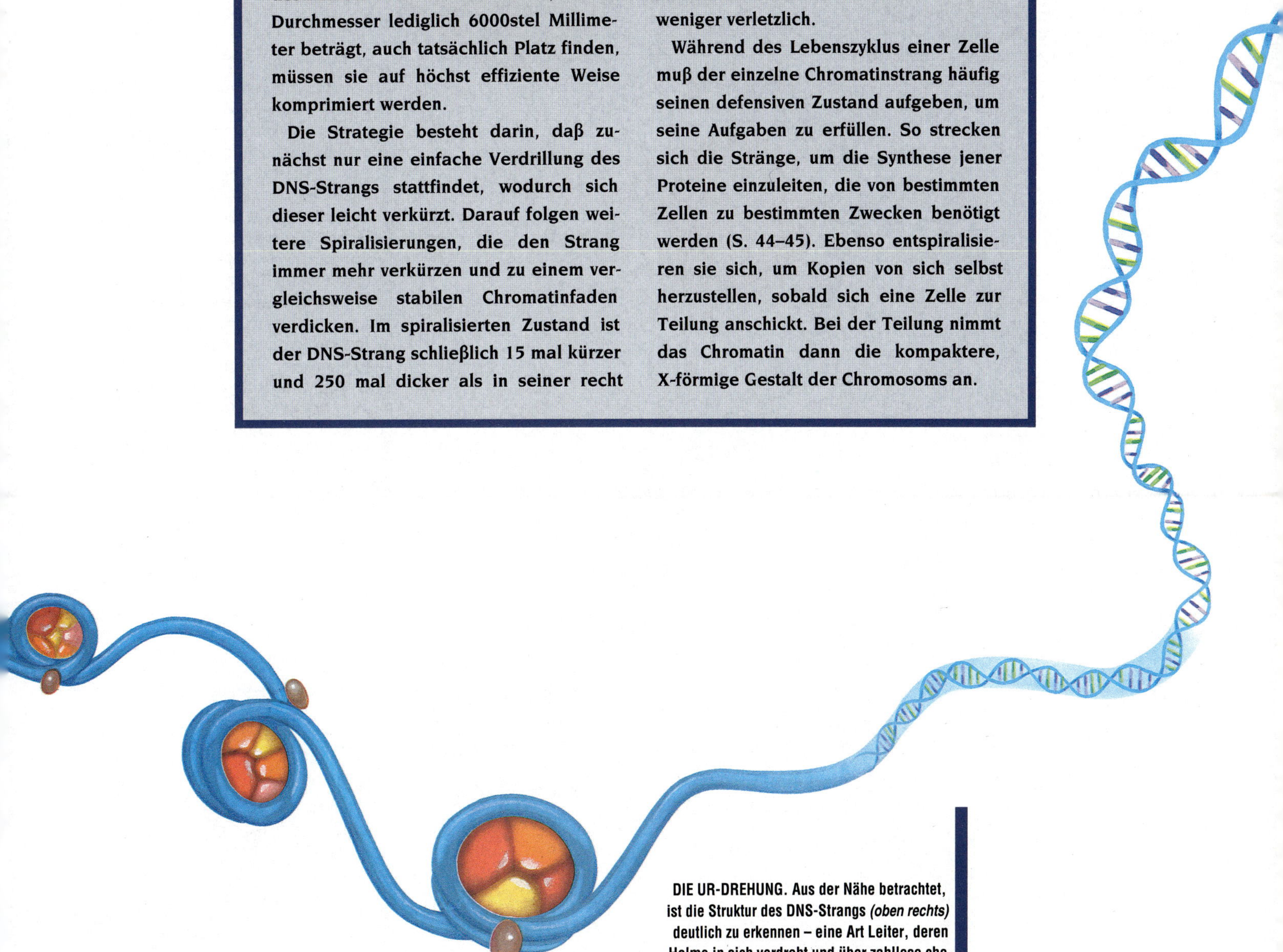

DIE UR-DREHUNG. Aus der Nähe betrachtet, ist die Struktur des DNS-Strangs *(oben rechts)* deutlich zu erkennen – eine Art Leiter, deren Holme in sich verdreht und über zahllose chemische Sprossen miteinander verbunden sind.

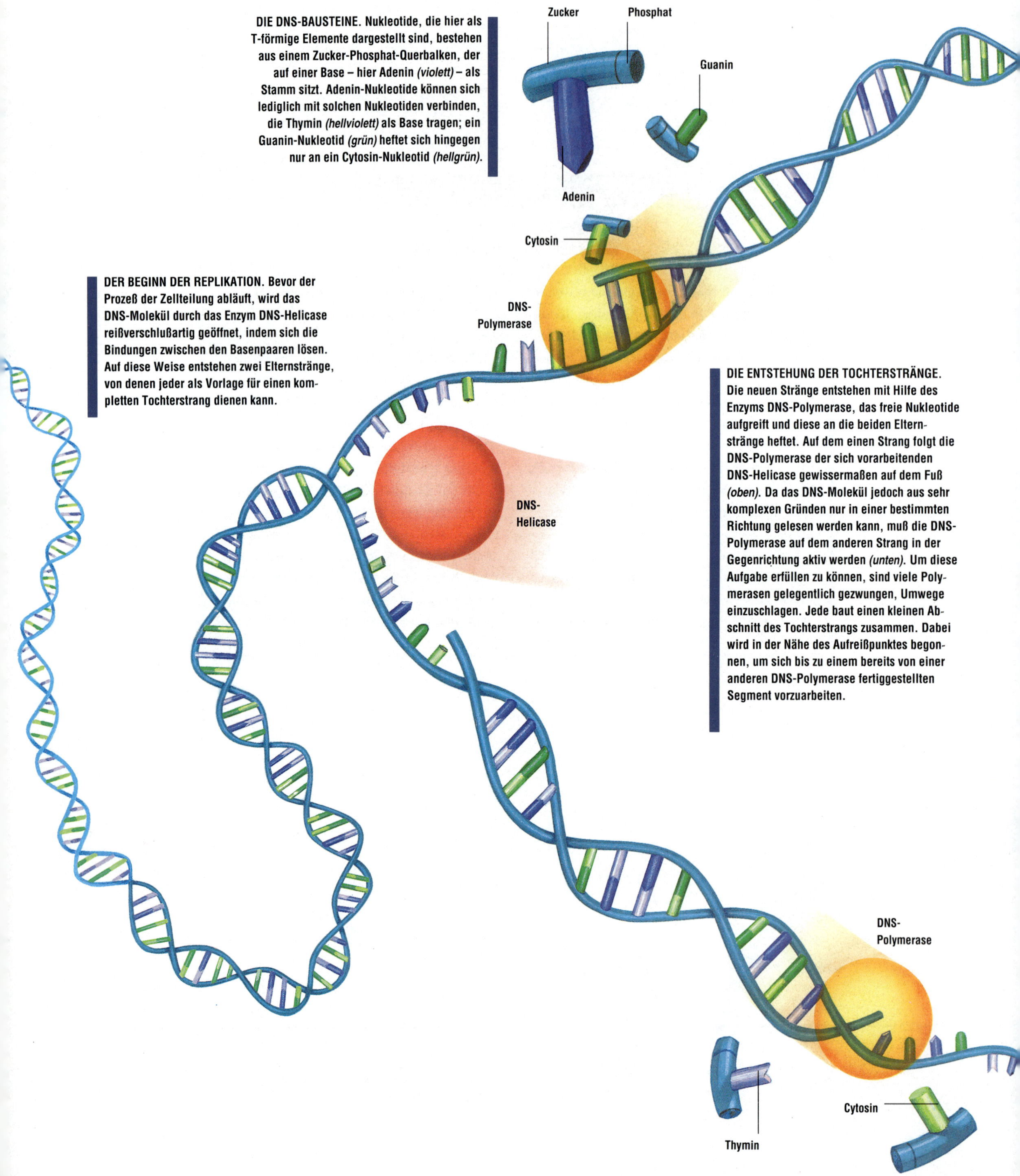

DIE DNS-BAUSTEINE. Nukleotide, die hier als T-förmige Elemente dargestellt sind, bestehen aus einem Zucker-Phosphat-Querbalken, der auf einer Base – hier Adenin *(violett)* – als Stamm sitzt. Adenin-Nukleotide können sich lediglich mit solchen Nukleotiden verbinden, die Thymin *(hellviolett)* als Base tragen; ein Guanin-Nukleotid *(grün)* heftet sich hingegen nur an ein Cytosin-Nukleotid *(hellgrün)*.

DER BEGINN DER REPLIKATION. Bevor der Prozeß der Zellteilung abläuft, wird das DNS-Molekül durch das Enzym DNS-Helicase reißverschlußartig geöffnet, indem sich die Bindungen zwischen den Basenpaaren lösen. Auf diese Weise entstehen zwei Elternstränge, von denen jeder als Vorlage für einen kompletten Tochterstrang dienen kann.

DIE ENTSTEHUNG DER TOCHTERSTRÄNGE. Die neuen Stränge entstehen mit Hilfe des Enzyms DNS-Polymerase, das freie Nukleotide aufgreift und diese an die beiden Elternstränge heftet. Auf dem einen Strang folgt die DNS-Polymerase der sich vorarbeitenden DNS-Helicase gewissermaßen auf dem Fuß *(oben)*. Da das DNS-Molekül jedoch aus sehr komplexen Gründen nur in einer bestimmten Richtung gelesen werden kann, muß die DNS-Polymerase auf dem anderen Strang in der Gegenrichtung aktiv werden *(unten)*. Um diese Aufgabe erfüllen zu können, sind viele Polymerasen gelegentlich gezwungen, Umwege einzuschlagen. Jede baut einen kleinen Abschnitt des Tochterstrangs zusammen. Dabei wird in der Nähe des Aufreißpunktes begonnen, um sich bis zu einem bereits von einer anderen DNS-Polymerase fertiggestellten Segment vorzuarbeiten.

ZWEI TÖCHTER VON KOMPLEMENTÄREN ELTERN

Für ein Molekül, das Träger so vieler Informationen ist, besitzt die DNS eine verblüffend einfache Struktur, die – Unfälle ausgenommen – eine fehlerfreie Replikation erlaubt. Sie basiert auf vier Nukleotiden, die in großen Mengen durch Enzyme außerhalb des Zellkerns im Cytoplasma produziert werden (S. 18–19). Diese Moleküle binden sich über Basenpaare aneinander, um die Sprossen und Holme der DNS-Leiter zu bilden.

Das Quartett der Nukleotiden läßt nur vier Anordnungen zu: zwei Paarungen in jeweils zwei Versionen, indem jede Base auf einer der beiden Seiten des DNS-Doppelstrangs auftreten kann. Diese vier Elemente liefern, in langen Ketten aufgereiht, jene Vielfalt, die nötig ist, um die unzähligen Gentypen zu konstruieren.

Die Verdopplung der DNS, die einer Zellteilung stets vorausgeht, geschieht im wesentlichen durch das Aufspalten des DNS-Doppelstrangs entlang der Mittellinie in zwei Elternstränge. Jeder dieser beiden Stränge dient anschließend als Matrize, um ein neues komplettes DNS-Molekül, den Tochterstrang, zusammenzubauen. Da die Elternstränge jedoch dazu neigen, sich nach dem Aufreißen schon bald wieder zu vereinen, läuft die Replikation sehr schnell ab – mit einer Geschwindigkeit von etwa 2000 Sprossen pro Minute. Fehler sind hierbei selten, denn beide Elternstränge enthalten die Originalsequenz an Nukleotiden, von denen jedes nur den einen Partner akzeptieren wird, der mit ihm im ursprünglichen DNS-Doppelstrang verknüpft war.

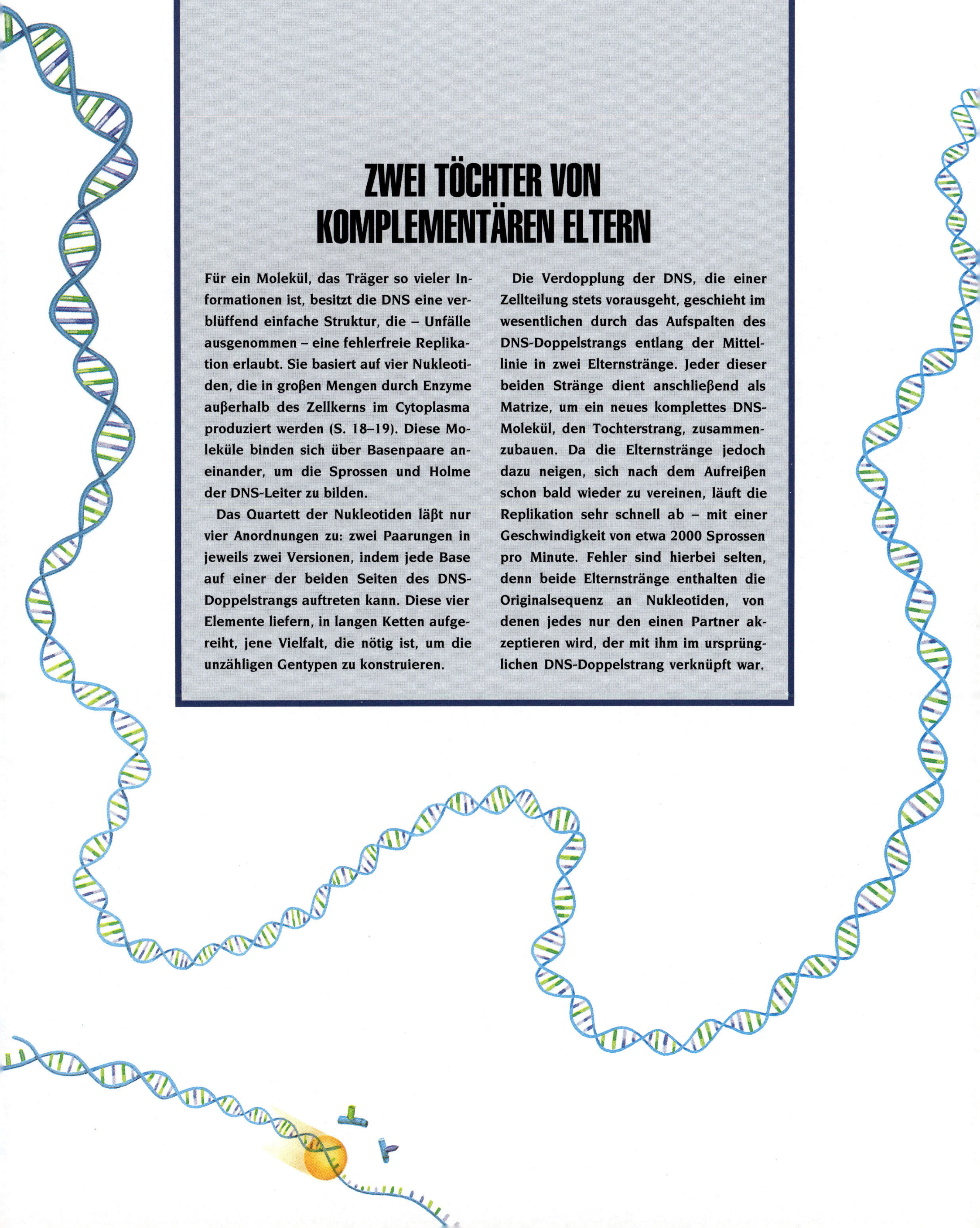

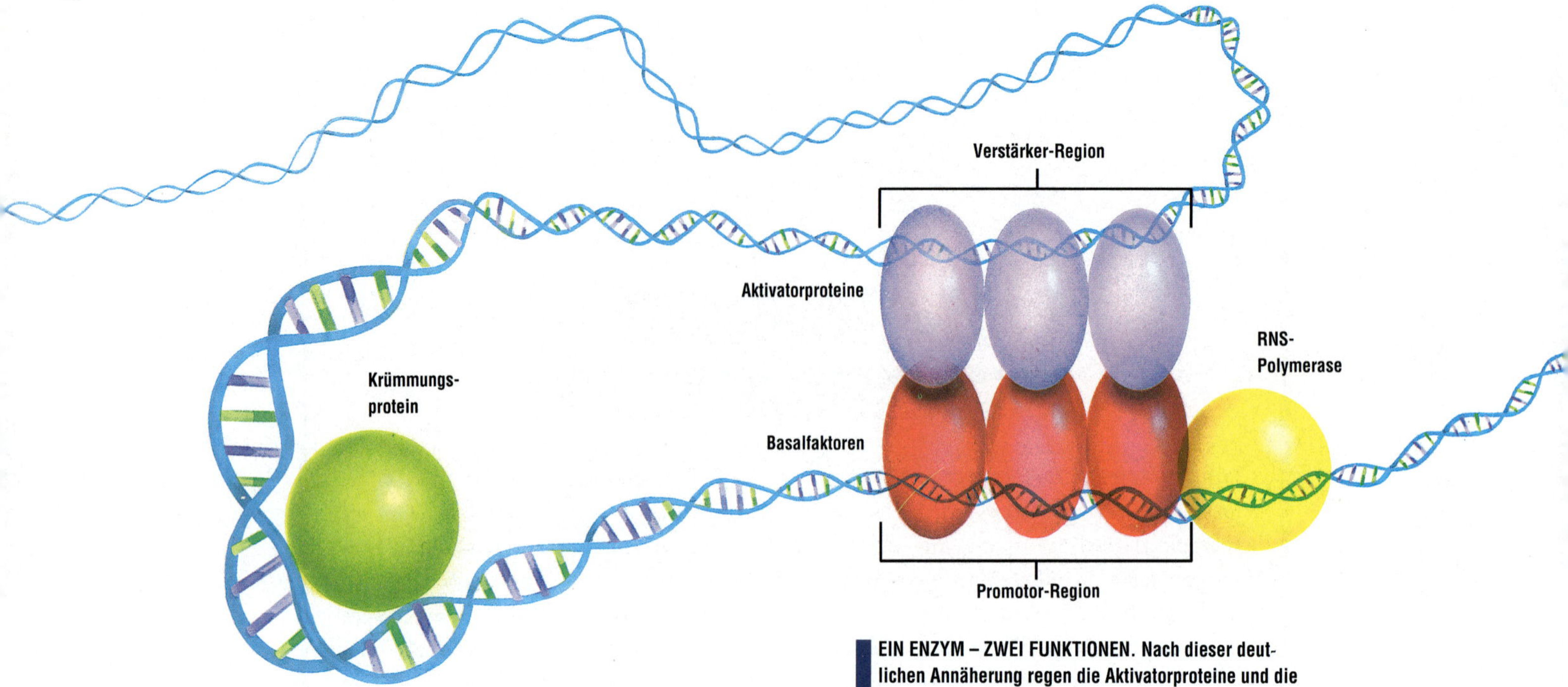

EIN ENZYM – ZWEI FUNKTIONEN. Nach dieser deutlichen Annäherung regen die Aktivatorproteine und die Basalfaktoren die RNS-Synthese durch das Enzym RNS-Polymerase („Transkriptase") an, die am Startpunkt einer Genvorlage mit ihrer Arbeit beginnt. Tatsächlich vereint das RNS-synthetisierende Enzym in sich sowohl die Funktion der DNS-Helicase wie auch die der DNS-Polymerase *(S. 42–43)*, indem es die DNS-Doppelhelix aufreißt und aus Nukleotiden einen RNS-Strang zusammenbaut *(S. 46)*.

DAS KRÜMMUNGSPROTEIN. Nachdem die Transkriptionsfaktoren – sogenannte „Aktivatorproteine" und „Basalfaktoren" – sich an der DNS verankert haben, wandert ein Molekül des Krümmungsproteins zu einem Punkt ungefähr zwischen der Promotor- und der Verstärker-Region. Das Krümmungsprotein verursacht einen scharfen Knick in der DNS und nähert auf diese Weise die Promotor-Region der Verstärker-Region an.

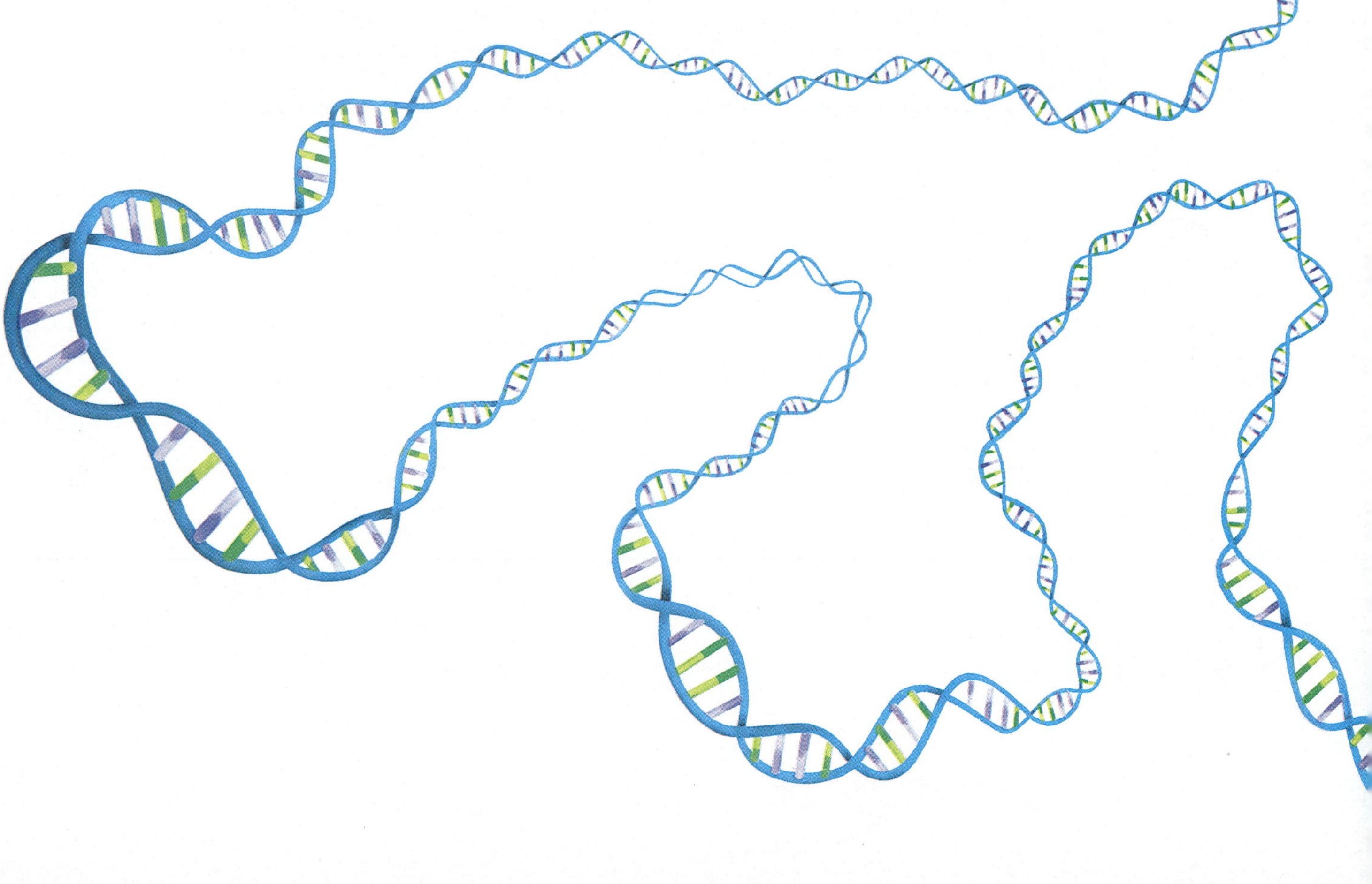

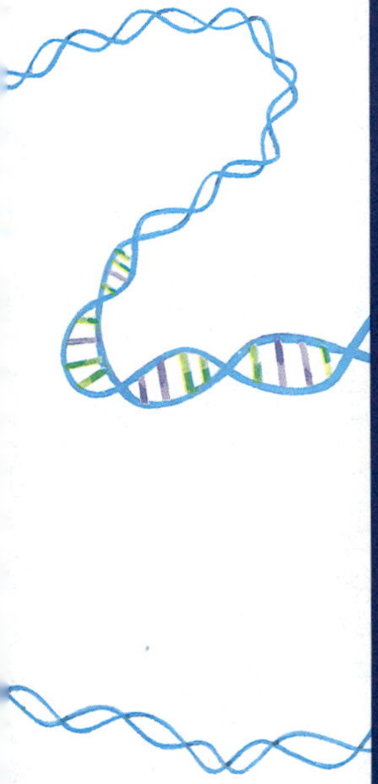

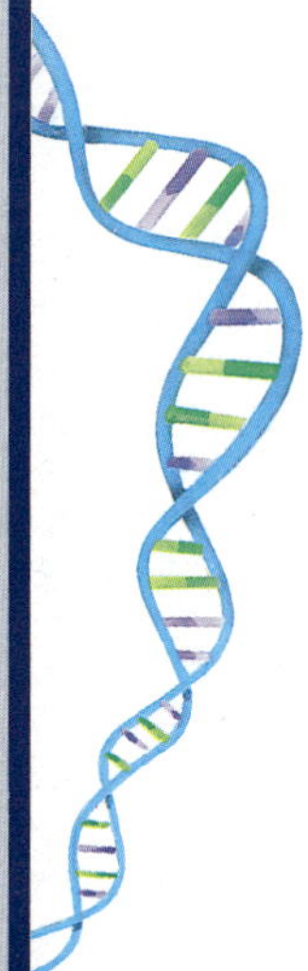

DIE ROLLE DER DNS BEI DER PROTEINSYNTHESE

Der Lebenszyklus eines typischen Proteins dauert gerade zwei Tage. Folglich müssen ständig neue Proteinmoleküle hergestellt werden, um die Versorgung der Zelle mit diesen lebenswichtigen Verbindungen sicherzustellen.

Bei diesem Prozeß dient die DNS als Matrize, um aus Nukleotiden Ribonukleinsäure (RNS) zusammenzubauen. In ihrer endgültigen Form wird dann die RNS selbst zur Vorlage für die Montage einer Kette aus Aminosäuren, aus denen in vielerlei Kombinationen und Sequenzen sämtliche Proteine bestehen.

Diesen proteinsynthetisierenden Vorgang nennen die Genetiker „Genexpression". Obwohl in jeder Zelle die DNS Gene für sämtliche Körperproteine besitzt, exprimiert keine Zelle jedes dieser Gene. Diejenigen in der Netzhaut etwa sind die einzigen, welche Proteine bilden, die für die Lichtempfindlichkeit des Auges nötig sind, obwohl die Gene für diese Proteine auch in der DNS von Leber-, Muskel- und anderen Zellen im Körper nachgewiesen worden sind.

Die Genexpression beginnt an zwei Abschnitten eines DNS-Strangs, die man als „Promotor-" und „Verstärker-Region" bezeichnet und die jeweils zwischen 20 und 100 Basenpaare lang sein können. Die Promotor-Region markiert den Startpunkt der RNS-Matrize eines Gens; die Verstärker-Region kann Tausende von Basenpaaren entfernt davon liegen.

Wenn eine Zelle eines ihrer Proteine synthetisieren soll, heften sich sogenannte „Transkriptionsfaktoren" an die Promotor- und die Verstärker-Region. Sie lösen eine Kette von Ereignissen aus, die mit der Krümmung des DNS-Doppelstrangs (*links*) eingeleitet wird.

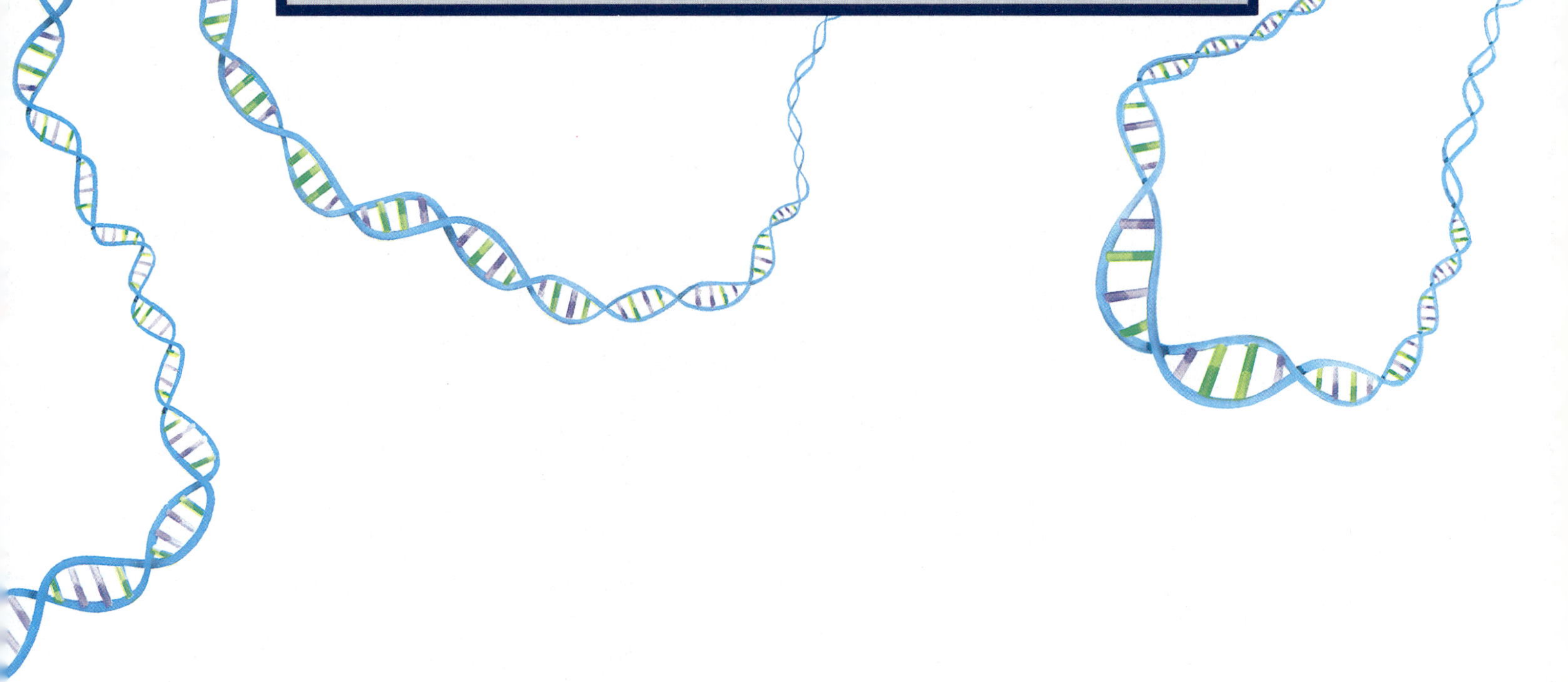

DIE HERSTELLUNG DER RNS. Das Enzym RNS-Polymerase reißt die DNS-Doppelhelix auf – die sich nach der enzymatischen Aktion von selbst wieder schließt – und verknüpft freie Nukleotiden zu einem RNS-Strang. Trifft es bei seiner Arbeit im DNS-Strang auf ein Cytosin-Nukleotid, fügt es dem RNS-Strang ein Guanin hinzu und umgekehrt. Ein Thymin-Nukleotid im DNS-Strang bewirkt die Verlängerung der RNS-Kette um ein Adenin. Wenn die RNS-Polymerase jedoch auf Adenin trifft, hängt sie ein Uracil-Nukleotid *(rosafarben)* an.

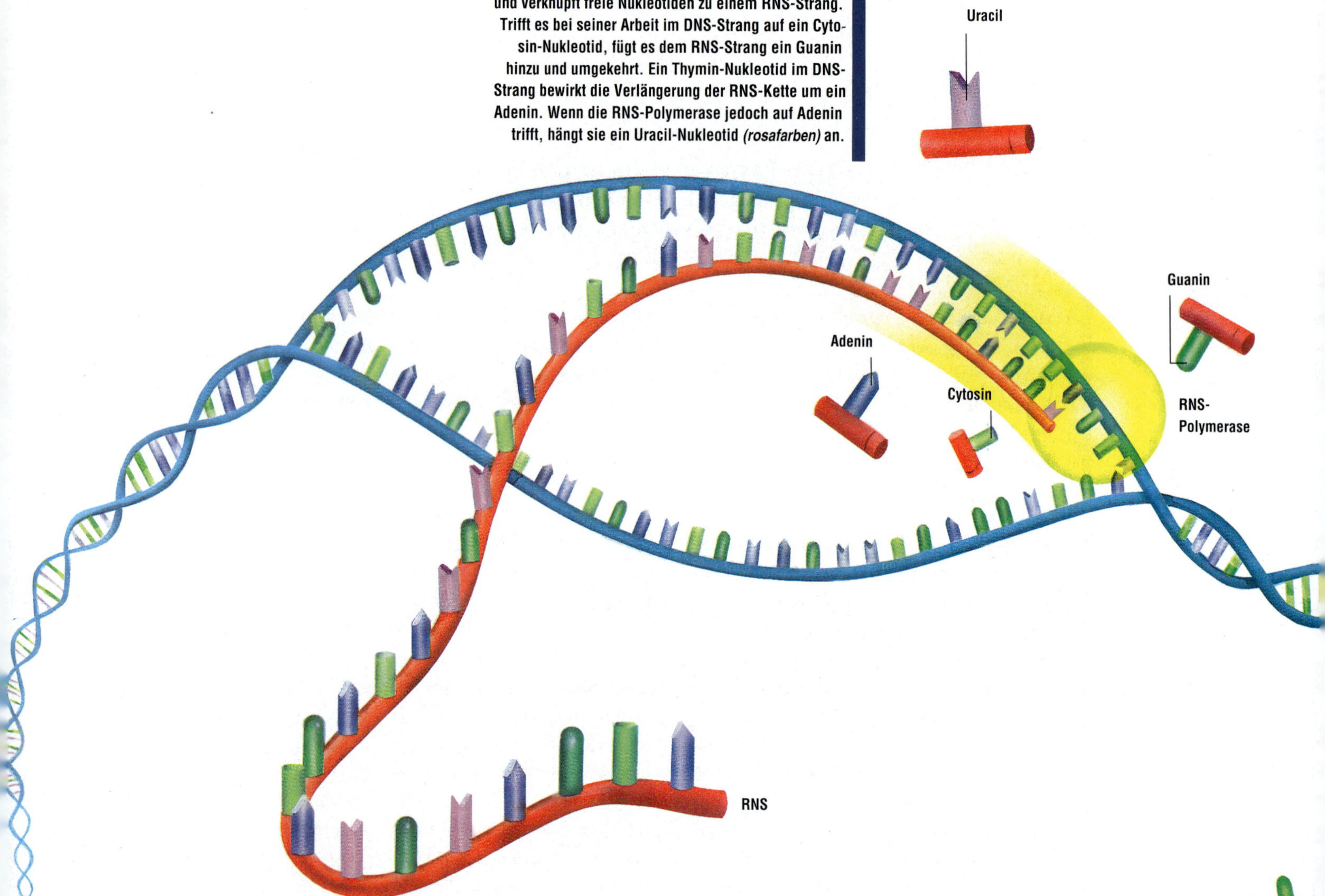

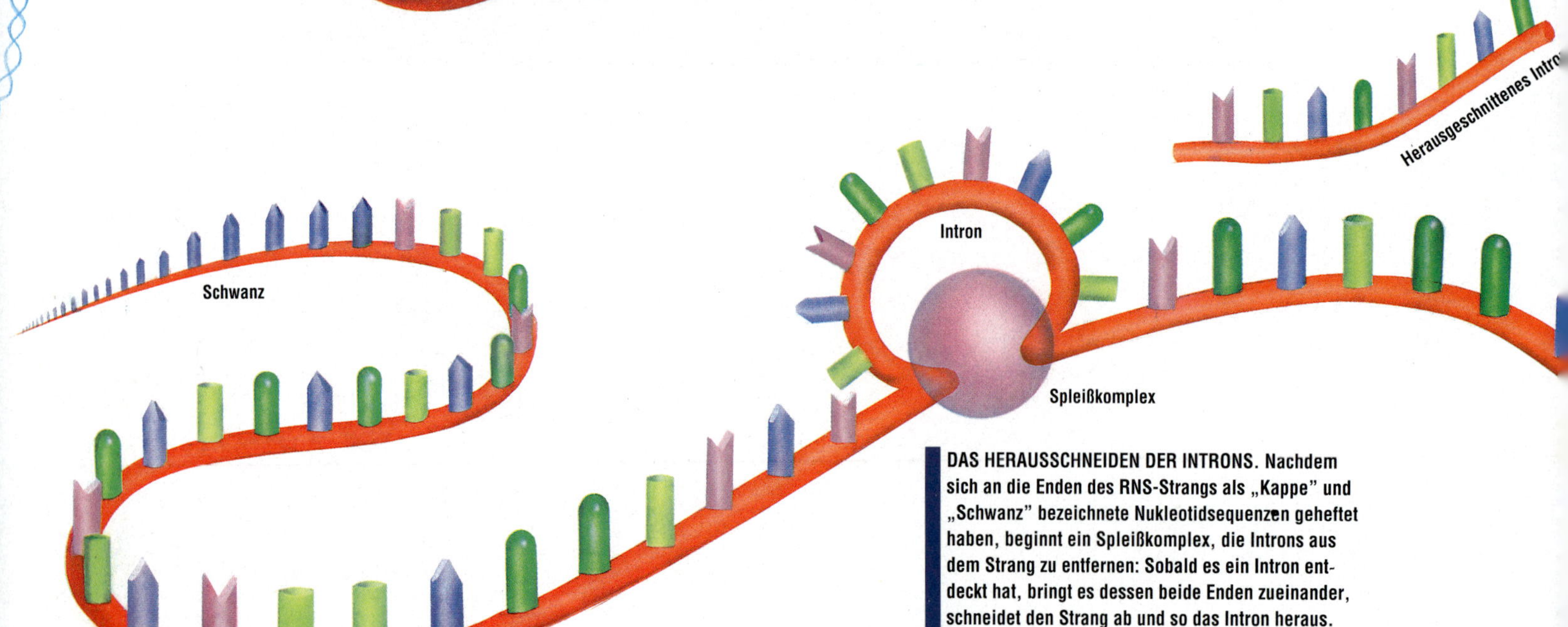

DAS HERAUSSCHNEIDEN DER INTRONS. Nachdem sich an die Enden des RNS-Strangs als „Kappe" und „Schwanz" bezeichnete Nukleotidsequenzen geheftet haben, beginnt ein Spleißkomplex, die Introns aus dem Strang zu entfernen: Sobald es ein Intron entdeckt hat, bringt es dessen beide Enden zueinander, schneidet den Strang ab und so das Intron heraus. Dieses zerfällt sehr schnell im Zellkern. Anschließend schweißt der Spleißkomplex den RNS-Strang wieder zusammen, indem er beispielsweise – wie in diesem Fall – zwei Uracil-Basen miteinander verknüpft.

ÜBERSCHREIBEN UND BEARBEITEN DER GENETISCHEN BOTSCHAFT

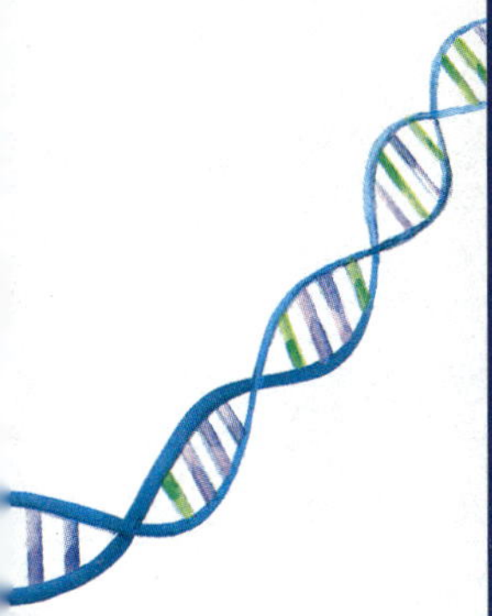

Nachdem die RNS-Polymerase durch die Reaktion zwischen der Promotor- und der Verstärker-Region aktiviert worden ist, beginnt sie den Matrizenbereich des Gens aufzureißen und benutzt diesen, um einen RNS-Strang aus freien Nukleotiden zu synthetisieren (*links*). Aufgrund der Tatsache, daß die DNS nur in einer bestimmten Richtung gelesen werden kann, weiß das Enzym genau, welche Seite der Doppelhelix es dazu verwenden muß.

Damit die RNS im Zellkern nicht mit der DNS verwechselt wird, unterscheiden sich die RNS-Nukleotide deutlich von den Nukleotiden, die als DNS-Bausteine verwendet werden. So ist, zum Beispiel, der Zucker, der mit dem Phosphat-Rest verbunden ist, im Falle der RNS-Nukleotide eine Ribose. Dieser Zuckertyp weist eine andere Anzahl an Wasserstoff- und Sauerstoffatomen auf als die Desoxyribose der DNS-Nukleotiden. Bei den RNS-Nukleotiden tritt zudem die Base Uracil an die Stelle des Thymins.

Etwa 70 Prozent der Nukleotide in einem RNS-Strang, der nach DNS-Muster zusammengebaut wurde, sind überflüssig. Die Aufgabe, diese „Introns" herauszuschneiden, fällt einem Spleißenzym oder Spleißkomplex zu (*unten links*).

Nach der Bearbeitung erhält der RNS-Strang eine neue Bezeichnung: „Messenger-RNS" (mRNS). Er besteht dann aus Hunderten von dreigliedrigen Nukleotideinheiten, den „Codons", und weiteren Nukleotiden, die als Kappe und Schwanz fungieren. In dieser Form tritt die RNS mit dem Kappensegment voran durch eine besondere Pore in der Membran des Zellkerns über in das Cytoplasma (*unten rechts*), wo sie als Matrize für die Proteinsynthese dient (*folgende Seiten*).

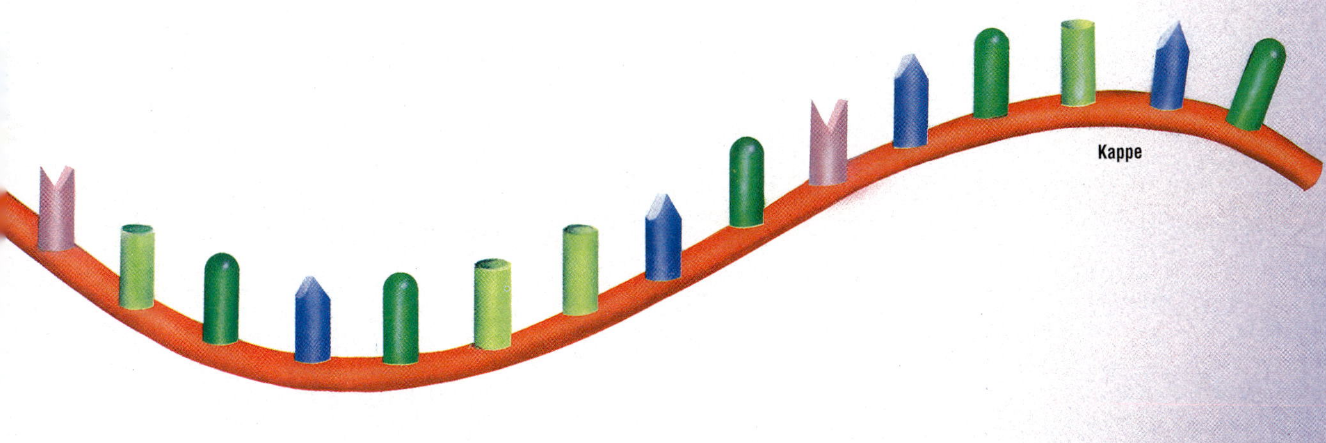

Kappe
Ribosom
Schwanz
mRNS

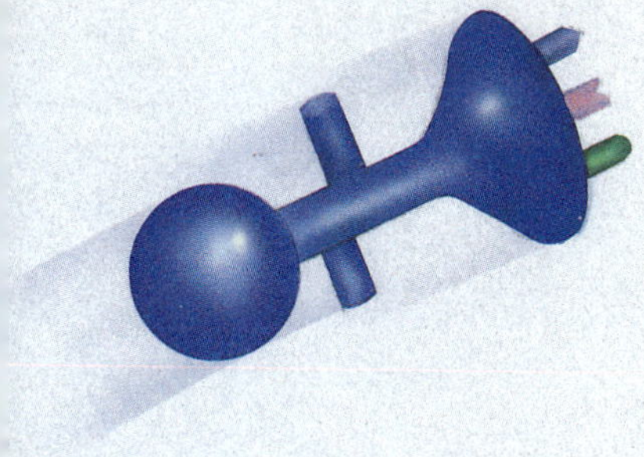

AMINOSÄUREN BILDEN EIN PROTEIN. Ein Ribosom setzt eine Kette aus Aminosäuren *(farbige Kugeln)* zusammen, jeweils ein Codon, indem es tRNS-Moleküle anlockt, die mit den entsprechenden Anticodons und den richtigen Aminosäuren ausgestattet sind. An die mRNS angekoppelt, gibt das tRNS-Molekül seine Aminosäure frei, damit das Ribosom sie an das wachsende Proteinmolekül *(linke Seite, oben)* anhängen kann. Anschließend löst sich die tRNS wieder, um auf die Suche zu gehen nach einem weiteren Molekül seiner Aminosäure. Wie auf dieser Seite unten veranschaulicht wird, können sich mehrere Ribosomen zu gleicher Zeit auf dem mRNS-Strang bewegen.

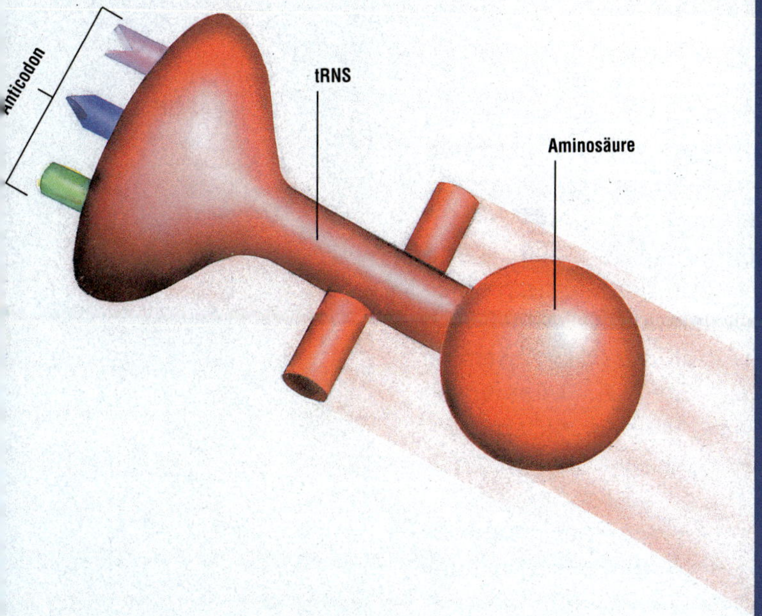

PROTEIN-SYNTHESE

Mit dem Eintritt der Messenger-RNS in das Cytoplasma ist die Voraussetzung für die letzte Phase der Proteinsynthese gegeben. Sofort springt ein Zellorganell, ein sogenanntes „Ribosom", auf die Kappe der mRNS und beginnt mit der Übersetzung der Nukleotid-Codons in Aminosäuren, die es zu einem Proteinmolekül aneinanderreiht. Codon um Codon schreitet der Zusammenbau bis zum Schwanz der RNS fort. Dabei werden bei den Aminosäuren Kräfte frei, die die Auffaltung des Proteinmoleküls in seine charakteristische Form bewirken. Andernfalls wäre es nicht in der Lage, die ihm zugedachte Aufgabe zu erfüllen.

Wie links zu sehen ist, sind eigentlich Moleküle eines anderen RNS-Typs, sogenannte „Transfer-RNS" (tRNS), die bei der Proteinsynthese wirksamen Kräfte. Jedes tRNS-Molekül besitzt drei Nukleotide, „Tripletts", die ein Anticodon bilden. Ein Anticodon paßt nur mit einem bestimmten Codontyp des mRNS-Moleküls zusammen. Diese Anordnung stellt sicher, daß die Aminosäuren in der richtigen Reihenfolge aneinandergeheftet werden. Auf diese Weise entsteht genau jenes Protein, das über das auf dem DNS-Strang sitzende Gen angefordert worden ist. Hierzu wird die Information des Gens im Prinzip zweimal dekodiert.

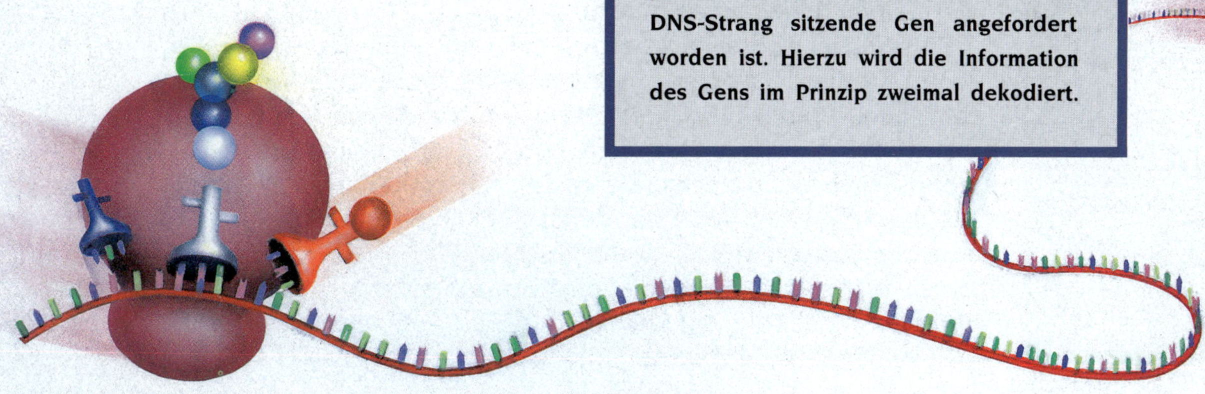

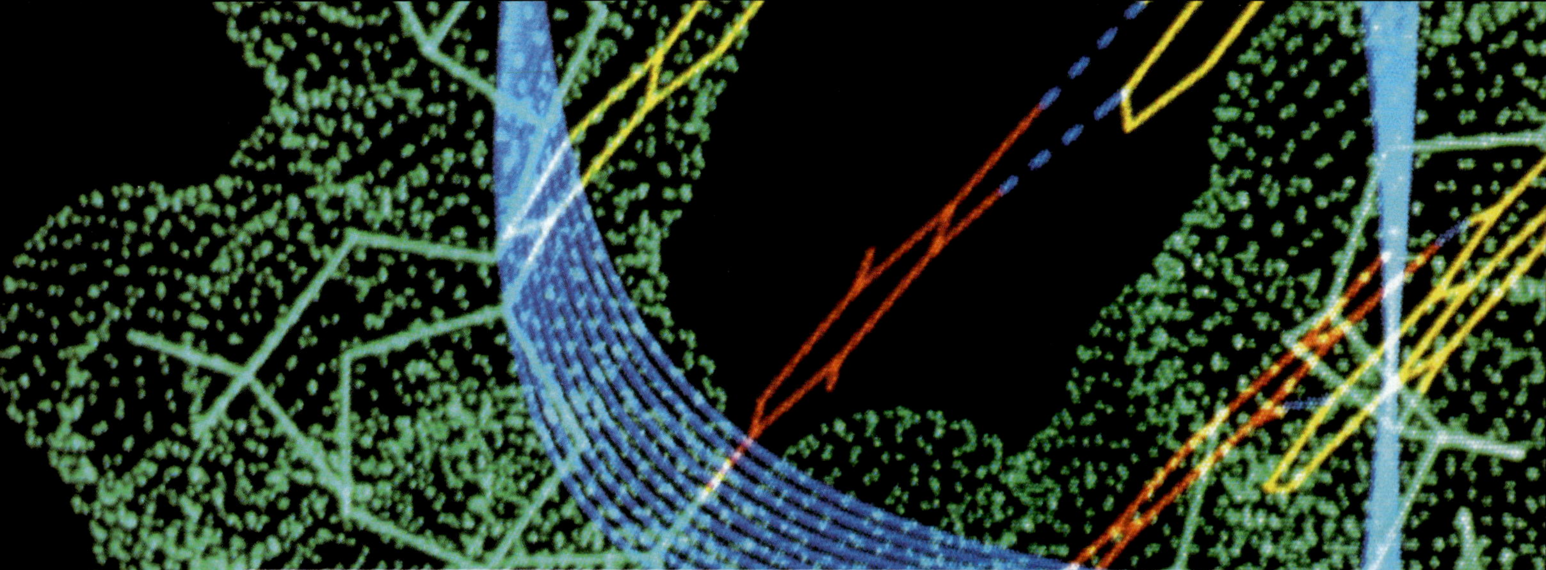

2

Im Irrgarten des Genoms

Sonnenanbeter sind sich kaum bewußt, welches Drama sich in ihren Hautzellen beim Sonnenbaden abspielt. Trotz reichlicher Verwendung von Sonnenschutzmitteln werden die Hautzellen ständig von ultravioletten Strahlen bombardiert. Dann und wann dringt ein Strahl in den Kern einer Zelle ein und landet kopfüber in einem Chromatinstrang, dessen chemische Architektur dadurch verändert wird. Der so entstandene mutierte DNS-Abschnitt enthält nun eine neue Botschaft. Sie kann wirkungslos bleiben – oder aber die Zellen veranlassen, sich unkontrolliert zu vermehren. Die Mutation kann für die Zelle aber auch den Tod bedeuten.

Glücklicherweise bleibt der Versuch einer solchen Verstümmelung selten unentdeckt. Jede der ungefähr hundert Billionen Körperzellen beherbergt in ihrem Zellkern ein Gen mit einer simplen Bezeichnung: p53. Die meiste Zeit ist dieser wehrhafte Wächter wenig aktiv und synthetisiert lediglich geringe Mengen eines sogenannten Wachhund-Proteins. Erleidet eine Zelle jedoch eine genetische Schädigung, inszeniert p53 eine Art zellulären Coup. Durch einen Mechanismus, den man bisher nur ansatzweise versteht, spürt das durch p53 hergestellte Protein den Genschaden auf. Dann geschieht zweierlei: Zum einen erhöht sich daraufhin die Konzentration dieses Proteins in der Zelle auf rätselhafte Weise. Zum anderen hält die Zelle abrupt ihren Zellzyklus auf dem Stadium

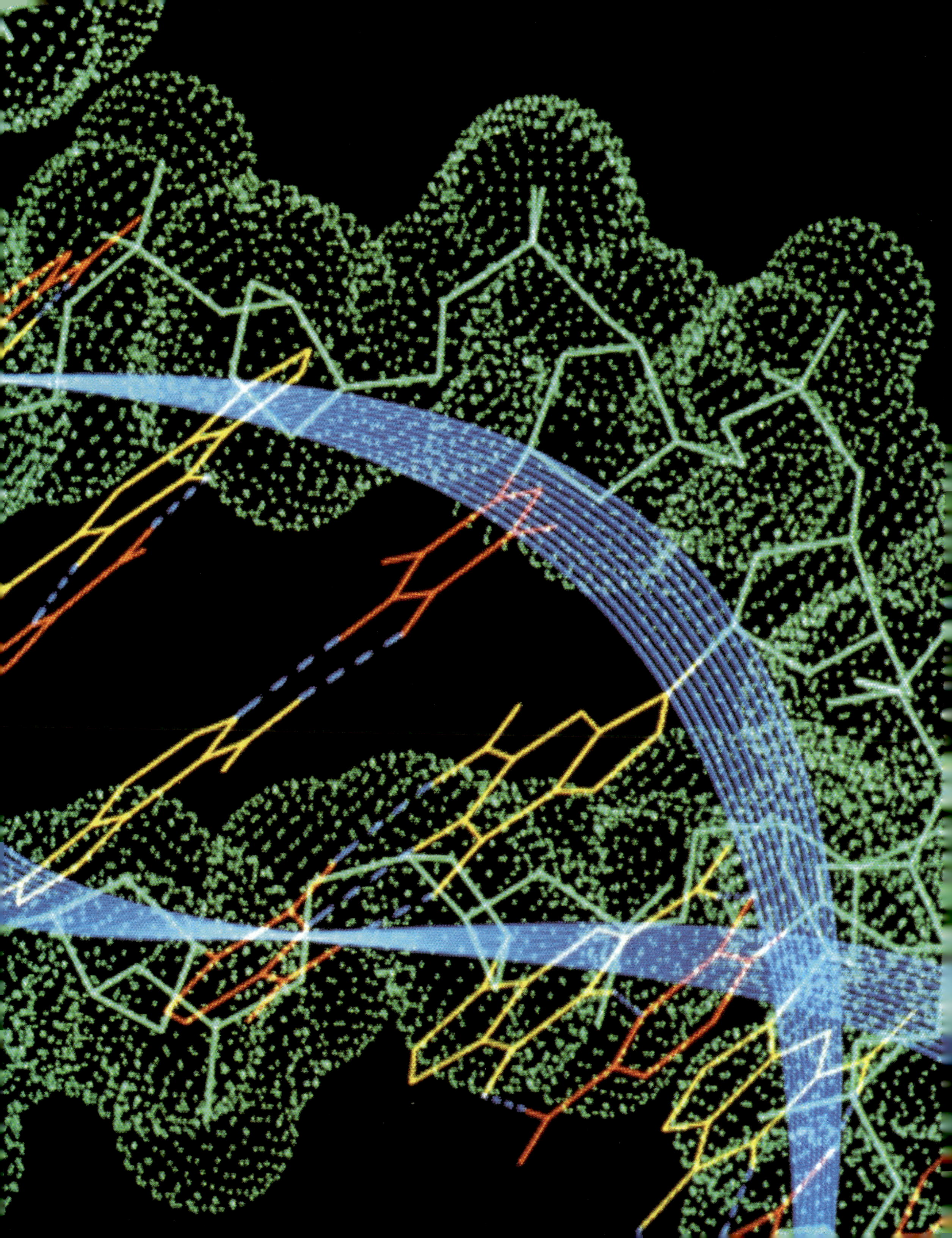

VORHERGEHENDE SEITE: Verdrillte blaue Stränge, von einem Computer als Simulationsmodell für die DNS erzeugt und übereinandergelegt, verdeutlichen die spiralige, leiterartige Struktur des Doppelhelix-Moleküls. Die Seitenholme der Leiter sind grün, die Sprossen gelb und rot dargestellt.

des Ruhezustands an, und zwar unmittelbar bevor die Zellteilung normalerweise in Gang käme.

Durch diesen Generalstreik wird schlagartig eine Crew von Reparaturenzymen aktiviert, die sich auf das mutierte Chromatin stürzen. Eines der Enzyme lokalisiert die defekte Stelle, ein anderes schneidet den verstümmelten DNS-Abschnitt heraus, und ein Korrekturenzym fügt die richtige Nukleotidsequenz in die Lücke ein.

Sobald das Wachhund-Protein bemerkt, daß der genetische Haushalt der Zelle wieder in Ordnung ist, lokkert es nach und nach seinen Griff, mit dem es den Zellzyklus zum Stillstand gebracht hat. Bald darauf beginnt die Zelle sich wieder zu vermehren.

Ähnlich wie p53 beherbergt jedes der etwa 50 000 bis 100 000 Gene die Formel für die Synthese eines der gleichermaßen vielfältigen Proteine, die Bestandteile des menschlichen Körpers sind. Haut und Haare bestehen aus Protein, ebenso Knochen, Muskeln und Organe. Auch die Hormone, die Wachstum und Entwicklung steuern, sind Proteine. Das Protein Hämoglobin, das Sauerstoff durch den ganzen Körper transportiert, kommt in den roten Blutzellen vor. Enzyme sind Proteine, die Nahrung verdauen und andere komplexe Moleküle zu einfacheren Molekülen abbauen. Proteine, die man Antikörper nennt, bekämpfen Krankheiten. Ja selbst geistige Funktionen wie Verstehen und Fühlen können durch proteinartige Substanzen, sogenannte Neurotransmitter, reguliert werden.

Wie auf Seite 44–47 dargestellt, ist die genetische Software für die Proteinsynthese in einem Code geschrieben, dessen Zeichen aus den vier chemischen Basen der DNS bestehen – Adenin, Guanin, Cytosin und Thymin. Die Basen bilden Dreierblocks oder Wörter – AGC oder CTA beispielsweise –, wobei eines oder mehrere dieser Kürzel einer der 20 möglichen Aminosäuren, den Bausteinen des Lebens, entspricht. Die sogenannte Messenger-RNS, welche sich von der

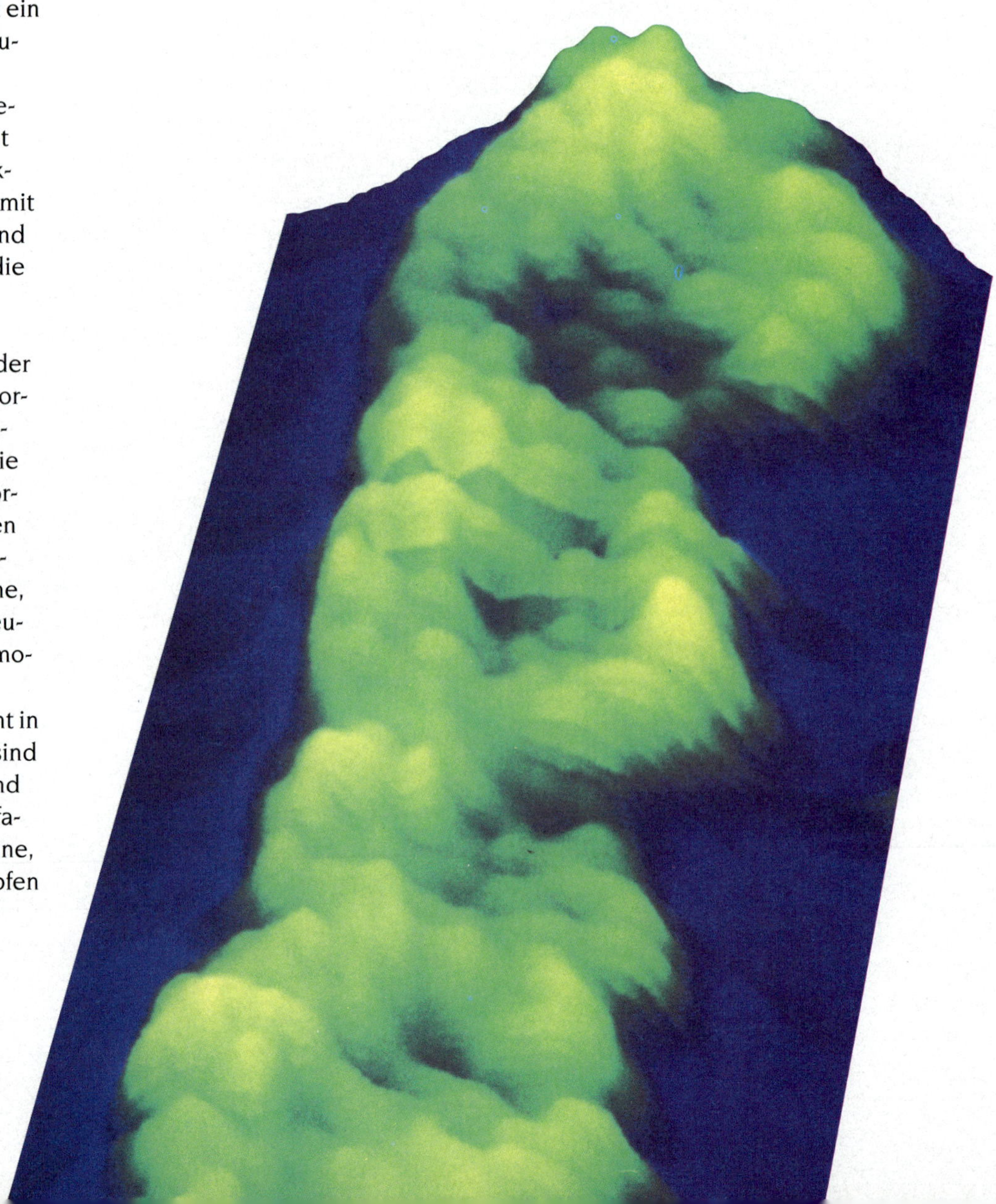

DNS ableitet, transportiert den Code jeder Aminosäure-Chiffre eines Gens zu molekularen Proteinfabriken außerhalb des Zellkerns. Dort wird die Information für die Synthese eines bestimmten Proteins umgesetzt. Einige einfache Proteine bestehen aus lediglich 50 Aminosäure-Molekülen; die kompliziertesten unter ihnen setzen sich dagegen aus 1000 oder mehr Aminosäuren zusammen.

Selbst einfachste Proteine falten sich durch komplexe elektrische und chemische Kräfte zu einzigartigen Formen auf. Einige erinnern an Korkenzieher und Knäuel aus Schlingen und Schleifen, andere wiederum an gewellte, bandartige Faltblätter. Proteine erfüllen ihre vielfältigen Funktionen, die sie im Körper haben, aufgrund dieser besonderen Strukturen. Zum Teil dienen sie anderen Molekülen – mitunter sogar Genen – als Bindungsstellen. Ein einziger Fehler in der Aminosäure-Sequenz vermag die Form derart zu verfälschen, daß das Protein zu einem fremdartigen Molekül wird, das großen Schaden verursachen kann.

Die Stoffklasse der Proteine wird in zwei große Kategorien eingeteilt, je nachdem, von welchem Gentyp sie stammen. Strukturgene stellen die Arbeitspferde unter den Proteinen, die die Körperfunktionen in Gang halten. In den Zellen der Magenwand zum Beispiel synthetisieren Strukturgene Verdauungsenzyme, die Nahrungsmoleküle fixieren, um sie chemisch in ihre Aminosäure-Bestandteile zu zerlegen. Späher-Killer-Trupps von Antikörper-Proteinen lauern im Blutstrom fremden Eindringlingen auf und vernichten sie.

Regulatorgene, der zweite Typ, stellen Proteine her, die kontrollieren, wann, wo und wieviel von anderen Proteinen produziert wird. In der Tat arbeiten Regulatorgene als Schalter, um Strukturgene je nach Bedarf des Körpers an- und auszuschalten. So sorgt ein Typ von Regulatorgenen für die Bildung von Proteinen, welche Antikörper produzierende Strukturgene mobilisieren, je nachdem, welche Art Keim in den Körper eingedrungen ist. P53 stellt ein Protein her, das den Zellzyklus unterbricht, sobald die Formel für irgendein anderes Protein verstümmelt worden ist. Um das bewerkstelligen zu können, treten die Regulatorproteine häufig selbst in direkten Kontakt mit dem Gen. Eine Klasse von Regulatoren umklammert die DNS-Helix in einem Scherengriff, ähnlich wie ein Ringer beim Kampf seine Beine um den Körper seines jeweiligen Gegners windet.

Trotz aller Anstrengungen der Zelle, Gendefekte zu vermeiden oder zu korrigieren, ist das System keineswegs perfekt. Veränderungen in der DNS können so massiv sein, daß die Helix einfach nicht fixiert werden kann. Ein kleinerer Defekt kann an einer Stelle auftreten, die für das Überleben der Zelle wichtig ist. Oder die Schädigung kann so leicht sein, daß sie unbemerkt bleibt. Ein Gen, das von einem Chromosom zu einem anderen gewandert ist (S. 75), kann trotz seiner veränderten Position völlig intakt sein. An seinem neuen Ort erlangt es aber möglicherweise Kontrolle über ein benachbartes Strukturgen und hindert es, die Synthese eines lebenswichtigen Proteins zu veranlassen. Oder umgekehrt könnte es das gleiche Gen in einer Zelle aktivieren, die dieses Protein eigentlich nicht herstellen sollte.

Mutationen dieser Art sind selten gutartig. Meistens rufen sie bei der Person, deren DNS umgeordnet wurde, krankhafte oder sogar tödliche Prozesse hervor wie beispielsweise Krebs. Einige Mutationen können sogar zur Plage von Generationen werden, wenn der Gendefekt ständig weitervererbt wird.

Einzelne Atome erscheinen auf der Abbildung der mehr als zehnmillionenfach vergrößerten DNS als winzige, unscharfe Kugeln. Die Aufnahme wurde mit Hilfe eines Rastertunnelmikroskops gemacht. Dieses Gerät erzeugt durch die Schwingungen einer feinen spitzen Sonde, die den Konturen des Moleküls einige Atomdurchmesser über der Oberfläche folgt, ein Computerbild. Die Abbildung zeigt nahezu drei Windungen der Doppelhelix-Struktur.

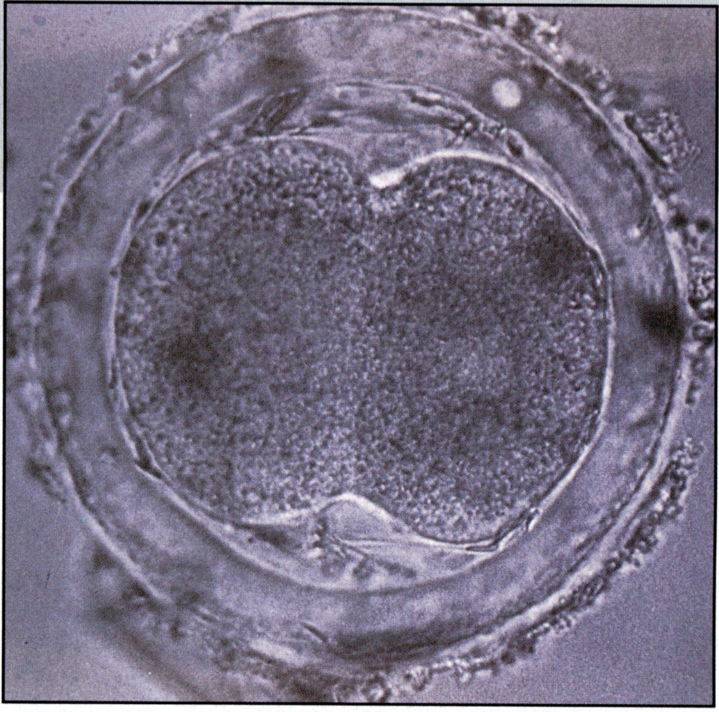

Während der ersten zwei Tage nach der Befruchtung setzt sich ein menschlicher Embryo zunächst aus zwei Zellen, dann aus vier und schließlich aus acht zusammen, die vorübergehend von einer gemeinsamen Membran umschlossen werden. In diesem frühen Stadium sind die Zellen omnipotent. Das heißt, sie sind in der Lage, letztlich jede Art von Gewebe zu bilden. Doch nach einer einzigen weiteren Zellteilung ändert sich das völlig. Die 16 Zellen, die nun den Embryo bilden, differenzieren sich, indem sie die morphologischen und physiologischen Merkmale eines bestimmten Gewebetyps annehmen *(gegenüber)*.

Bis vor kurzem konnte man Patienten höchstens bei einigen Erbkrankheiten mit dem fehlenden Protein versorgen wie etwa im Falle der Diabetes mit Insulin. Andere Krankheiten dagegen wie die Mukoviszidose, eine Sekretionsstörung, waren – von einer vorübergehenden Erleichterung der Symptome einmal abgesehen – unbehandelbar. Seit Ende der 70er Jahre wendet man jedoch mit gewissem Erfolg wahrhaft geniale Behandlungsmethoden an. Mit Hilfe neuer, funktionstüchtiger Gene, die an die Stelle geschädigter, inaktiver Gene treten, bekämpft man einige dieser Leiden direkt an ihrer Wurzel. Auch wenn die Methoden noch umstritten und die Ergebnisse nur vorläufig sind, ist inzwischen der Tag vorherzusehen, an dem zahlreiche, heute noch unbehandelbare Erbkrankheiten mit genetischen Mitteln geheilt werden können, die ebenso zuverlässig sind wie die gegen bakterielle Infektionskrankheiten eingesetzten Antibiotika.

Gene agieren nicht frei von Einschränkungen. Produzierten sie ihre Proteine nur mutwillig, wären chaotische Zustände die Folge. Leben wäre dann unmöglich.

Man weiß schon lange, daß fast jede Körperzelle in ihrem Zellkern die komplette Originalausgabe des menschlichen Genoms enthält. Doch exprimiert eine reife Zelle generell nur einen kleinen Prozentsatz der genetischen Information, die sie in sich trägt. Das heißt, sie stellt bloß einen winzigen Teil der Proteine her, deren Rezepte sie in ihrem Kern bereithält.

Welche Gene in welchen Zellen für die Proteinsynthese aktiv sein werden, wird sehr früh festgelegt. Vom Zeitpunkt der Empfängnis an werden in jeder sich teilenden Zelle Gene in einer exakt vorgegebenen Weise ein- und ausgeschaltet, die jede Zelle ihrer besonderen Bestimmung zuführt. In diesem Differenzierung genannten Prozeß wird festgelegt, daß einige Zellen zu Hautzellen, andere zu Muskelzellen und wiederum andere zu Blut- oder Nervenzellen werden.

Im ganzen Körper gibt es lediglich einige Tausend Gene, die tatsächlich in jeder ausgereiften Zelle aktiv sind. Hierzu zählt beispielsweise p53, indem es darüber wacht, daß Mutationen keinen Bestand haben, was ja der Fall sein könnte, wenn Zellen defekte DNS verdoppeln. Andere überall aktive Gene sind für Produkte verantwortlich wie das Cytochrom C. Dieses Protein ist an der Umwandlung von Glukose in Energie für den Stoffwechselprozeß beteiligt. Ein allgegenwärtiges Genprodukt ist auch die DNS-Polymerase, ein Enzym, das bei der Replikation der DNS eine entscheidende Rolle spielt.

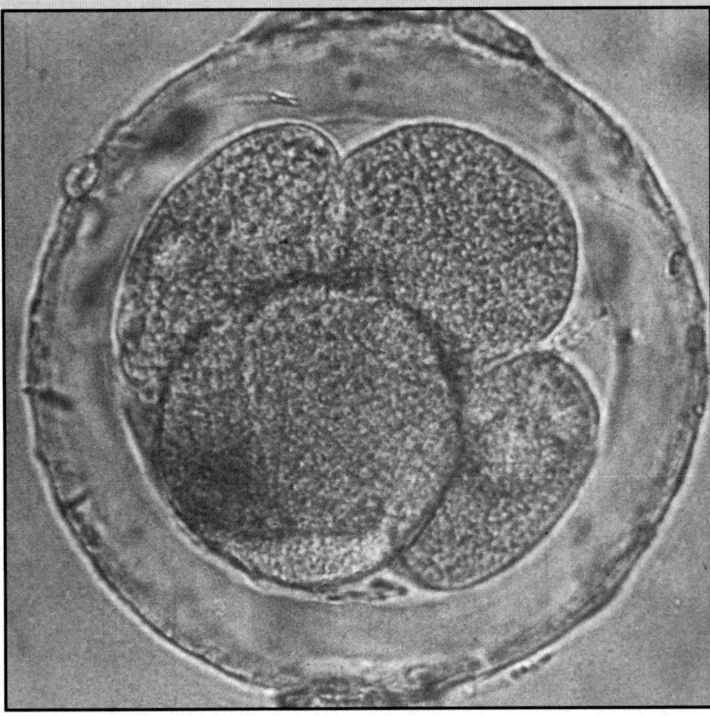

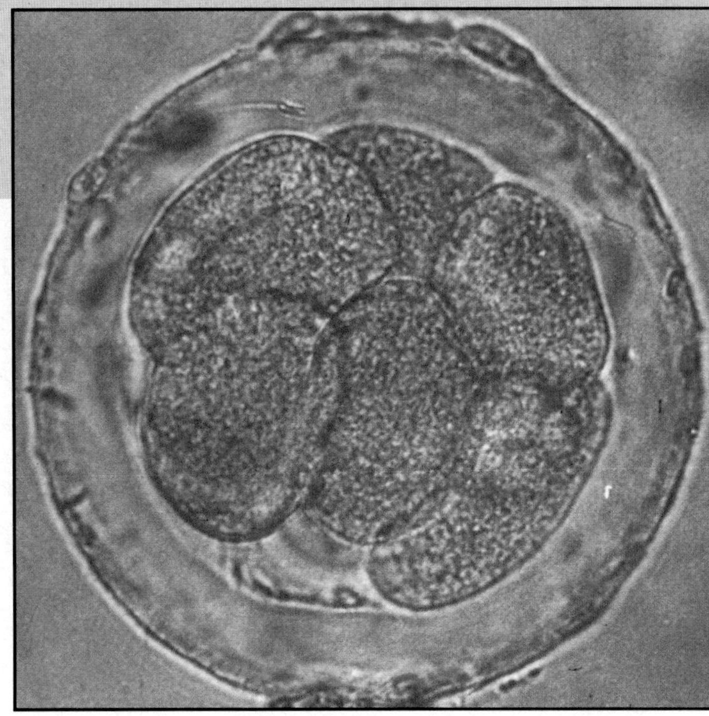

Wesentlich häufiger sind Gene, die nur bei einem ganz bestimmten Zelltyp eine Proteinsynthese veranlassen. Eine derartige Arbeitsteilung kann höchst differenziert sein: Eine Nervenzelle zum Beispiel produziert Neurotransmitter, welche für die Weiterleitung von Nervenimpulsen in das und aus dem Gehirn sowie innerhalb des Gehirns wichtig sind. Von solchen Überträgerstoffen sollen etwa 200 existieren, doch setzt eine Nervenzelle selten mehr als einen oder zwei dieser Neurotransmitter frei.

Schon seit langem vermutet man, daß es eine Art oberste Kontrollinstanz gibt, die den Entwicklungsverlauf koordiniert. Bis vor kurzem hatte man allerdings kaum einen direkten Beweis hierfür. Mitte der 80er Jahre jedoch entdeckten Molekularbiologen eine Klasse von Regulatorgenen, die offenbar die Bauplanung des Körpers vom Kopf bis zum Fuß in einem sehr frühen Entwicklungsstadium – kurz nach dem Blastulastadium – festlegen. Diese obersten Regulatoren, homöotische Gene genannt, sollen nicht nur bestimmen, welche Zellen in dem sich entwickelnden Organismus letztlich zu Bestandteilen von Kopf, Fuß oder irgendeines anderen Körperteils werden, sondern sie diktieren auch, welche Proteine eine Zelle schließlich synthetisieren wird. Damit legen sie unwiderruflich die Identität einer Zelle fest: ob Knochen- oder Nervengewebe, Herzmuskel oder lichtempfindliche Stäbchen und Zapfen in der Netzhaut des Auges.

Die obersten Regulatoren wurden ganz unerwartet bei Untersuchungen an embryonalen Fruchtfliegen entdeckt. Auf der Suche nach der genetischen Grundlage der Entwicklung hatten Embryologen fast 50 Jahre lang das Genom dieses unscheinbaren Insekts durchgesehen, um Beweise für die Kopplung von Genen mit bestimmten Körperteilen zu sammeln. Fruchtfliegen sind für solche Untersuchungen geradezu ideal, denn sie bieten Genforschern zwei unschätzbare Vorteile: einen kurzen Lebenszyklus, der für schnelle Ergebnisse sorgt, sowie ein Genom mit nur etwa 5000 Genen, was die Suche nach einem bestimmten Gen erheblich erleichtert.

In den 50er Jahren begannen Genetiker mit Experimenten, in deren Verlauf sie männliche Fruchtfliegen mit winzigen Salven von Röntgenstrahlen beschossen. Auf diese Weise konnten sie bei den Nachkommen Mutationen erzeugen, die geradewegs aus der Welt der Science-fiction-Thriller zu stammen schienen: Flügel sprossen

Diese vier verschiedenen Gewebe stammen alle von den auf S. 54 und 55 abgebildeten embryonalen Zellen ab. Im Uhrzeigersinn von links handelt es sich um quergestreiftes Muskelgewebe, das für die Skelettmuskulatur typisch ist, um Hautzellen, calciumreiche Knochenzellen, die an Stapel von Brettern erinnern, und ein Gewirr von Nervenzellen.

dort, wo eigentlich die Augen sitzen sollten, Beine traten an die Stelle der Antennen, und so weiter.

Als man die Chromosomen dieser Minimonster mit denen normaler Fruchtfliegen verglich, machte man eine völlig überraschende Entdekkung: Jede dieser verblüffenden Transformationen basierte jeweils auf einem einzigen defekten Gen und betraf nicht etwa die Hunderte von Genen, die an der Ausformung und richtigen Plazierung der Beine oder anderer Körperteile beteiligt sind.

Es war daher zu vermuten, daß das betroffene Gen eine Konstellation untergeordneter Gene kontrollieren muß. Doch um die Theorie zu beweisen, hätten die Forscher das entscheidende Gen isolieren und die Sequenz seiner Basenpaare analysieren müssen. Nur so hätten sie erklären können, wie dieses einflußreiche Mitglied des Genoms in der Lage ist, die Aktivitäten all der anderen an der Entwicklung beteiligten Gene zu regulieren.

Nahezu 20 Jahre lang fehlten jedoch jegliche technische Mittel, um ein einzelnes Gen aus den Tausenden von Genen herauszufischen, die bei höheren Organismen wie der Fruchtfliege vorkommen. Gegen Ende der 70er Jahre verhalfen neue Techniken zum Durchbruch: Man konnte nun Sonden herstellen, um Gene zu isolieren und ihre Basensequenz zu bestimmen.

Zur maßgerechten Herstellung einer solchen Sonde benutzt man eine andere Version genetischen Materials, die sogenannte Messenger-RNS (mRNS) aus dem Zytoplasma normaler Fruchtfliegenzellen. Wie auf S.46–49 dargestellt, dient die mRNS als Matrize für die Proteinsynthese. Wird die mRNS einer Suppe aus Nukleotiden zugesetzt, die mit den entsprechenden Enzymen angereichert ist, so können an ihr als Modell Stränge komplementärer DNS (cDNS) zusammengebaut werden, die exakte Repliken eines kleinen DNS-Ausschnitts sind, wie er auf der einen Seite der Doppelhelix im Zellkern zu finden ist.

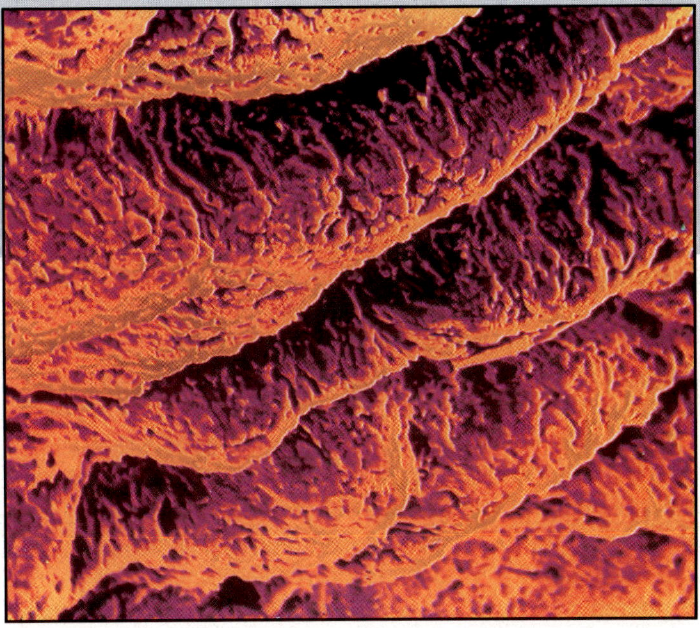

In einem Reagenzglas, das DNS-Stränge enthält, sucht die Sonde unfehlbar die einzig passende Nukleotidsequenz des fraglichen Gens heraus und heftet sich daran. Da sie zuvor durch eine radioaktive Komponente oder einen fluoreszierenden Farbstoff markiert worden ist, signalisiert sie wie eine Art Leuchtfeuer die Lage des gesuchten Gens.

Zu Beginn der 80er Jahre schufen Wissenschaftler aus der Schweiz und den USA eine maßgeschneiderte Gensonde, die sich nur an einer einzigen Stelle auf der Fruchtfliegen-DNS einklinken sollte: an dem homöotischen Gen. Wie erwartet, erfüllte diese Gensonde den speziellen, ihr zugedachten Zweck. Doch zum Erstaunen aller markierte sie auch identische Nukleotidsequenzen auf anderen Abschnitten der Fruchtfliegen-DNS. Bald darauf hatte man mehr als ein Dutzend homöotische Fruchtfliegengene – die definitionsgemäß alle an der Ausbildung von Körperteilen beteiligt sind – mit der gleichen Sequenz von 180 Basenpaaren ausfindig gemacht.

Diesen Streifen von Nukleotiden – Kennzeichen eines Chef-Regulatorgens – nennt man Homöobox. Gene, die diese Zeichen tragen, gehören der Führungselite des Zentralbereichs Vorplanung einer Fruchtfliege an. Sie liefern die Richtlinien für das Entwicklungsschema des Organismus aus einem befruchteten Ei ebenso wie für die Plazierung von Körperteilen beim erwachsenen Insekt.

Die Entdeckung der Homöobox löste ein Forschungsfieber aus, das ein Genetiker als wahrhafte „Homöohysterie" bezeichnet hat. Sie ergriff Biologen quer durch die Vereinigten Staaten und in ganz Westeuropa, die nun Schwärme von radioaktiv markierten Homöobox-Sonden in die Genome von Quallen, Würmern, Fröschen, Mäusen und Menschen beförderten. Wie sich herausstellte, besitzt ausnahmslos jede der untersuchten Spezies homöotische Gene, die die Frühentwicklung kontrollieren.

Und damit nicht genug: Auch wenn die Sequenz der Basenpaare in der Homöobox unter den verschiedenen Tierarten beachtlich variiert, so sind doch die Proteine der Gene, die die Homöobox besitzen, nahezu identisch. So stimmen manche homöotischen Proteine von Fröschen und Fruchtfliegen in 55 Positionen ihrer 60 Aminosäuren langen Kette Aminosäure um Aminosäure überein.

Und nicht nur das. 1990 verkündete William McGinnis von der Yale University die Ergebnisse eines radikalen Experiments. Er und seine Mitarbeiter ersetzten die Homöobox auf dem Chef-Regulatorgen, das für die Entwicklung des Kopfes bei einer embryonalen Fruchtfliege zuständig ist, durch eine Homöobox aus einer menschlichen Zelle. Die so behandelte Fruchtfliege wuchs mit einem Kopf heran, wie er entstünde, wenn die Entwicklung durch die insekteneigenen Entwicklungskontrollgene gesteuert worden wäre. Und das obwohl die Fruchtfliege etwa eine halbe Milliarde Jahre vor dem Menschen auf der Bildfläche erschienen war.

Edward Lewis, ein Genetiker am California Institute of Technology in Pasadena, vermutet, daß die Homöobox deshalb so unverändert beibehalten worden ist, weil sich die Baupläne des Körpers bei den meisten Lebewesen außerordentlich stark ähneln und optimal angelegt sind. Weshalb also sollte die Evolution sie neu erstellen?

Die Fachwelt ist sich allerdings bis heute noch nicht ganz im klaren, wie homöotische Proteine mit anderen Genen interagieren, um die Spezialisierung von Zellen in so vielerlei verschiedene Typen festzulegen. Einen Hinweis auf die Arbeitsweisen liefern dreidimensionale Bilder von homöotischen Proteinen, die durch eine besondere computerisierte Bildverarbeitungstechnik, die sogenannte Röntgenstrahlen-Kristallographie, gewonnen werden.

Wie diese Proteindarstellungen zeigen, ist ein kleiner Abschnitt des Moleküls wie eine Helix geformt und doppelknotig verschlungen mit haarnadelartigen Anhängen. Mit Hilfe der beiden nach unten gerichteten Zinken der Haarnadel können sich homöotische Proteine selbst an einem Gen verankern. Während der Entwicklung stellt das Protein das Gen entweder ruhig oder es fordert das Gen auf, die Proteine zu synthetisieren, die für die Zelldifferenzierung wichtig sind.

Das erste, was eine sich entwickelnde Zelle von ihren Homöobox-Aufsehern lernt, ist, wohin sie in dem entstehenden Organismus gehört. Am Max-Planck-Institut durchgeführte Untersuchungen an befruchteten Fruchtfliegeneiern lassen vermuten, wie solche Information unter Zellen weitergegeben werden kann.

Reichlich vor der Befruchtung injizieren Nährzellen, die das Fruchtfliegenei mit Nährstoffen versorgen, in den einen Eipol mütterliche RNS. Nach der Befruchtung löst diese RNS die Produktion von Protein durch ein homöotisches Gen, Bicoid genannt, aus. Das Bicoid-Protein verteilt sich über den sich entwickelnden Embryo in stetig abnehmender Konzentration. Zellen, die in dem Bereich mit der höchsten Konzentration an Bicoid-Protein liegen, werden Bestandteil der embryonalen Kopfregion; Zellen, die am anderen Ende des Embryos liegen und somit der geringsten Proteinkonzentration ausgesetzt sind, bilden schließlich den Schwanz. Später dirigieren dann andere Entwicklungskontrollgene die weitere Spezialisierung von Zellen entsprechend der typischen Körperabschnitte einer Fliege mit den einzelnen Segmenten.

Die homöotischen Proteine benötigen jedoch Unterstützung, um die unreifen Zellen ihrer endgültigen Bestimmung zuzuführen. Ihre Helfer sind Kurierproteine, die auf Anfrage von den homöotischen Genen produziert werden. Diese Kurierproteine transportieren biochemische Signale zwischen den Zellkernen sich entwickelnder Zellen hin und her. Da die Zellen in einem Embryo während der Entwicklung über beachtliche Strecken wandern, sind sie einer Vielfalt von Kurierproteinen ausgesetzt, die auf selektive Weise deren Gene beeinflussen. Dadurch werden die Weichen für eine funktionelle Differenzierung der Zellen gestellt.

Die Linsenzellen eines Froschauges sind hierfür ein typisches Beispiel. In der Frühphase der Entwicklung befinden sie sich oberhalb des Schlundes, wo sie zunächst als Hautzellen fungieren. Später jedoch drängen sich Zellen, die das Herz des Frosches bilden werden, hinter die Hautzellen und senden Signale, die bei den Hautzellen die Synthese erster linsenbildender Proteine anregen. Doch erst wenn die unreifen Linsenzellen ihre eigene Reise vollendet haben, die sie in Kontakt mit reifen Sehzellen bringt, empfangen sie die Schlußsignale, die sie zu voll ausgebildeten Linsen machen.

Über diese Mechanismen wissen die Wissenschaftler noch relativ wenig Konkretes. So bleibt es beispielsweise ein Rätsel, warum dasselbe Signal, das bei einer Fruchtfliege die Entwicklung eines Flügels auslöst, bei einem Menschen das Wachstum einer Hautzelle vorantreibt – und das verblüffenderweise bei all den Ähnlichkeiten zwischen den Homöoboxen dieser beiden Arten.

Dennoch wird sich das Studium dieser Phänomene bei Fruchtfliegen, Fröschen und anderen Geschöpfen auch für den Menschen auszahlen. Man wird ein allgemeines – wenn nicht gar ein spezifisches – Verständnis dafür gewinnen, wie sich der Mensch entwickelt. „Was wir erkennen, ist, daß die Grundbausteine sämtlicher Organismen bereits vor 500 Millionen Jahren gelegt waren, als sich Fliegen, Würmer und Menschen auseinanderzuentwickeln begannen," sagt Gerald Rubin, ein Molekulargenetiker an der University of California in Berkeley. „Die Typen von Schaltern, die Typen von Kabeln, sie sind alle gleich."

Das Gebiet der Genetik, welches sich mit den Geheimnissen auf dem Weg vom Embryo zum Erwachsenenstadium befaßt, weckt Ehrfurcht und Bewunderung wie kaum ein anderes. Differenzierung allein erklärt, weshalb Zellen bestimmte Proteine synthetisieren und andere dagegen nicht. Gleichermaßen interessant und wichtig ist, wie Regulatorgene Strukturgene veranlassen, die Herstellung dieser Proteine ein Leben lang je nach

Diese Fruchtfliege besitzt zwei Paar Flügel anstelle von einem, wie normalerweise üblich. Ursache ist eine Mutation bei einem von mehreren Genen, die bei diesem und den meisten anderen Lebewesen die Entwicklung von Gewebe kontrollieren. Die Mutation, die im Labor durch Röntgenstrahlen während der Embryonalphase ausgelöst wurde, führte dazu, daß sich die Anzahl der flügeltragenden Segmente im Bruststück der Fliege verdoppelte.

Prolog zu einer Fruchtfliege

Zu den größten Geheimnissen in der Biologie zählen die Mechanismen, die bei einem menschlichen Embryo Zellen zu spezifischem Gewebe machen. Wie sich überraschenderweise herausgestellt hat, weisen die homöotischen Gene, die diesen Prozeß offenbar steuern, recht wenig artspezifische Unterschiede auf. Aufgrund dieser Ähnlichkeit hofften die Wissenschaftler, mit Hilfe der bereits gut untersuchten Fruchtfliege Licht in das Dunkel bringen zu können.

Wie rechts erklärt, beginnt der Weg vom befruchteten Ei zur Fruchtfliege mit Genen für die Segmentierung. Danach gestalten homöotische Gene die inneren und äußeren Körpermerkmale aus. Experimente mit Mäusen deuten darauf hin, daß sich bei Säugetieren, einschließlich dem Menschen, ein ähnlicher Prozeß wie bei der Fruchtfliege abspielen dürfte, der festlegt, wo oben und unten ist.

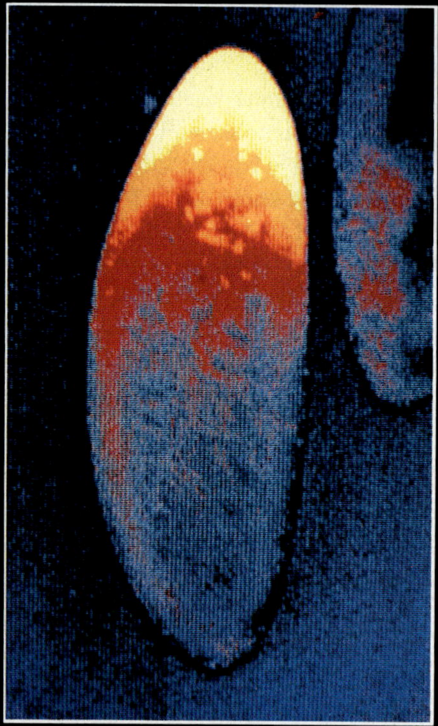

1 STUNDE. Die gelben, orangefarbenen und roten Zonen auf diesem Computerbild von einem Fruchtfliegenembryo geben die Bereiche mit hohen Konzentrationen an Bicoid-Protein wieder, aus denen später Herz und Bruststück hervorgehen werden. Am unteren Pol des Eis kennzeichnen winzige Proteinmengen Hinterleib und Schwanz *(nicht abgebildet)*.

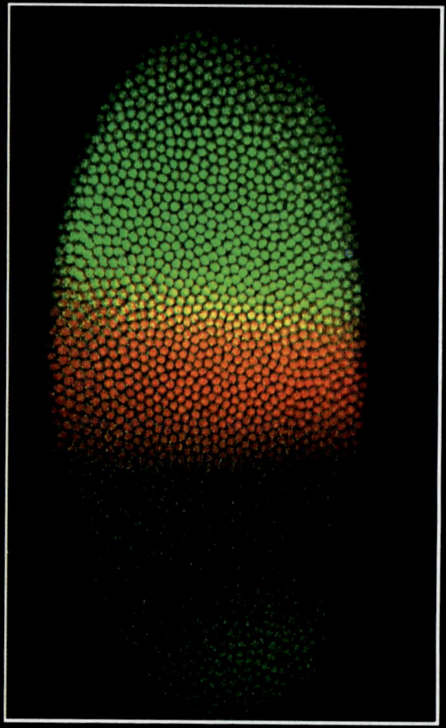

2½ STUNDEN. Die Segmentierung beginnt, wenn spaltenbildende Proteine den Körper des Embryos in einen vorderen *(hellgrün)*, mittleren *(rot)* und hinteren Abschnitt *(dunkelgrün)* unterteilen. Der gelbe Streifen repräsentiert den Bereich, wo sich der Einfluß vorderer und mittlerer Proteine überlappt.

Bedarf zu stoppen und zu starten. 1979 hatten Richard Flavell und L.H.T. van der Ploeg, zwei Genetiker von der Universität Amsterdam, eine Entdekkung gemacht, die mittlerweile einen ersten Einblick in die Mechanismen ermöglicht, durch die das Genom das An- und Ausschalten von Genen instrumentalisiert.

Damals untersuchten Flavell und van der Ploeg einen allseits bekannten Fall von Proteinregulation: die Synthese des Hämoglobins. Während der Entwicklung wird nämlich die Produktion der Fetalform dieses Sauerstoff transportierenden Proteins langsam auf die Adultform umgestellt, wobei sich die für Erwachsene typische Form nur wenig von der für Feten typischen unterscheidet.

Ab dem dritten Monat seines Fetallebens in der Gebärmutter bis kurz nach der Geburt stellt das Baby Hämoglobin-Moleküle her, die aus zwei Paar ineinander verhakter Proteinketten, Alpha-Globin und Gamma-Globin genannt, bestehen. Für jede dieser Ketten sind eigene Gene zuständig. Das Gamma-Globin-Gen liegt auf Chromosom 11, während das Alpha-Globin-Gen auf Chromosom 16 vorkommt. Sobald die beiden Proteine synthetisiert sind, finden sie sich irgendwie gegenseitig und heften sich aneinander.

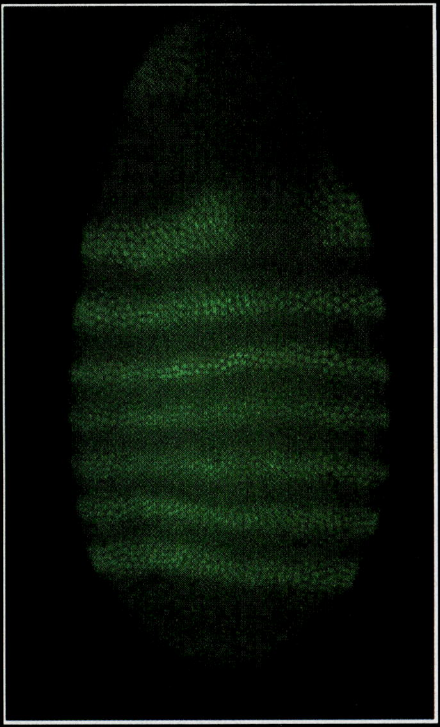

3 STUNDEN. Bei drei Bändern werden sieben Proteinstreifen sichtbar, die von dem sogenannten Haargen erzeugt werden. Dieses Gen bezeichnet man so, weil es in einer späteren Entwicklungsphase die Bildung von Borsten veranlaßt, wie man sie bei erwachsenen Fruchtfliegen findet.

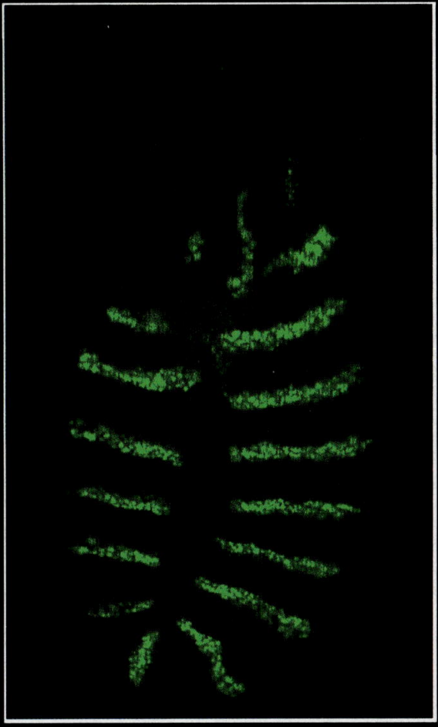

4 STUNDEN. Die Anzahl von Streifen verdoppelt sich, sobald der Embryo in die Länge wächst und sich nahe der Mitte auffaltet. Wenn man links oben beginnt und gegen den Uhrzeigersinn fortfährt, ergibt sich folgendes Bild: Die drei ersten Streifen markieren das Herz, die nächsten drei das Bruststück und die restlichen den Hinterleib.

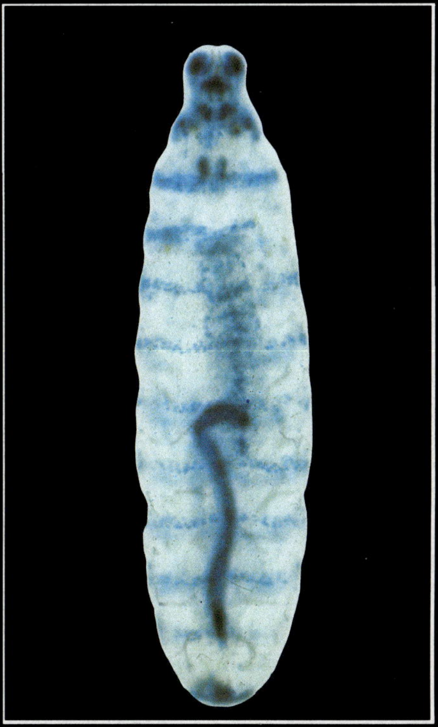

24 STUNDEN. Die Segmente sind bei der geschlüpften Larve mit dem Erscheinen von Strukturen deutlich zu erkennen. Die Flecken ganz oben gehören zum Kopf. Teile des Darms stellen sich als dunkle gehstockförmige Gebilde dar, während sich unmittelbar darüber ein dem Rückenmark entsprechender Nervenstrang schwach abzeichnet.

Das Alpha-Globin-Gen bleibt auch beim erwachsenen Menschen aktiv. Doch aus unbekannten Gründen beginnt das Gamma-Globin-Gen seine Aktivität zu drosseln, sobald der Fetus sechs Monate alt ist. Die Rolle dieses Gens wird nach und nach von einem Nachbargen auf Chromosom 11 übernommen, dem sogenannten Beta-Globin-Gen. Im Alter von einem Jahr bildet das Kind fast nur noch Hämoglobin-Moleküle, die sich aus zwei Alpha-Globin-Ketten und zwei Beta-Globin-Ketten zusammensetzen. Gamma-Globine sind lediglich in geringen Mengen nachweisbar.

Flavell und van der Ploeg unterzogen Gamma-Globin-Gene von Feten und Erwachsenen einer eingehenden chemischen Analyse. Dabei stellte sich folgendes heraus: Ist das Gen inaktiv wie bei Erwachsenen, so setzt sich ein einfaches Kohlenwasserstoff-Molekül – eine Methylgruppe – in einigen der Furchen außen auf der Doppelhelix fest. Umgekehrt ist die aktive Form des Gamma-Globin-Gens, wie sie bei Feten vorkommt, völlig frei von Methylgruppen. Dieser Unterschied führte die Forscher zu der Hypothese, daß es sich bei den Methylgruppen um die Schalter handele, die die Gene ein- und ausschalten.

Diese Theorie wurde durch ganz andere, unabhängige Laborversuche gestützt, bei denen ein potentes Antikrebsmittel ausgereifte Zellen in einer Zellkultur veranlaßte, fetales Gamma-Globin zu bilden. Genau wie bei Flavell und van der Ploeg zeigte sich, daß das für die Synthese dieses Proteins verantwortliche Gen fast frei von Methylgruppen war. Vor wenigen Jahren fand man auch bei anderen inaktiven Strukturgenen Methylgruppen, was die These erhärtet, daß diese einfachen Anhängsel an der DNS-Struktur für das genregulierende Schema des Körpers wichtig sein könnten.

Einige Wissenschaftler fragten sich, ob damit nicht nur vergleichsweise eindeutige Erbkrankheiten wie die verschiedenen Formen der Anämie zu erklären wären, sondern auch unausweichliche Prozesse wie das Altern. Ginge einer Zelle zufällig die Fähigkeit verloren, Methylgruppen an geeignete Gene anzuheften oder von ihnen abzuziehen, könnten dieser neuen Theorie zufolge zuvor stille Gene aktiviert oder aktive Gene, deren Proteine dringend gebraucht werden, ausgeschaltet werden.

Sollte sich diese Hypothese eines Tages bewahrheiten, müßte sich auch nachweisen lassen, daß das Altern aus all den Effekten resultiert, die sich im Laufe einer solchen sich über Dekaden von DNS-Replikationen erstreckenden Entgleisung anhäufen.

Angesichts der unzähligen Male, die das Genom während einer Lebensspanne kopiert wird, ist die Beständigkeit des menschlichen Körpers sowieso ein Wunder. Die in den Chromosomen einer jeden Zelle verpackten genetischen Instruktionen sind etwa drei Milliarden Merkmale lang. Selbst wenn durch Umweltschäden verursachte Gendefekte oder Kodierfehler pro Million Basen nur einmal vorkämen, würden während einer jeden Zellteilung 3000 Fehler weitergereicht werden. Nach Schätzungen der Wissenschaftler tritt dies allein vor der Geburt abermillionenfach auf. Dank p53 und einem Kader von anderen Wachhund-Genen liegt die Häufigkeit, mit der Chromosomenschäden und Kopierfehler einer Korrektur entgehen, bei etwa Eins zu zehn Milliarden. Selbst eine so geringe Fehlerquote vermag jedoch über eine Lebensspanne gesehen immer noch den ausgeklügelten Code des Lebens in Kauderwelsch zu verwandeln.

Auch wenn Genetiker vielleicht eines Tages den Jungbrunnen mitten im Genom versteckt entdecken, erwarten sie, mit anderen Krankheiten wesentlich schneller voranzukommen, von der Zuckerkrankheit und den verschiedenen Formen der Blutarmut bis hin zu Immunkrankheiten und den zahlreichen Formen von Krebs.

Seit dem Anbruch des genetischen Zeitalters in den frühen 60er Jahren haben die Genforscher ihre Energie anstatt auf Zielgene zunächst einmal auf ein leichter zugängliches Beuteobjekt gerichtet – das Protein. Wenn man fehlerlose Proteine herstellen könnte, um die fehlerhaften zu ersetzen, könnte man vielleicht sogar ein Heilmittel entwickeln oder zumindest einige Krankheitssymptome mildern.

Die ersten zaghaften Versuche von Wissenschaftlern, Proteine herzustellen, waren von durchschlagendem Erfolg gekrönt. Bereits zu Beginn der 70er Jahre hatte man Insulin synthetisiert, das Protein, das als Hormon Glukose aus dem Blutstrom in die Zellen transportiert, wo die Glukose als Energiequelle genutzt wird.

Das bahnbrechende Verfahren funktioniert biochemischen Prozessen gleich auf relativ direkte Weise: Ein „Proteiningenieur" begann mit einem Stab aus gummiartigem Material und einem Gefäß, das die erste Aminosäure des 51 Aminosäurereste umfassenden Insulin-Moleküls in Lösung enthielt. Zudem waren der Lösung chemische Substanzen zugesetzt worden, die die Aminosäure veranlaßten, sich an dem Stab festzuheften. Dieser wurde dann in ein anderes Gefäß mit einer Lösung der zweiten Aminosäure überführt – und so weiter für alle 51. Das Endergebnis nach etwa 20 Tagen fast ausschließlichen Wartens und Beobachtens war eine erhebliche Menge an Insulin, die für einen späteren Gebrauch aufgehoben wurde.

Doch was bei einfachen Proteinen wie dem Insulin ohne weiteres funktioniert, erwies sich bei komplexeren Molekülen wie dem Hämoglobin als völlig sinnlos. Man hatte zwar die Sequenz der 574 Aminosäuren des Hämoglobins und seine dreidimensionale Struktur entziffert, doch war die Konstruktion eines solch großen Moleküls per Hand ein ebenso schwerfälliges wie unmögliches Unterfangen.

Es bietet sich jedoch noch eine andere Methode zur Konstruktion von Molekülen an: eine genspleißende Technik, DNS-Rekombinationstechnik genannt. Sie wurde gleichzeitig mit dem Versuch entwickelt, Insulin Aminosäure um Aminosäure im Labor zusammenzubauen. Man setzt dabei allerdings lebende Zellen, die nicht einmal vom Menschen stammen müssen, als Protein-Synthesizer ein.

Der Prozeß läuft wie folgt ab: Zunächst wird aus menschlichen Zellen das Gen isoliert, welches für das gewünschte Protein zuständig ist. Hierzu wird es mit Hilfe eines Enzyms aus seinem Chromosom herausgeschnitten. Dann werden die freien Gene mit DNS-Schnipseln aus Bakterien vermischt. Häufig verwendet man dafür das bekannte Bakterium *Escherichia coli*. (Es kommt im Dünndarm des Menschen vor und wird gewöhnlich E. *coli* abgekürzt.) Ein Enzym, das diesem Präparat zugesetzt wird, verknüpft die Human-DNS mit der Bakterien-DNS und produziert so ein hybrides – oder rekombinantes – Molekül. Dieses Hybridmolekül wird in ein lebendes Bakterium eingeschleust, das anschließend kultiviert wird.

Das Bakterium hält das neue Gen für ein eigenes. Wenn das Gen E. *coli* be-

In einem kalifornischen Pflegeheim überreicht eine junge Frau einer älteren Patientin einen Geburtstagskuchen. Genetiker vertreten die Ansicht, daß Falten und weißes Haar wie auch andere Zeichen des Alterns zum Großteil durch individuelle genetische Veränderungen verursacht werden, die sich in Form von Mutationen während all der Zellteilungen, die im Laufe eines Lebens ablaufen, zwangsläufig ansammeln.

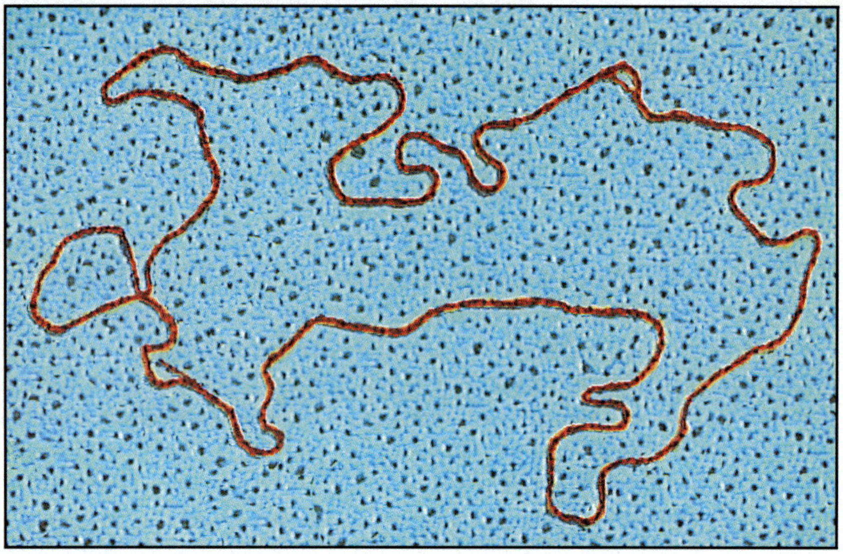

Diese Schleife mitochondrialer DNS ist hier mit Hilfe eines Elektronenmikroskops 85 000-fach vergrößert dargestellt. Sie besteht aus etwa 16 000 Basenpaaren – ein äußerst kleiner Bruchteil dessen, was mit mehreren Millionen Basenpaaren bei den Chromosomen im Zellkern enthalten ist. In der mitochondrialen DNS sind die Anleitungen für die Synthese von lediglich 13 der Enzyme und Proteine verschlüsselt, die an der Energieerzeugung für die Zelle beteiligt sind; für mehr als 50 weitere sind sie in den Genen auf den Chromosomen niedergeschrieben.

Chiffre für Energie: Eine Sonderklasse der DNS

Einzelne Zellen, aber auch ganze Organismen, haben bestimmte Aufgaben zu erfüllen und benötigen hierfür Energie. Im Cytoplasma von Zellen liegen winzige Organellen, Mitochondrien genannt, die diese Energie bereitstellen. Hierfür bedienen sie sich besonderer Enzyme, welche Nährstoffe abbauen und die dabei frei werdende Energie in eine für die Zelle nutzbare Form überführen. Bei der Erforschung dieses Prozesses stellte man überraschenderweise fest, daß die für diese Enzyme zuständige DNS in den Mitochondrien selbst vorkommt – und nicht auf den Chromosomen im Zellkern zusammen mit all den anderen genetischen Instruktionen angesiedelt ist, die über Form und Funktion der Zelle bestimmen.

Die Mitochondrien und ihre DNS weisen darüber hinaus noch andere merkwürdige Besonderheiten auf. Bei den meisten Zellen sind sie beispielsweise die einzigen Teile, die sich unabhängig vom Zellteilungsprozeß selbst verdoppeln. Ferner bilden die Stränge der mitochondrialen DNS Ringe – im Gegensatz zu den Fäden der chromosomalen DNS im Zellkern, doch ebenso wie die DNS von Bakterien. Teile der DNS-Sequenz einiger mitochondrialen Gene sind überdies auf ähnliche Weise kodiert wie bei einigen Bakterien.

All dies läßt vermuten, daß es sich bei den Mitochondrien um ehemals unabhängige Bakterien handelt, die vor über einer Milliarde Jahren irgendwie von einer größeren, aber metabolisch weniger leistungsstarken Wirtszelle einverleibt wurden. Beide Zelltypen profitierten von diesem Verbund. Die Bakterien konnten allem Anschein nach Verbindungen, die die Wirtszelle abbaute, zur Deckung des eigenen Energiebedarfs nutzen und überschüssige Energie der Wirtszelle zur Verfügung stellen. Mit der Zeit waren die beiden Zellen so aufeinander angewiesen, daß aus ihnen eine einzelne komplexe Zelle hervorging. Die früheren bakteriellen Komponenten spezialisierten sich im Laufe der Zeit derart, daß sie nur die für die Energieerzeugung notwendigen Funktionen beibehielten und sich so zu einem unverzichtbaren Bestandteil des Zellapparates entwickelten.

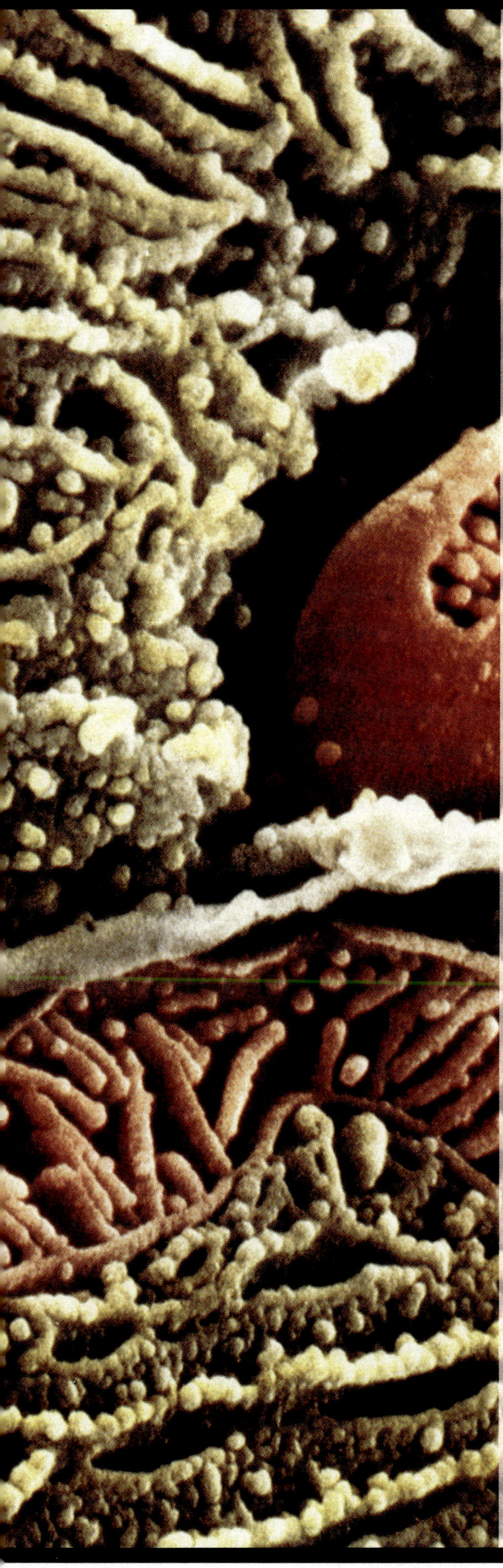

Einige der Mitochondrien *(rostfarbene Strukturen)*, die hier im Cytoplasma einer menschlichen Leberzelle eingebettet sind, lassen deutlich die Auffaltungen ihrer inneren Membran erkennen. An diesen Falten sitzen jene Moleküle, die an der Umwandlung von Nährstoffen in Energie beteiligt sind. Eine einzelne Leberzelle kann bis zu 2000 Mitochondrien enthalten, von denen jedes im Querschnitt weniger als einen tausendstel Millimeter mißt.

fiehlt, mit der Synthese des Proteins zu beginnen, gehorcht E. *coli*. Damit wird das Bakterium im Endeffekt zu einer kleinen Fabrik für alles und jedes, was man herstellen will.

Innerhalb von 15 Stunden erzeugt die rekombinante Zelle mehr als eine Milliarde identischer Kopien von sich selbst. Diese Klone werden in Behältern mit Nährstoffen versorgt, wo sie sich weiter vermehren und enorme Mengen an Protein abgeben. Sobald sie genügend Protein hergestellt haben, werden die Bakterien abgetötet. Dann wird das Protein gereinigt. Heutzutage benutzen kommerziell arbeitende biotechnische Labors die DNS-Rekombinationstechnik nicht nur, um einfache Proteine wie Insulin zu synthetisieren, sondern auch für die Produktion solch komplexer Moleküle wie Hämoglobin und den Gewebe-Plasminogen-Aktivator, der als körpereigener Stoff Blutgerinnsel auflöst.

Es gibt Grund genug für die Synthese von Hämoglobin. Durch Mutationen in den Globin-Genen verursachte Leiden sind die häufigsten Erbkrankheiten in der Welt, zweifellos deshalb, weil die Globin-Gene zu den aktivsten aller bekannten Gene gehören. Innerhalb einer Zeitspanne von vier Monaten erneuert der Körper seinen gesamten Bestand an roten Blutzellen. Das ist eine ungeheuerliche Aktion. Jeder der ungefähr sechs Liter Flüssigkeit, die durch die Blutgefäße strömen, enthält mehr als fünf Billionen rote Blutzellen, von denen jede mit 280 Millionen Hämoglobin-Molekülen bepackt ist. Die Herstellung nur eines dieser Moleküle erfordert die Transkription der 1700 Basenpaare, die für den Zusammenbau von Beta-Globin und Alpha-Globin aus Aminosäuren notwendig sind.

Eine der unzugänglichsten Hämoglobin-Krankheiten ist die Sichelzellenanämie. Typische Symptome des häufig tödlich verlaufenden Zustandes sind Fieberschübe und heftige Schmerzen in den Knochen und Gelenken sowie im Unterleib. Die Krankheit wird durch eine einzige Basenpaar-Mutation beim Beta-Globin-Gen verursacht. Dieser winzige Defekt führt dazu, daß sich die Aminosäuren des Hämoglobins leicht schief auffalten. Dadurch besitzt das fertige Molekül auf seiner Oberfläche sowohl einen vorspringenden Buckel als auch eine taschenartige Vertiefung, in die sich andere defekte Hämoglobin-Moleküle einklinken können.

Die ineinander verhakten Ketten des mißgebildeten Proteins sammeln sich schließlich in ihrer Wirtszelle an und deformieren sie mitunter sichelartig. Die so verdrillten Zellen stapeln sich in den engen Kapillaren auf und behindern den Blutfluß. Die inneren Organe leiden alsbald an Sauerstoffmangel, und der Verfall beginnt.

Leider resultierte aus der Erkenntnis, daß Bakterien zur Produktion von Hämoglobin veranlaßt werden können, keine Therapie für die Sichelzellenanämie und andere Hämoglobin-Krankheiten. Die benötigten Proteinmengen, ihre Produktionskosten und die Tatsache, daß sich das Protein nicht in die roten Blutzellen, seinen normalen Wirkungsort, hineinbringen läßt, sondern daß es nur ins Blutplasma injiziert werden kann – wo es kaum wirksam wird –, haben seinen Einsatz am Patienten vereitelt. Doch auch wenn Bakterien sich als Hämoglobin-Fabriken letztlich als untauglich erwiesen hatten – weshalb sollte man das neukonstruierte Gen nicht direkt in menschliche Knochenmarkzellen einführen, die das Protein synthetisieren, um damit das körpereigene defekte Beta-Globin-Gen zu reparieren? 1979 unternahm der 25jährige Doktorand Richard Mulligan an der Stanford University mit einem bahnbrechenden Experiment den ersten Schritt in diese Richtung.

Mulligan lieh sich ein Blatt aus dem Handbuch zur DNS-Rekombinationstechnik und spleißte ein Kaninchen-Gen für Hämoglobin in Bakterien-DNS. Doch anstatt seine Fabrik für Kaninchen-Hämoglobin in E. *coli* einzuschleusen, übertrug er sie auf mehrere Millionen Kopien eines Affenvirus. Zuvor hatte er jedoch das Virus seiner Fähigkeit beraubt, die Wirtszelle für die viruseigene Vermehrung zu benutzen, allerdings ohne die viralen Mechanismen zu beeinträchtigen, welche die Wirtszelle zur Proteinsynthese veranlassen. Dann brachte er die genetisch veränderten Viren auf einer Platte mit einer Zellkultur aus einer Affenniere auf. Seine Hypothese war, daβ das genetisch modifizierte Virus die Nierenzellen auffordern würde, Hämoglobin herzustellen. Und er hatte recht.

Mit diesem bemerkenswerten Gentransfer-Experiment hatte Mulligan ein gewöhnliches Virus – den gerissensten Zellbesetzer der Natur – in einen biologischen Transporter verwandelt, der Gene in lebende Zellen zu schaffen vermag (S. 98–99).

Mulligans Verfahren war jedoch noch weit von einer Art Gentherapie entfernt. Obwohl das Affenvirus sämtliche Zellen, die ihm ausgesetzt waren, infizierte und zur Hämoglobinbildung veranlaβte, war die Mikrobe unfähig, in menschliche Zellen einzudringen. Zudem war das Hämoglobin von Nierenzellen für die Behandlung einer Anämie völlig wertlos, da das Protein von den Nierenzellen nicht in die roten Blutkörperchen gelangen konnte. Mulligan muβte folglich einen „Laster" finden, der nicht nur beim Menschen Transportfunktionen erfüllte, sondern auch bei dessen Stammzellen, der lebenslänglichen Quelle für rote wie für weiβe Blutzellen. Normale Hämoglobin-Gene, die in Stammzellen aktiv sind, würden der Theorie zufolge neuen roten Blutzellen eine adäquate Ration des Proteins in seiner unmutierten Form mitgeben.

Hierzu bot sich eine andere Klasse von Viren an, die sogenannten Retroviren. Wie Mulligan erkannt hatte, erlaubten sie, Stammzellen so zu infizieren, daβ in den roten Blutzellen normales Hämoglobin auftaucht. Während sich die DNS eines Affenvirus lediglich im Protoplasma einer infizierten Zelle niederläβt, dringt eine Version des genetischen Programms von einem Retrovirus, das sogenannte Provirus, in ein oder mehrere Chromo-

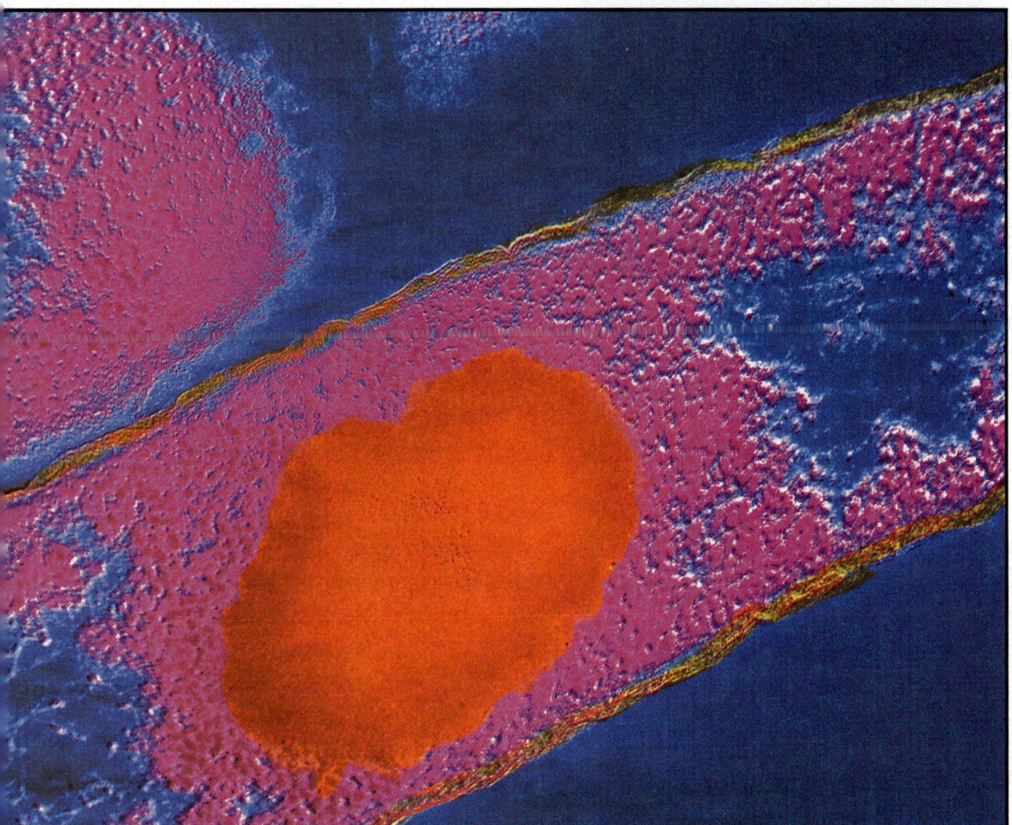

Der rötliche Fleck links ist eine Ansammlung des menschlichen Proteins Gamma-Interferon in dem weitverbreiteten Darmbakterium *E. coli*, das dieses Protein bildet. Um *E. coli* zur Synthese dieses immunstärkenden Proteins zu veranlassen, schleusten Genetiker das Interferon-Gen in die DNS des Bakteriums ein. Anschlieβend wurde der genetisch veränderte Organismus in riesigen Mengen gezüchtet, um möglichst viel Protein herzustellen.

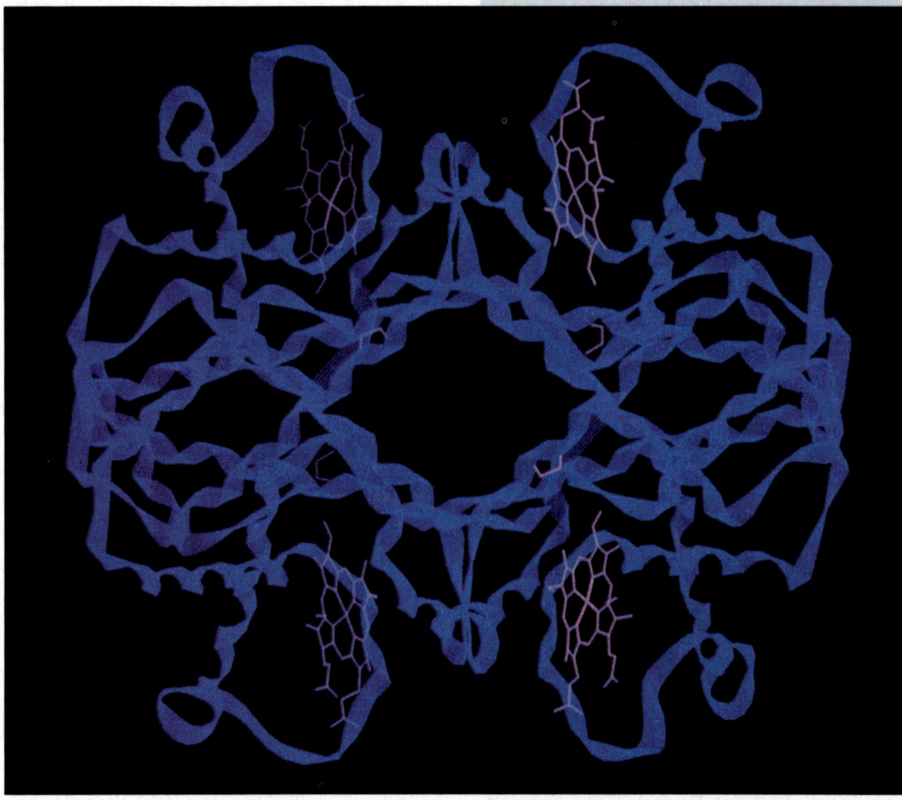

Das Bild zeigt ein mit Hilfe des Computers erstelltes Modell des Sauerstoff transportierenden Proteins Hämoglobin. Zu erkennen sind zwei bandartige blaue Stränge, die die beiden ineinander verzahnten Proteinketten, Alpha-Globin und Beta-Globin, repräsentieren. Die maschendrahtartige rosafarbene Struktur nimmt das Häm auf, ein eisenhaltiges Pigment. Dieses Pigment bindet den Sauerstoff, der mit Hilfe des Hämoglobins von den Lungen in sämtliche Gewebsarten des Körpers gelangt.

somen der Wirtszelle ein (S. 72). Von dieser Position aus steuert das Provirus normalerweise die Vermehrung des Retrovirus. Die neugebildeten Retroviren brechen schließlich aus der Wirtszelle aus und infizieren andere Zellen. Doch nach Mulligans Plan sollte das Retrovirus genetisch so verändert werden, daß das schädliche Provirus teilweise durch ein therapeutisch wirksames Gen – wie das für Hämoglobin – ersetzt wird. Mit einer solchen Modifikation wäre das Retrovirus immer noch in der Lage, in die Stammzelle einzudringen und seine genetische Nutzlast abzuladen; es wäre aber nicht mehr fähig, die Produktion neuer retroviraler Partikel anzuordnen. Die betroffene Wirtszelle begänne nicht nur Hämoglobin herzustellen, weil das über ein Virus eingeschleuste Gen inzwischen Bestandteil der zelleigenen DNS geworden wäre, sondern das Gen würde auch bei der Teilung der Zelle selbst reproduziert werden. Auf diese Weise hoffte Mulligan, die wirksame Ausbreitung seines Gen-Transplantats sicherzustellen. Nachdem der Wissenschaftler sich für einen retroviralen Transporter entschieden hatte, wandte er sich dem Problem des genetischen Frachtguts zu. Ein Gen, das durch dieses Verfahren zum Transport isoliert worden ist, muß DNS-Kontrollsequenzen enthalten, die genau festlegen, wieviel Protein herzustellen ist und welche Zellen die Synthese betreiben sollen. Bei seinen Affenvirus-Experimenten vertraute Mulligan auf Kontrollsequenzen im Affenvirus-Genom selbst, um die Proteinsynthese in Gang zu setzen. Doch bevor überhaupt eine Gentherapie funktionieren würde, mußte er einen anderen Ansatz finden. Ohne die eigenen Kontrollstreifen des Beta-Globin-Gens würde selbst ein Virus, der Menschen zu infizieren vermag, die falschen Zellen veranlassen, zu wenig Hämoglobin zu bilden. Noch schlimmer, das Fehlen dieser wichtigen Elemente könnte bewirken, daß weiße Blutzellen Hämoglobin produzierten, ein unnatürlicher Prozeß mit unvorhersagbaren Folgen für das Immunsystem des Körpers.

Eine dieser überaus wichtigen Kontrollsequenzen ist relativ leicht zu finden; sie sitzt fast immer rechts neben dem Gensegment, das die Rezeptur für das Protein enthält. Die anderen können auf dem betreffenden Gen dagegen weit und unterschiedlich entfernt voneinander liegen.

Der Molekularbiologe Frank Grosveld vom britischen National Institute of Medical Research begann Mitte der 80er Jahre sicherzustellen, daß die Fracht des retroviralen Transporters mit den vollständigen Kontrollsequenzen ausgestattet war. Zu diesem Zweck transplantierte er Beta-Globin-Gene des Menschen in Mäuse. Bei jedem Versuch schnitt er an beiden Enden ein Stückchen Gen ab, bis er das kürzeste Segment an DNS erhielt, das reichlich Beta-Globin produzierte.

Als Mulligan jedoch diese maßgeschneiderte Fracht auf seinen viralen Transporter laden wollte, stellte sich die Ladung als zu groß heraus. Glücklicherweise weist der Rezepturbereich eines Gens zahlreiche lange Abschnitte der Nukleotidkette auf, die bei der Proteinsynthese einfach unbeachtet bleiben. Diese sogenannten Introns lassen sich entfernen – ein Prozeß, der normalerweise vor der Proteinsynthese stattfindet –, so daß das Beta-Globin-Gen im Endeffekt auf eine Größe trimmbar war, die Mulligans Retrovirus ohne weiteres transportierte.

Mit seinem retroviralen Transporter und seiner nun passenden Nutzlast wandte sich Mulligan jetzt der mühsamen Aufgabe zu, sein Gen-Transportsystem im Labor zu testen. Wie erfolgreiche Experimente an Mäusen 1987 zeigten, ging lediglich ein Zehntel von einem Prozent der mit Hilfe des modifizierten Retrovirus in das Genom des Nagetiers eingeschleusten humanen Hämoglobin-Gene in Stammzellen an und stimulierte dort die Synthese des Proteins. Damit war man zwar von einem medizinisch brauchbaren Ergebnis noch weit entfernt, dennoch stellte es einen Durchbruch dar: Niemals zuvor war es gelungen, ein Gen in einer Stammzelle zu plazieren; verglichen mit anderen Zellen ist die Zahl der Stammzellen klein, und sie liegen zudem relativ verborgen im Knochenmark.

Mulligan hoffte, dieses Verhältnis mit der Zeit so zu verbessern, daß genügend Material für eine erfolgreiche Gentherapie von Anämien zu Verfügung stünde. Doch in der Zwischenzeit beunruhigte ihn ein anderes Problem. Die überwiegende Mehrzahl der transplantierten Gene pflanzte sich selbst willkürlich in das Genom der Wirtszelle ein – eine potentiell kata-

Die roten Blutkörperchen eines Menschen mit Sichelzellenanämie *(rechts)* sind eckig und starr anstatt rund und flexibel. Dadurch wird die Passage durch die engen Kapillaren schwierig oder gar unmöglich. Diese schmerzhafte und gelegentlich tödliche Form einer Anämie ist die Folge eines Gendefekts, der bewirkt, daß Hämoglobin-Moleküle aneinanderhaften. Das Resultat sind die mißgestalteten Blutzellen.

strophale Entwicklung. Falls es einem Gen gelingen sollte, beispielsweise mitten in einem Strukturgen Wurzel zu schlagen, könnte dieses die Proteinsynthese des Gens stoppen, was ebenso schreckliche Folgen wie die betreffende Krankheit selbst hätte. Und noch schlimmer: Ein defektes Regulatorgen könnte die Produktion unerwünschter Proteine ankurbeln oder die Zelle sogar in Richtung Chaos und Krebs treiben.

Während Mulligan an einer sicheren und wirksamen Gentherapie für die Sichelzellenanämie arbeitete, versuchten andere Wissenschaftler, seine Methode auf andere Erbkrankheiten anzuwenden. Die ersten Erfolge bahnten sich bei drei Ärzten an den National Institutes of Health (NIH) in Bethesda, Maryland, an: W. French Anderson vom National Heart, Lung and Blood Institute sowie R. Michael Blaese und Kenneth Culver vom National Cancer Institute. Die Ärzte recherchierten gerade, wie man einen Mangel an dem Enzym Adenosin-Desaminase (ADA) behandeln könnte. Ohne ADA reichern sich in den weißen Blutzellen die Abfallstoffe aus den gewöhnlichen chemischen Prozessen des Körpers an. Dadurch wird das Immunsystem, zu dem die weißen Blutzellen als lebenswichtige Elemente gehören, geschwächt, so daß die betroffenen Menschen schnell lebensbedrohlich erkranken können.

Anderson entwarf 1987 zunächst einen Behandlungsplan. In den darauffolgenden dreieinhalb Jahren arbeitete er 90 Stunden die Woche, um den Antrag durch das Labyrinth von Bundesbehörden und wissenschaftlichen Gutachterausschüssen zu bringen, deren Aufgabe es war, die Risiken seines Plans einzuschätzen. In der Zwischenzeit führte er zusammen mit seinen Mitarbeitern einen bemerkenswerten Laborversuch durch. Mittels Mulligans Gen-Transfer-Technik schleusten sie gesunde ADA-Gene in weiße Blutzellen ein, die sie der 4jährigen Ashanthi DeSilva und der 9jährigen Cynthia Cutshall entnommen hatten, die beide an ADA-Mangel litten. Zur Freude der Wissenschaftler verhielten sich die behandelten weißen Blutzellen wie bei früheren Versuchen mit ähnlichen Zellen von Tieren und begannen, das fehlende Protein in ausreichenden Mengen herzustellen.

Anderson und sein Team waren sich der unbeabsichtigten Folgen, die eine Gentherapie bei ADA-Mangel nach sich ziehen könnte, völlig bewußt. Bei der Anhörung zu ihrem Antrag vor der NIH-Zulassungskommission für Gentherapien beim Menschen legten die drei Wissenschaftler jedoch überzeugend dar, daß sich ihre Laborergebnisse mit hoher Wahrscheinlichkeit beim Menschen wiederholen ließen und daß die Risiken für einen Fehlschlag außerordentlich gering seien. Und sollte der Versuch genetisch gesehen schiefgehen, stürben die veränderten weißen Blutzellen innerhalb weniger Monate ab, und der Zustand

Genbesetzer als Nachrichtenträger

Viren zählen zu den potentiell tödlichsten – und potentiell nützlichen – Trägern genetischen Materials. Ihr Aufbau ist extrem einfach: Ein Proteinmantel umhüllt ein Kernstück aus Nukleinsäure, das Instruktionen für die Selbstvermehrung enthält, aber über wenig oder keinerlei Instrumente verfügt, um die Instruktionen auszuführen.

Viren sind folglich Parasiten, die die technische Ausrüstung einer Wirtszelle benötigen, um ihr eigenes Überleben sicherzustellen. Der Schaden, den sie der Wirtszelle dabei zufügen können, reicht von so geringfügigen Beeinträchtigungen wie einer gewöhnlichen Erkältung bis hin zu tödlichen Krankheiten wie AIDS. Doch je mehr man über diese Biomaschinen in Erfahrung brachte, desto mehr Wege hat man auch gefunden, die Viren für medizinische Zwecke zu manipulieren. So sind die Viren zu geeigneten Werkzeugen geworden, um Gendefekte auf der Ebene der DNS zu korrigieren (S. 96–105).

Wie auf den folgenden Seiten schematisch dargestellt ist, unterscheiden sich die Fortpflanzungszyklen der verschiedenen Virustypen. Bakteriophagen, die – rechts abgebildet – ein E. *coli*-Bakterium angreifen, besitzen eine doppelsträngige DNS. Die sogenannten Retroviren – zu denen auch das AIDS-Virus, HIV, gehört – enthalten einzelsträngige RNS und das Enzym Reverse Transkriptase, das die Umwandlung der viralen RNS in DNS kurz nach der Infektion bewirkt. Modifizierte Retroviren von Mäusen werden heutzutage häufig benutzt, um beim Menschen Gene zu Therapiezwecken in Zielzellen einzuschleusen.

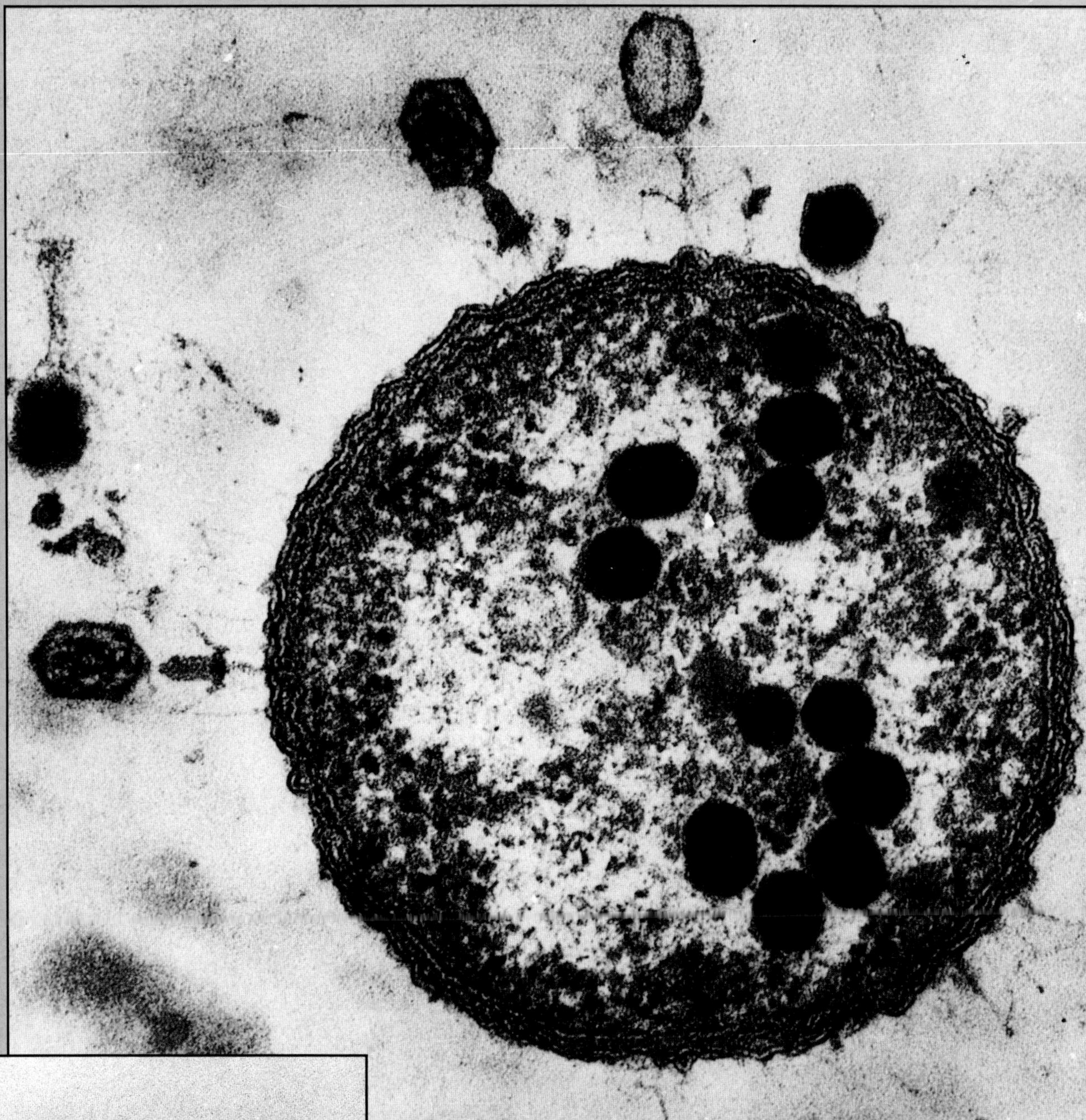

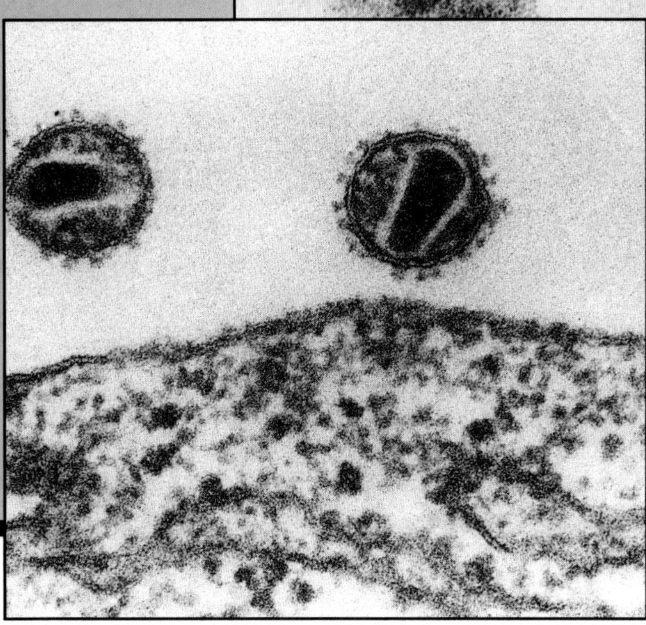

RETROVIREN. Eingeschlossen in eine Fetthülle, nähern sich zwei AIDS-Viren *(links)* einem T-Zell-Lymphozyten – einer weißen Blutzelle, die für die Immunreaktion des Körpers wichtig ist. Knopfartige Vorsprünge, Spike-Proteine genannt, binden sich an Rezeptoren auf den T-Zellen. Damit wird die Aufnahme des Virus und seiner RNS in die T-Zelle eingeleitet.

BAKTERIOPHAGEN. Auf der oben abgebildeten elektronenmikroskopischen Aufnahme belagert eine Armee von Bakteriophagen ein Bakterium. Dreißig Minuten nach der ersten Infektion sind in der Bakterienzelle neugebildete Viruspartikel sichtbar.

Der Lebenszyklus eines Bakteriophagen

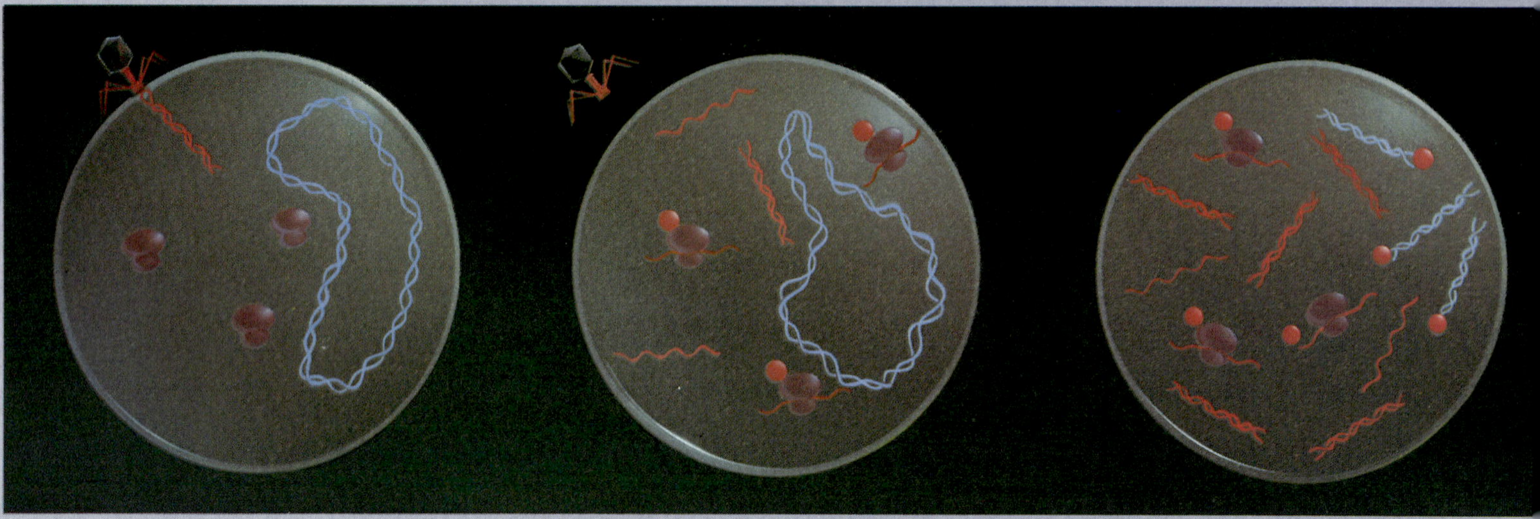

INJEKTION. Wenn der Bakteriophage mit einem Bakterium in Kontakt kommt, heftet er sich mit besonderen Anhängen, sogenannten Schwanzfasern, fest an die Zelloberfläche und injiziert mit einem wie eine Spritze geformten Proteinschwanz die Virus-DNS *(rot abgebildet)*. Die Ribosomen des Bakteriums sind purpurrot, und die Bakterien-DNS ist blau dargestellt.

TRANSKRIPTION. Enzyme des Bakteriums schreiben die Virus-DNS in Einzelstränge von Messenger-RNS um. Die mRNS leitet dann die Ribosomen an, wichtige Virusenzyme *(rote Kugeln)* zu produzieren. Inzwischen fällt die leere Viruskapsel von der Zelloberfläche ab.

REPLIKATION. Von den neugebildeten Virusenzymen zerstört ein Typ die DNS der Wirtszelle; ein anderer Typ stellt Hunderte von Kopien von der Virus-DNS her. Die Nukleotide, die für die Bildung der Virus-DNS benötigt werden, stammen von den Überresten der Wirts-DNS, die von den Enzymen abgebaut wird.

Der Lebenszyklus eines Retrovirus

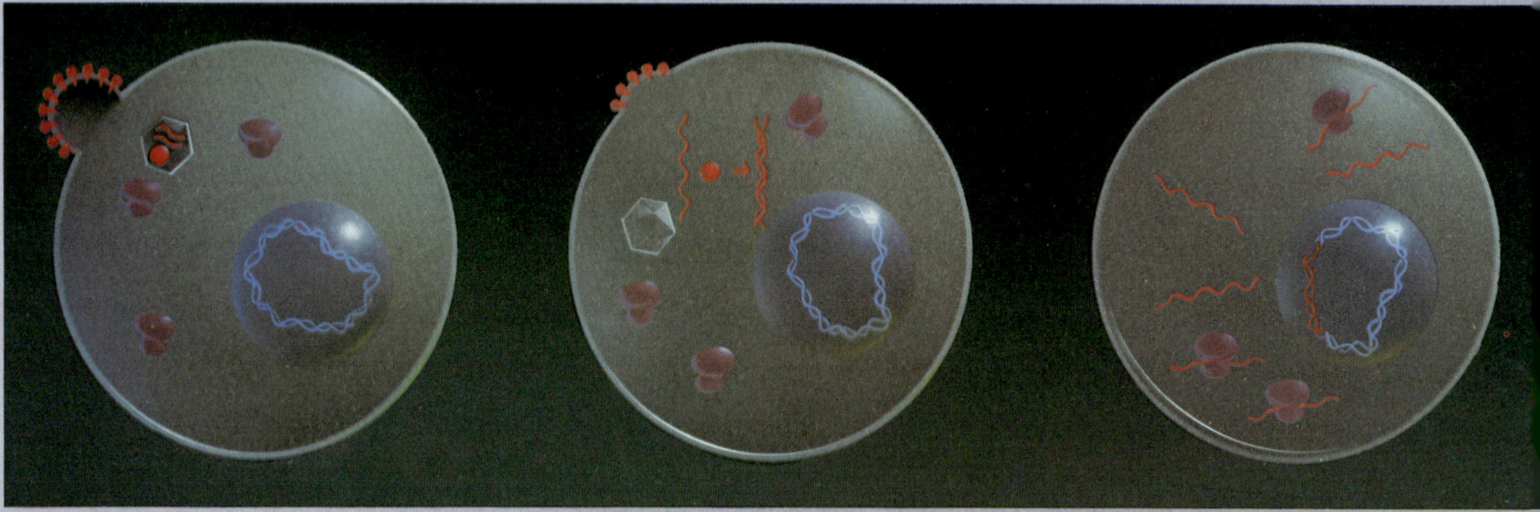

FUSION. Spike-Proteine, die in der fettreichen Außenhülle des Retrovirus sitzen, binden sich an Oberflächenrezeptoren auf der Wirtszelle. Daraufhin verschmilzt die Virushülle mit der Zellmembran. Das Kernstück des Virus bzw. Nukleokapsids trägt die Virus-RNS und Enzyme wie die Reverse Transkriptase *(rot)* in die Zelle hinein.

RNS-KONVERSION. Die Zelle verdaut die Virushülle und den Proteinmantel des Nukleokapsids und setzt so die Virus-RNS und die Reverse Transkriptase frei. Das Enzym benutzt die RNS als Matrize und produziert einen doppelsträngigen Abschnitt an Virus-DNS *(rot)*.

ÜBERNAHME. Die Virus-DNS *(rot)* wird in die zelleigene DNS *(blau)* eingebaut. Sobald die Zelle diese kombinierte DNS, Provirus genannt, in RNS umschreibt, bildet sie Stränge viraler RNS, von denen einige als virale Messenger-RNS fungieren werden, die die Ribosomen der Zelle in Protein übersetzen.

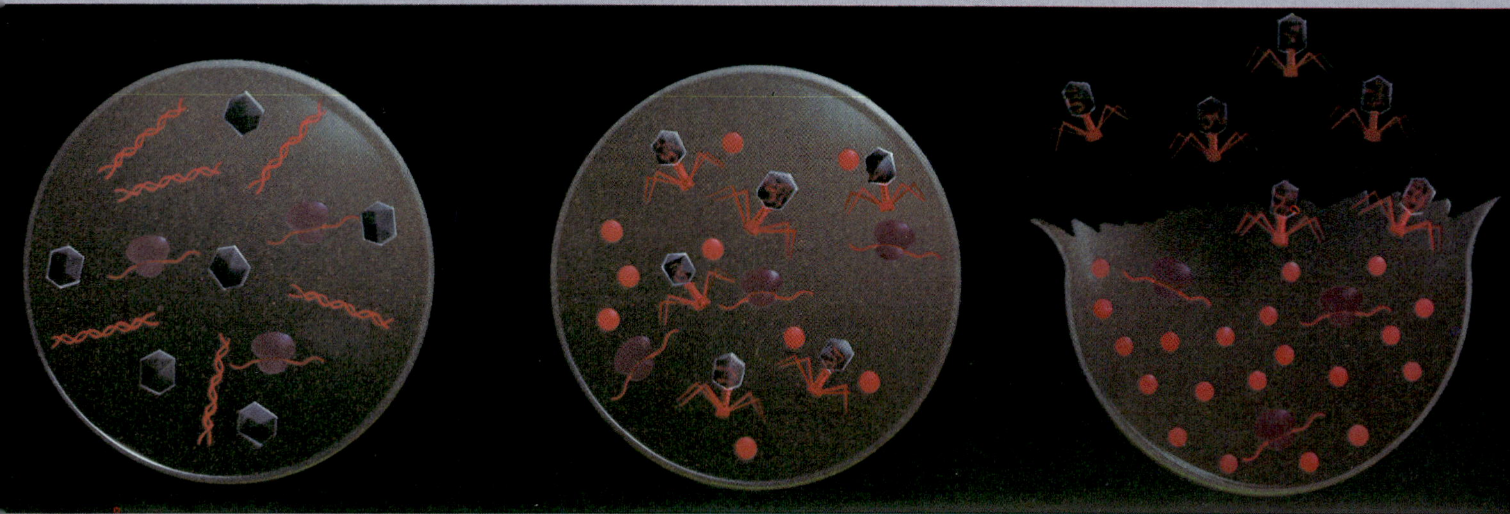

SYNTHESE. Die Ribosomen befolgen weiterhin die Anweisungen der Messenger-RNS und produzieren somit Virusproteine für die Schutzhülle neuer Viren.

ZUSAMMENBAU. Die Hüllproteine umschließen die DNS und treten mit Schwänzen und Schwanzfasern zu neuen Viren zusammen. Anschließend bilden die Ribosomen ein Enzym, das sogenannte Lysozym, welches den Verfall der Wirtszelle herbeiführt.

FREISETZUNG. Etwa 30 Minuten nach der Infektion zerplatzt das Bakterium unter dem Einfluß des Lysozyms. Dabei werden neue Viren aus der Wirtszelle herauskatapultiert. Sie sind nun frei, um andere Bakterienzellen in der Nachbarschaft zu infizieren.

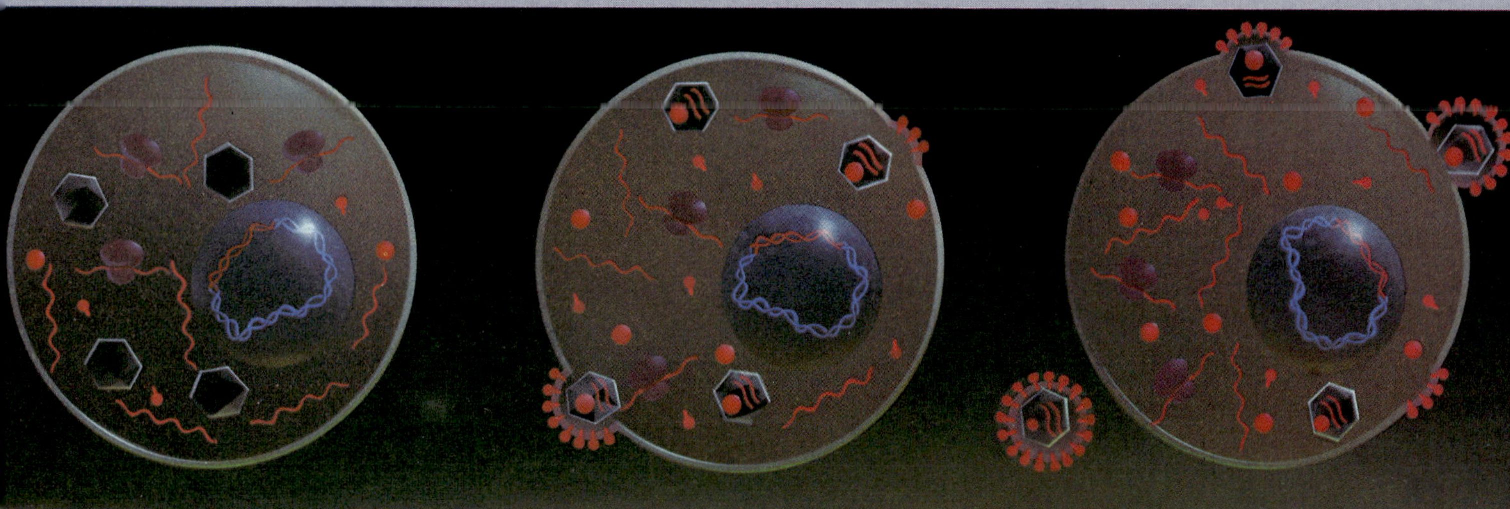

SYNTHESE. Anhand der viralen Messenger-RNS stellen die Ribosomen der Wirtszelle verschiedene Enzyme her, einschließlich der reversen Transkriptase. Außerdem produzieren sie eine Reihe von viralen Strukturproteinen wie die Spike-Proteine der Virushülle und Proteine für das Nukleokapsid.

ZUSAMMENBAU. Enzyme und Stränge unübersetzter Virus-RNS kommen in einer Proteinkapsel zusammen, um das virale Nukleokapsid zu bilden. Währenddessen wandern die Spike-Proteine zur Zellmembran, wo sie schließlich in die Virushülle eingebaut werden.

KNOSPUNG. Die Nukleokapside sprossen aus Arealen auf der Zellmembran hervor, die mit Spike-Proteinen bespickt sind. Wenn ein Nukleokapsid freigesetzt wird, ist es von einer fetthaltigen Hülle umgeben, die aus der Zellmembran und Spike-Proteinen besteht. Solang die Zelle lebt, knospen immer wieder neue Viren aus.

der Versuchsperson sei dann nicht schlechter als zu Beginn. Die Zeit sei reif, so die Forscher, irgendeine Art von Gentherapie zu testen, und keine andere Krankheit böte bessere Aussichten auf einen Erfolg oder profitiere mehr von dieser Therapieform.

Zuversichtlich, daß die Kommission ihre Zustimmung geben würde, entnahmen Anderson und seine Mitarbeiter Ashanthi DeSilva ungefähr eine Milliarde weißer Blutzellen und setzten sie abgeschwächten Leukämie-Retroviren aus, die mit dem menschlichen ADA-Gen bestückt waren. Wie erwartet, drangen die Viren in die Zellen ein und hefteten das adoptierte Gen vorschriftsmäßig an die Chromosomen der Zelle. Anschließend bewahrten die Mediziner die Zellen in einer sterilen Kochsalzlösung auf und warteten auf den endgültigen Bescheid auf ihren Antrag.

Die Mitglieder der Kommission gaben letzten Endes ihre Zustimmung – mit einer Ausnahme: Richard Mulligan. Er riet, mit klinischen Versuchen am Menschen zu warten, bis man um die Folgen einer solchen Behandlung besser Bescheid wüßte. „Ich will nicht ein Stück Geschichte sein", sagte er damals, „das es zu eilig hatte, das Tests am Menschen überstürzte, das zu sorglos vorging. Wir wollen eine klare Vorstellung von den Risiken und dem Nutzen haben, bevor wir die Transplantation eines Gens bei einem Patienten vornehmen. Als erstes sollten wir sorgfältige statistische Untersuchungen an Tieren durchführen – Untersuchungen, die noch gemacht werden müssen – und alles in unserer Macht Stehende unternehmen, um die Zuverlässigkeit des Virus zu prüfen." Mulligan ging sogar noch weiter. Indem er den Antrag eine „technisch und wissenschaftlich schlechte Idee" nannte, deklassierte er ihn als therapeutische Kurzsichtigkeit. Da die Gene in ausgereifte weiße Blutzellen implantiert werden mußten, die nur eine Lebensdauer von wenigen Monaten haben, hätte die Behandlung in regelmäßigen Abständen wiederholt werden müssen.

Mulligan sprach sich dafür aus, das Experiment zurückzustellen, bis man technisch in der Lage wäre, Stammzellen zu isolieren. Die ADA-Gene müßten nämlich dann nur einmal eingeschleust werden, wenn sichergestellt sei, daß jede weiße Blutzelle, die von einer genetisch korrigierten Stammzelle stammt, das funktionierende ADA-Gen besäße. Doch anstatt zu warten, bis eine Methode zum Sammeln von Stammzellen entwickelt worden war, zogen es Anderson und seine Mitarbeiter vor, „mit einer Zielzelle zu beginnen, von der wir wußten, daß wir sie treffen könnten".

Am 14. September 1990 transfundierten die Ärzte das Gemisch von weißen Blutzellen in einer Prozedur, die etwa eine halbe Stunde in Anspruch nahm, in Ashanthis Hand. Viereinhalb Monate später, als deutlich geworden war, daß sich Ashanthis Gesundheitszustand ohne nennenswerte Nebenwirkungen besserte, behandelte man Cynthia Cutshall ähnlich.

Die früh feststellbare therapeutische Wirksamkeit sprach dafür, daß Anderson und seine Mitarbeiter richtig gehandelt hatten. Mehr als ein Jahr nach dieser Behandlung erfreuten sich die beiden Mädchen einer robusten und guten Gesundheit. Das eine widerstand sogar den Windpocken, die in seiner Schule grassierten.

1992 hatte man dann ein neues Pharmakon entdeckt, das es Gentherapeuten erlaubt, Stammzellen aus ihrem Sitz im Knochenmark ins Blut zu spülen. Aus dem Blut können die Stammzellen dann isoliert und – so hofft man – ihre Gene repariert werden. Anfang Mai 1993 wurde mit Cynthia Cutshall zum zweiten Mal an einem Menschen der Versuch unternommen, Stammzellen mit funktionierenden ADA-Genen zu versehen und diese Zellen dem Körper wieder zuzuführen. (Der erste Mensch war ein italienisches Kind gewesen, dessen Namen nicht bekanntgegeben wurde.)

Alle Beteiligten hofften, daß die Stammzellen das neue Gen aufnähmen und zurück ins Knochenmark wanderten, um dort weiße Blutzellen zu bilden, die genügend ADA produzieren könnten, um die immunologischen Probleme dieser Kinder ein für alle Mal zu beheben. In gewisser Hinsicht war dieses Experiment riskanter als der frühere Versuch mit den weißen Blutzellen. Wenn die Gene, die sich in der DNS der Stammzellen niederließen, eine unerwünschte Neben-

Die Eskapaden springender Gene

Auf einer Pressekonferenz anläßlich der Verleihung des Nobelpreises an Barbara McClintock präsentierte die Wissenschaftlerin einen Kolben jener Getreidepflanze, die ihren Ruf als Genetikerin begründete. Obwohl jahrzehntelang unbeachtet, ließ sie sich bezüglich ihrer Arbeit nicht beirren. „Wenn man weiß, daß man recht hat", sagte sie, „dann kümmert man sich nicht darum, was andere denken. Man weiß, früher oder später wird keiner daran vorbeikommen."

Abgesehen von einer seltenen Mutation, verursacht durch zuviel Sonneneinstrahlung oder andere schädigenden Umweltfaktoren, könnte man meinen, daß DNS-Replikation und Genexpression (S.39–49) todsichere Prozesse seien, mit denen garantiert identische Kopien der DNS und der Proteine hergestellt werden, deren Produktionsanleitung die DNS enthält. Aber ganz so ist es nicht.

Einst glaubte man, daß Gene nur eine einzige Position auf einem DNS-Strang besetzen, doch heute weiß man, daß einige Gene ihre Position während der Replikation verändern können, möglicherweise sogar zu anderen Zeitpunkten. Eine der Auswirkungen dieser Mutationen ist, daß eine Exprimation eines Nachbargens verhindert wird. Hämophilie beispielsweise kann verursacht werden durch ein Gen, das seine Position auf dem elterlichen DNS verlassen hat und sich auf der DNS des Kindes direkt neben einem vitalen Blutgerinnungsgen niederläßt und jenes Gen dann ausschaltet.

Die Genetikerin Barbara McClintock (*links*) bemerkte in den 40er Jahren als erste die Existenz von springenden Genen wie diesem. Bei Züchtungsversuchen mit Mais fiel ihr auf, daß die Färbung einiger Körner nicht den Mendelschen Vererbungsgesetzen folgte.

McClintock schrieb die Anomalien, die sie beobachtete, völlig korrekt wandernden Genen zu. Ihre Theorie wurde allerdings von der Fachwelt bis in die 70er Jahre als Spinnerei abgetan. Dann erst entdeckten Molekularbiologen einige der kapriziösen Gene, deren Existenz sie verkündet hatte. Endlich rehabilitiert, wurde McClintock für ihre frühe Erkenntnis 1983 mit dem Nobelpreis für Medizin und Physiologie ausgezeichnet. Das Preiskomitee wertete die springenden Gene nach der Doppelhelix-Struktur der DNS als die zweitwichtigste Entdeckung auf dem Gebiet der Biologie überhaupt.

wirkung hätten, beträfe dies auch sämtliche weißen Blutzellen, die die veränderten Stammzellen über Jahre hinweg hervorbrächten.

Trotzdem hatten Anderson, Blaese und Culver wichtige Türen aufgestoßen. Im Anschluß an ihre bahnbrechende Arbeit bei der Behandlung des ADA-Mangels genehmigten die amerikanischen Gesundheitsbehörden etwa 50 gentherapeutische Studien am Menschen. Zu ihnen gehörte auch eine zur Mukoviszidose (abgekürzt CF, nach der englischen Bezeichnung *cystic fibrosis*), der am weitesten verbreiteten Erbkrankheit bei Menschen europäischer Abstammung. Den Betroffenen fehlt ein Protein, das die Regulation des Salzhaushaltes in den Lungen unterstützen soll. Ohne dieses Protein, dessen Bezeichnung ein Zungenbrecher ist und meist mit CFTR abgekürzt wird, sammelt sich Salz in den Lungenzellen an. Dort absorbiert es Wasser aus dem Schleim, der das Lungeninnere auskleidet, wodurch der Belag dick und zäh wird. Die veränderte Konsistenz beeinträchtigt die Atmung und begünstigt Infektionen. Die meisten CF-Kranken sterben, bevor sie 30 Jahre alt sind.

Bis 1993 waren etwa zwei Dutzend amerikanische CF-Patienten mit einer Lösung behandelt worden, die abgeschwächte Viren enthielt, welche im Labor mit gesunden CFTR-Genen bestückt worden waren. Sobald die Lösung in die Lungen des Patienten gelangt war, drang das Virus in die Lungenzellen ein, wo sein adoptiertes Gen mit der Produktion des fehlenden CFTR-Proteins begann. Die Wissenschaftler hoffen, daß genügend Protein synthetisiert wird, um die Krankheit zu heilen. „Es stehen noch viele Untersuchungen an, um die Sicherheit und Wirksamkeit der Therapie zu beurteilen", warnte der Forscher Ronald Crystal, der die Therapie an einem Frühlingstag beim Dauerlauf ersann. „Ich kann nicht garantieren, daß das das Heilmittel für die Krankheit sein wird."

Für die nahe Zukunft erwarten die Wissenschaftler, daß die Gentherapie auf Krankheiten beschränkt sein wird, die – wie ADA-Mangel und Mukoviszidose – durch ein einzelnes defektes Gen hervorgerufen werden. Die meisten Erbkrankheiten rühren allerdings von dem Fehlverhalten mehrerer Gene her. Die häufigsten Beispiele sind Arteriosklerose und Diabetes mellitus, doch das vermutlich bekannteste und am meisten gefürchtete dieser Leiden ist Krebs. Bis vor kurzem war Krebs auch eine der am wenigsten verstandenen Krankheiten.

Die genetischen Grundlagen der Krebserkrankung beim Menschen wurden erst um 1980 bekannt, als Laborversuche zeigten, daß DNS aus einem Tumor normale Zellen in Krebszellen verwandeln kann. Die sorgfältige Analyse der Tumor-DNS ließ erkennen, daß sich der krebsinduzierende Anteil auf ein winziges Segment beschränkt – also ganz offenbar auf ein einzelnes Gen.

Mit Hilfe einer maßgeschneiderten Sonde loteten Wissenschaftler die Position des Gens im gesunden menschlichen Genom aus. Die Sonde heftete sich an einem DNS-Strang fest, der sich von dem Stück Tumor-DNS nur in einer einzigen der etwa 5000 Basenpaare unterschied. Zweifellos, eine einzelne Punktmutation innerhalb eines normalen Gens hatte dieses in ein Killer-Gen, ein sogenanntes Onkogen, verwandelt. Doch diese Entdeckung sagte nichts darüber aus, warum das normale Gen mutiert hatte – oder wie diese Mutation die Zelle zu dem als Krebs bezeichneten ungehemmten Wachstum veranlaßt hatte.

1982 machte sich Bert Vogelstein, ein junger Molekularbiologe am Johns Hopkins Oncology Center in Baltimore, Maryland, daran, dieses Rätsel für den Dickdarmkrebs zu lösen. Zunächst mußte Vogelstein erst einmal die mutierten Gene identifizieren, welche die Krankheit hervorrufen.

Das Problem bestand darin, daß Vogelstein keinerlei Vorstellung hatte, wo er mit der Suche beginnen sollte. So begann er, DNS aus Dickdarmtumoren von Menschen mit Hilfe von Onkogensonden zu testen, die aus Krebsgeschwulsten von Tieren gewonnen worden waren. Er hoffte, daß diese DNS-Marker den menschlichen Onkogenen strukturell so ähnlich

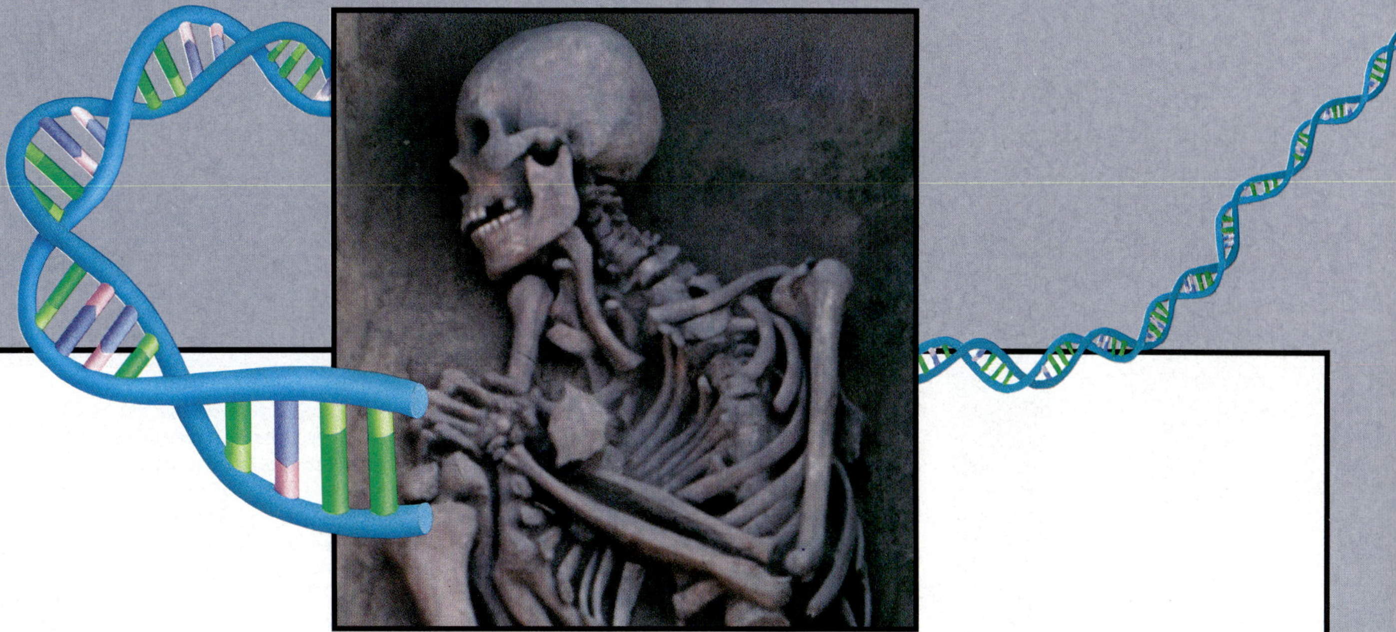

Positive Identifizierung durch ein DNS-Profil

Daß man den Stammbaum eines Menschen ohne Dokumente 400 Generationen zurückverfolgen kann, scheint höchst unwahrscheinlich. Und doch ist genau dies mit Hilfe genetischer Methoden im Falle von Eingeborenen in Nord- und Südamerika gelungen. Hierzu hat man DNS-Proben von lebenden Indianern, prähistorischen, kürzlich in den USA ausgegrabenen Indianerskeletten wie dem oben abgebildeten, sowie von Sibiriern, die Alaska gegenüber auf der anderen Seite der Beringstraße leben, analysiert. Die Befunde lassen vermuten, daß einige der frühen Bewohner des amerikanischen Kontinents vor etwa 12 000 Jahren von Asien nach Alaska gewandert sind und dabei möglicherweise den Weg über eine während der letzten Eiszeit vorhandene Landbrücke nahmen.

Die bei dieser Entdeckung eingesetzte Technik ermöglicht die Erstellung von DNS-Profilen. Sie wurde 1985 von Alec Jeffreys an der University of Leicester entwickelt. Mit seiner Methode lassen sich feinste Details der genetischen Ausstattung eines Menschen nachweisen. Ursprünglich in der Absicht geschaffen, Gene aufzuspüren, die für Erbkrankheiten verantwortlich sind, geht ihr Einsatz inzwischen weit über den medizinischen Bereich hinaus, und DNS-Profile – auch DNS-Fingerabdrücke genannt – werden heute benutzt, um Verbrecher zu überführen, strittige Vaterschaften zu klären, Gefallene zu identifizieren, und im Bereich der Anthropologie, um die Herkunft von Völkern und ihre Wanderwege aufzuklären.

Um die Abstammungslinie von Indianern zu verfolgen, verwendeten Forscher mitochondriale DNS (S. 64), die über die Mutter von Generation zu Generation übertragen wird, ohne daß Gene der väterlichen Seite Einfluß auf sie nehmen können. Eine äußerst detaillierte Analyse beweist, daß alle reinrassigen Indianer des amerikanischen Kontinents von lediglich vier alten mütterlichen Linien abstammen. Für die Identifikation von Personen benötigt man dagegen DNS aus den Zellkernen, eine Doppelhelix, die sich aus mütterlichen wie aus väterlichen Anteilen zusammensetzt. Auf den folgenden Seiten wird die Methode beschrieben, die am häufigsten zur Identifikation von Verbrechern eingesetzt wird. Sie basiert auf der Tatsache, daß bei Genen einige Nukleotidsequenzen viele Male vorkommen. Die sich wiederholenden Ketten unterscheiden sich von einem Individuum zum anderen in ihrer Länge.

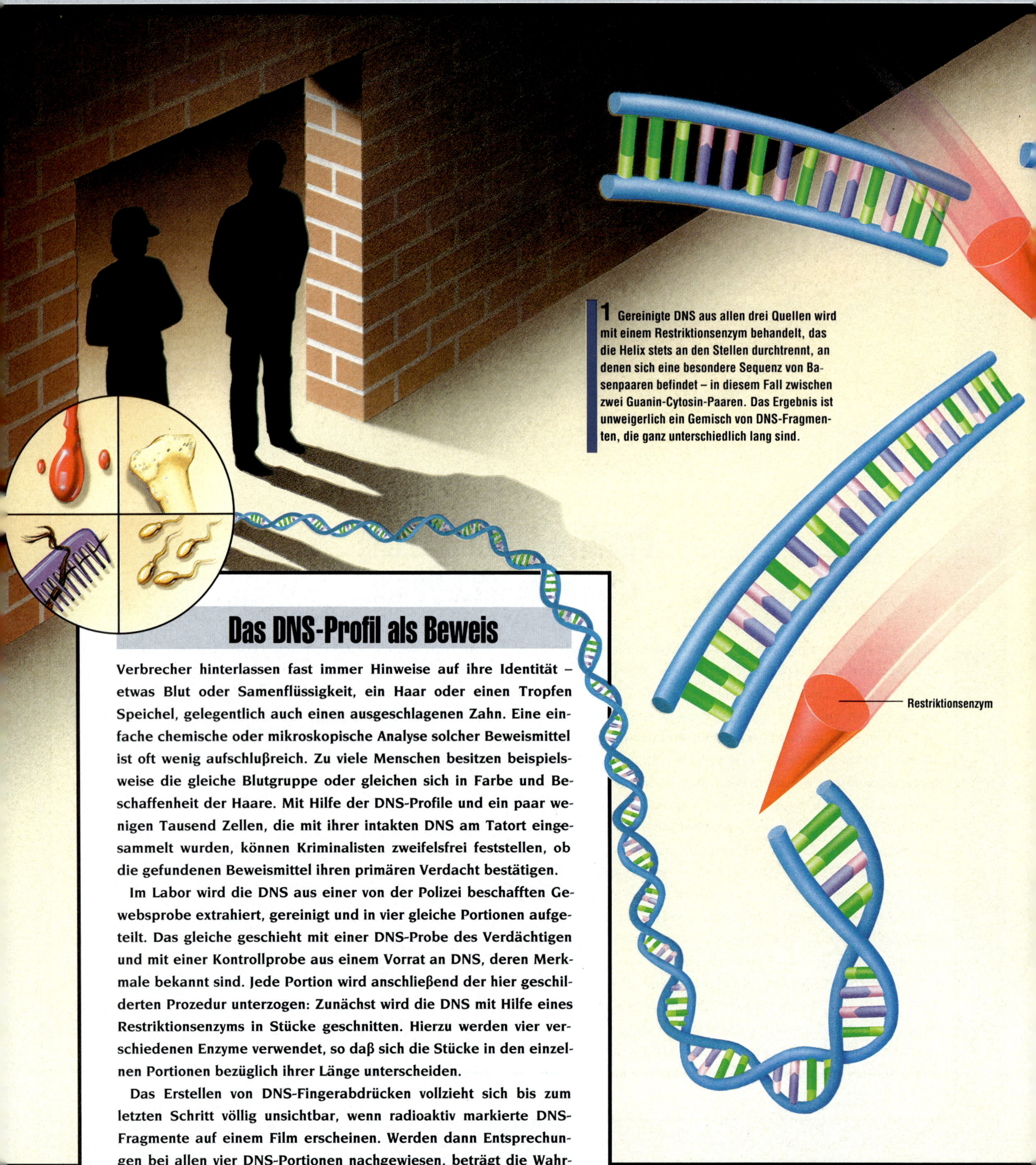

1 Gereinigte DNS aus allen drei Quellen wird mit einem Restriktionsenzym behandelt, das die Helix stets an den Stellen durchtrennt, an denen sich eine besondere Sequenz von Basenpaaren befindet – in diesem Fall zwischen zwei Guanin-Cytosin-Paaren. Das Ergebnis ist unweigerlich ein Gemisch von DNS-Fragmenten, die ganz unterschiedlich lang sind.

Das DNS-Profil als Beweis

Verbrecher hinterlassen fast immer Hinweise auf ihre Identität – etwas Blut oder Samenflüssigkeit, ein Haar oder einen Tropfen Speichel, gelegentlich auch einen ausgeschlagenen Zahn. Eine einfache chemische oder mikroskopische Analyse solcher Beweismittel ist oft wenig aufschlußreich. Zu viele Menschen besitzen beispielsweise die gleiche Blutgruppe oder gleichen sich in Farbe und Beschaffenheit der Haare. Mit Hilfe der DNS-Profile und ein paar wenigen Tausend Zellen, die mit ihrer intakten DNS am Tatort eingesammelt wurden, können Kriminalisten zweifelsfrei feststellen, ob die gefundenen Beweismittel ihren primären Verdacht bestätigen.

Im Labor wird die DNS aus einer von der Polizei beschafften Gewebsprobe extrahiert, gereinigt und in vier gleiche Portionen aufgeteilt. Das gleiche geschieht mit einer DNS-Probe des Verdächtigen und mit einer Kontrollprobe aus einem Vorrat an DNS, deren Merkmale bekannt sind. Jede Portion wird anschließend der hier geschilderten Prozedur unterzogen: Zunächst wird die DNS mit Hilfe eines Restriktionsenzyms in Stücke geschnitten. Hierzu werden vier verschiedenen Enzyme verwendet, so daß sich die Stücke in den einzelnen Portionen bezüglich ihrer Länge unterscheiden.

Das Erstellen von DNS-Fingerabdrücken vollzieht sich bis zum letzten Schritt völlig unsichtbar, wenn radioaktiv markierte DNS-Fragmente auf einem Film erscheinen. Werden dann Entsprechungen bei allen vier DNS-Portionen nachgewiesen, beträgt die Wahrscheinlichkeit einer Fehlidentifikation weniger als 1 zu ungefähr 70 Milliarden – also mehr Menschen, als auf der Erde leben.

2 Dank eines speziellen Trennverfahrens, Gelelektrophorese genannt, hinterlassen die DNS-Fragmente in jeder Probe eine Spur auf einem Gelatinebett, indem sie sich entsprechend ihrer Länge in einem elektrischen Gradienten ausrichten. Anschließend werden die doppelsträngigen DNS-Fragmente mit Hilfe einer alkalischen Lösung in Einzelstränge gespalten *(Bildausschnitt)*.

3 Als nächstes wird mit Hilfe des sogenannten Southern-Blotting-Verfahrens ein dünner Nylonfilm über das Gel gelegt, um die DNS-Bruchstücke abzubilden und ihre Positionen zueinander zu fixieren. Dabei darf das Nylon nicht gedehnt werden; solche Verzerrungen können die Resultate verfälschen.

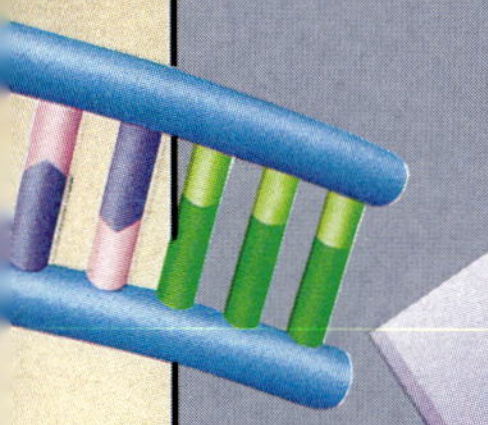

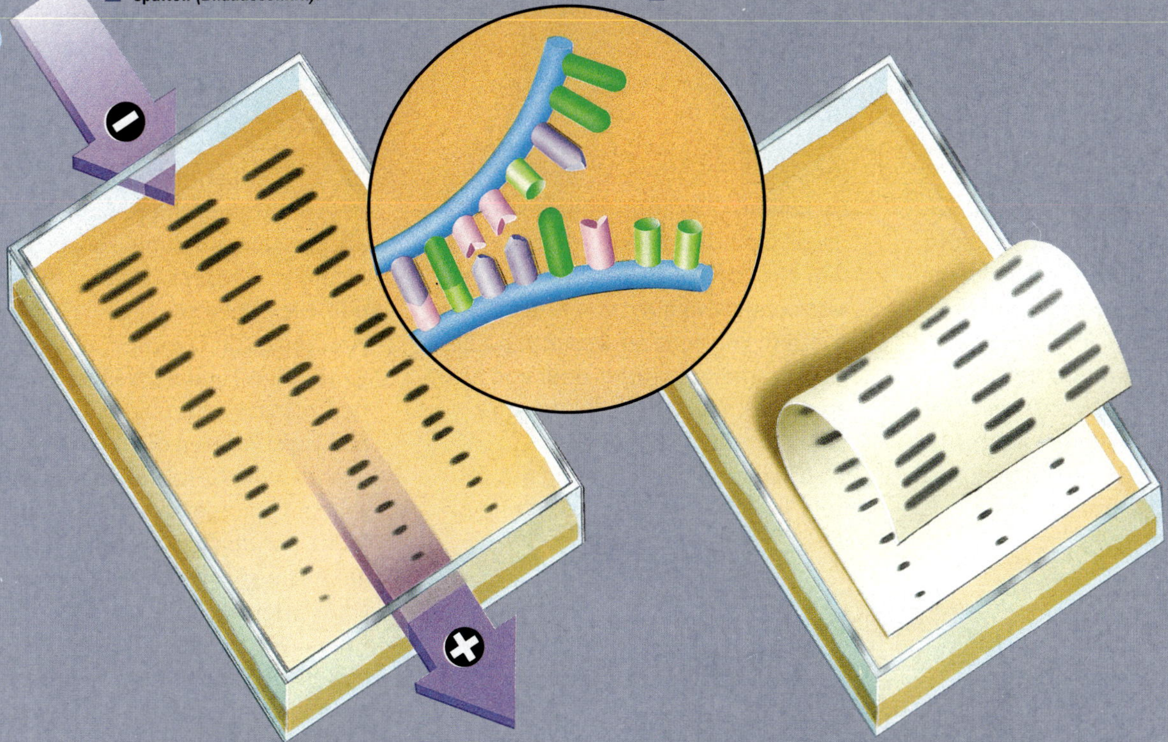

4 Das Nylon wird in ein Bad eingetaucht, das zahlreiche Kopien einer radioaktiven Sonde enthält – einer Nukleotidsequenz, die sich an ihre komplementäre Sequenz heftet, wo immer sie bei der DNS auftritt *(Bildausschnitt)*. Die daraus resultierenden radioaktiven Flecken schwärzen entsprechende Stellen auf einem auf das Nylon gelegten Röntgenfilm.

5 Auf dem entwickelten Film der einzelnen Proben sind stets zwei Flecken zu erkennen. Die Positionen der Flecken von der DNS des Tatverdächtigen und der DNS vom Tatort stimmen auffällig gut überein, noch besser als bei den Kontrollproben. Unterschiede in der Farbintensität der Flecken sind ohne Bedeutung.

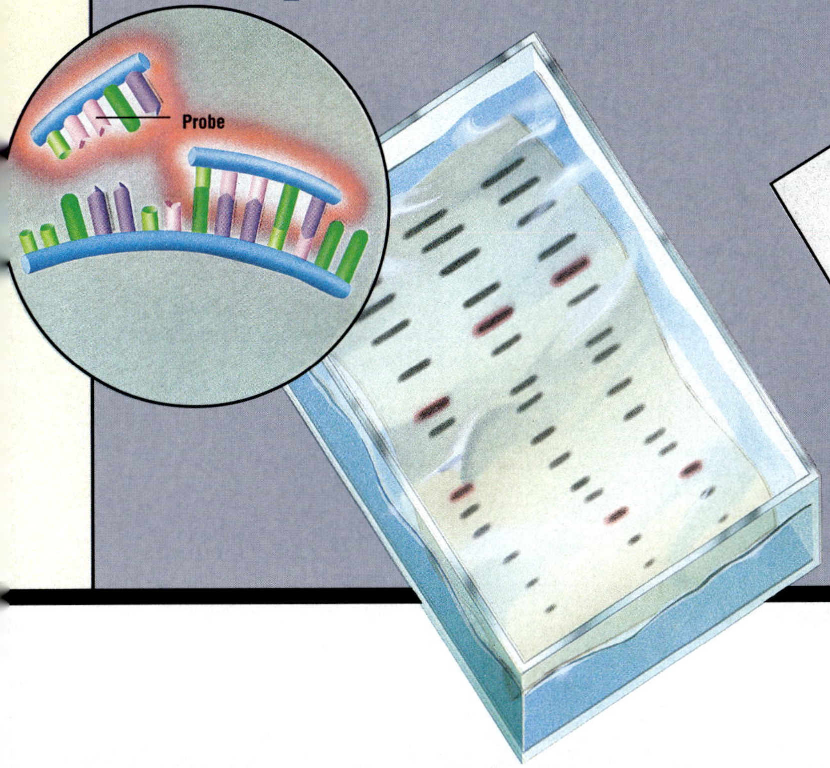

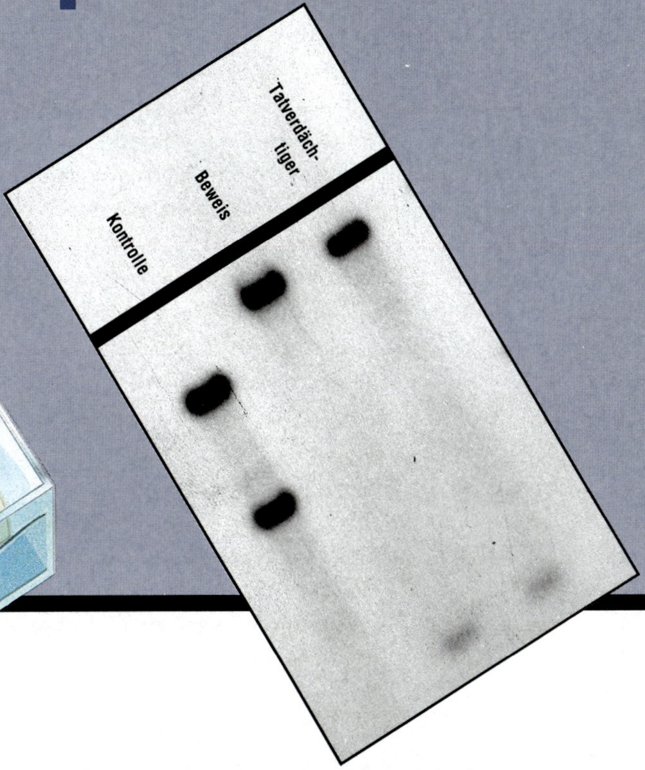

waren, daß sie sich an ihnen festhefteten. Als die Strategie zu nichts führte, versuchte Vogelstein, die defekten Gene zu veranlassen, sich selbst zu offenbaren: Er extrahierte DNS aus bösartigen Dickdarmtumoren des Menschen und vermengte sie in einer Petri-Schale mit gesunden Zellen. Leider aber blieben diese Zellen normal.

Vogelstein begann sich zu fragen, ob Dickdarmkrebs überhaupt eine genetische Grundlage hatte. Plötzlich fiel ihm ein, daß ein Teil der von ihm verwendeten DNS nicht von Krebszellen, sondern von anderen gesunden Zellen des Immunsystems oder von nicht erkranktem Bindegewebe im Dickdarm stammen könnte.

So machte sich Vogelstein mit seinem Team 1985 an die mühevolle Arbeit, Dickdarmtumore Zelle um Zelle abzutragen und dabei kanzeröses von nicht-kanzerösem Gewebe zu trennen. Sie benötigten fast ein Jahr und Hunderte von Tumoren, bis sie genügend reine Tumor-DNS für ihr Vorhaben zusammengetragen hatten. Diesmal verwendeten die Wissenschaftler anstelle von Gensonden aus tierischem Tumorgewebe radioaktiv markierte Sonden für menschliche Onkogene, die kurz zuvor aus Zellen von Dickdarmtumoren isoliert worden waren. Wie eine heimkehrende Taube heftete sich eine Sonde geradewegs an eine Gensequenz auf Chromosom 12. Es handelte sich um ein mutiertes

Dieses rasterelektronenmikroskopische und über ein Blaufilter produzierte Bild zeigt eine Lungenkrebszelle mit katastrophal veränderter DNS. Mit ihren aufgeblähten, klumpigen Konturen ist die kranke Zelle leicht von einer gesunden Zelle zu unterscheiden, die eine flache, schuppenförmige Form besitzt.

ras-Gen, das eine Onkogenklasse verkörpert. Diese ähnelt allerdings einer anderen Onkogenklasse, die wenige Jahre zuvor bei Blasentumoren des Menschen entdeckten worden war.

Weitere Untersuchungen an ras-Onkogenen hatten jedoch ergeben, daß diese Mutanten zu Krebs beitragen, indem sie auf vielerlei Weise unkontrollierte Zellteilung schüren können. Doch nicht alle der Dickdarmtumoren, die Vogelstein analysierte, trugen das ras-Onkogen. Junge, sich gerade bildende Geschwulste waren völlig frei davon. Als Sonden für andere Onkogene auf keine passenden Sequenzen in der Tumor-DNS stießen, mußte Vogelstein sich eingestehen, daß Onkogene nur ein Teil der Geschichte waren. Vielleicht, so dachte er, ist ein Defekt an einem anderen Typ von Gen oder dessen Entfernung für die Frühform der Erkrankung verantwortlich. Um seine Hypothese zu prüfen, begannen Vogelstein und sein Team, Chromosomen von Tumoren verschiedener Entwicklungsstadien nach veränderten oder fehlenden DNS-Sequenzen durchzumustern. Bis 1987 waren sie dreimal fündig geworden: fehlende Segmente auf den Chromosomen 5 und 18 sowie eine Mutation auf Chromosom 17.

Am meisten faszinierte Vogelstein die Tatsache, daß jede der chromosomalen Anomalien bei der Tumor-DNS zu einem anderen Zeitpunkt des Krankheitsverlaufs in Erscheinung trat. Um zu verstehen, auf welche Weise jedes konfuse Gen zum Fortschreiten der Krebserkrankung beitrug, isolierte das Forscherteam die verantwortlichen Gene. Die Wissenschaftler begannen mit dem Chromosom 17 – dem Ort, auf dem die häufigsten Einzelmutationen beobachtet worden waren. Indem man fehlerhafte Kopien des Chromosoms mit normalen Exemplaren verglich, grenzte man ein Gen mit einem einzigen falschen Basenpaar ein.

Es war p53, der Wächter des Genoms, der vor den Raubzügen ultravioletter Strahlung der Sonne und anderer Einflüsse schützt, die krebsauslösende Mutationen hervorrufen. Offenbar hatte eine einzelne Punktmutation das Gen seiner Fähigkeit beraubt, anomale Zellentwicklung zu unterbinden. In Vogelstein regten sich Zweifel. Er beschloß zu untersuchen, was geschähe, wenn er normale p53-Gene in Krebszellen, die im Labor gezüchtet wurden, einschleuste. Die Ergebnisse waren ebenso erfreulich wie überraschend: Das Tumorwachstum wurde vollständig gestoppt.

Die anderen Gene auf den Chromosomen 5 und 18 stellten sich ebenfalls als „Tumor-Suppressor-Gene" heraus. Indem Vogelstein nach und nach erkannte, in welchem Krankheitsstadium eine bestimmte Mutation in Erscheinung trat, konnte er für den Dickdarmkrebs eine genetische Chronologie erstellen.

Im frühesten Stadium der Erkrankung ist das Tumor-Suppressor-Gen auf Chromosom 5 inaktiviert. Dadurch kann eine winzige gutartige Geschwulst, ein sogenannter Polyp, aus den Zellen der Dickdarmwand heranwachsen. Das anomale Wachstum des Polypen wird dann durch ein ras-Onkogen beschleunigt. Im dritten Stadium wird ein Tumor-Suppressor-Gen auf Chromosom 18 außer Gefecht gesetzt, und der Polyp bläht sich ballonförmig auf. In Stadium IV schließlich erleidet p53 einen Defekt. Der unkontrollierte Tumor wird daraufhin bösartig, durchbricht die Dickdarmwand und dringt in andere Körperteile ein.

Verlaufsuntersuchungen zufolge gehen dem Endstadium einer ganzen Reihe von Krebsarten einschließlich Lungen-, Brust-, Eierstock-, Gebärmutterhals-, Hirn-, Knochen- und Blasenkrebs Mutationen des p53-Gens voraus. „Es stellt sich heraus," so Vogelstein, „daß p53 das am häufigsten mutierte Gen ist, das wir gegenwärtig bei Krebserkrankungen kennen."

Ebenso gilt, daß zahlreiche Krebserkrankungen offenbar von einer Serie von Gendefekten herrühren, von denen keiner allein krankheitsauslösend ist. Man hat drei Wege identifiziert, auf denen ein normales Gen präkanzerös werden kann. Häufig verursachen Umweltbelastungen wie Strahlung oder chemische Karzinogene die Mutation eines Gens. Wenn ein Gen die Position auf einem Chromosom wechselt oder spontan von einem Chromosom auf ein anderes springt (S. 75), kann es beginnen, sein Protein im Überfluß zu produzieren und dabei zelluläre Regulationsmechanismen außer Kraft setzen. Ein springendes Gen oder ein Virus schließlich können eine ausufernde Proteinproduktion durch jenes Gen auslösen, neben dem sie sich niederlassen.

Darüber hinaus entdeckten Vogelstein und Wissenschaftler von der Universität Helsinki ein mutiertes Gen, das den Dickdarmkrebs und andere Krebsarten aktiv zu fördern scheint. Der Gendefekt ist keineswegs das Ergebnis irgendeines Umweltkarzinogens, sondern gehört zu den ererbten Mutationen. Das defekte Gen beginnt schon früh im Leben zu wüten, indem es aktiv unzählige andere Mutationen verursacht, die schließlich auch Tumor-Suppressor-Gene wie p53 außer Kraft setzen. Krebs ist dann die Folge.

Befunde wie diese bieten Einblicke in das Geschehen bei Krebserkrankungen. Solange aber nicht wesentlich mehr darüber bekannt ist, wie all diese und andere Faktoren bei der Entstehung von Krebs zusammenspielen, ist es bis zu einer Gentherapie noch ein weiter Weg.

Er wäre zweifellos beträchtlich kürzer, wenn die Position eines jeden Gens auf seinem Chromosom sowie seine Funktion und seine Basenpaarsequenz bekannt wären. Dann ließe sich beispielsweise eine Menge an Arbeitszeit im Labor sparen, die heute für die Gensuche mit Hilfe von Sonden aufgewendet wird. Statt dessen könnte ein leistungsstarker Computer das gesamte Genom auf seine Nukleotidsequenz hin analysieren.

Stückchen und Stücke dieses riesigen und komplizierten Puzzles sind mit den Jahren zum Vorschein gekommen, doch bis vor kurzem gab es keinerlei koordinierte Bemühungen, den Fortschritt zu beschleunigen. Wissenschaftsgeschichtlich betrachtet, haben Biologen weltweit allein vor sich hin geforscht, quasi in Heimarbeit, wo in lockerer Verbindung von unabhängigen Labors ein paar Postdoktoranden und ein erfahrener Wissenschaftler mit armseligen Forschungsstipendien an der Lösung eines der biologischen Rätsel der Natur arbeiteten.

Solche Labors mußten sich daher auf die stückweise Entzifferung des menschlichen Genoms beschränken – ein Gen hier, ein anderes dort. Ferner benutzten die Forscher unterschiedliche Methoden, um die zu untersuchenden Gene aufzuspüren und zu kategorisieren. So gestaltete sich die gemeinsame Nutzung von Information als schwierig bis häufig unmöglich.

Doch das ist jetzt anders. 1990 taten sich die Genforscher der ganzen Welt in einer beispiellosen Kampagne zusammen, um das Genom seiner ganzen Länge nach zu erkunden. Eine von den USA finanziell unterstützte Vereinigung von Wissenschaftlern und Genlabors hat sich vorgenommen, systematisch den gesamten, aus drei Milliarden Buchstaben bestehenden Text des menschlichen Genoms zu entschlüsseln. Als Human-Genom-Organisation (HUGO) hat sie die Analyse der Basensequenz sämtlicher Chromosomen des Menschen zu ihrem Ziel erklärt.

Als ersten Schritt dorthin hat HUGO eine Kopplungskarte des Genoms erarbeiten müssen, die unter anderem zeigt, wo in etwa die Gene von Erbkrankheiten auf den Chromosomen sitzen. Um eine Kopplungskarte zu erstellen, benutzt man molekulare Messer, sogenannte Restriktionsenzyme, um die DNS der Chromosomen in Bruchstücke zu zerlegen. Da ein bestimmtes Restriktionsenzym die DNS-Doppelhelix stets zwischen zwei bestimmten Basen zerschneidet, sind die Stücke des mutationslosen Chromosoms und die des mutierten, krankheitstragenden Chromosoms mit einer zwangsläufig anderen Basensequenz ungleich lang. Die Genkartographen wissen dies und können daher die Lage defekter Gene bis auf 10 Millionen Basen genau angeben. Die Präzision einer Kopplungskarte reicht in den meisten Fällen aus, um zu entscheiden, ob ein Kind Träger eines Gens ist, das bei einem Elternteil eine Krankheit verursacht hat.

Die erste und vollständigste Kopplungskarte, die HUGO erstellt hat, stammt aus einem Pariser Labor. Es war Mitte der 80er Jahre gegründet worden, nachdem sein Direktor, der in Tunesien geborene Mediziner Daniel Cohen, mit Bernard Barataud, dem Präsidenten der französischen Gesellschaft für Muskeldystrophie, zusammengetroffen war. Verzweifelt wegen des langsamen Fortschritts bei der Suche nach Muskeldystrophie-Genen, riet Barataud Cohen, mit einem französischen Ingenieurbüro zusammenzuarbeiten, um die Sklavenarbeit des DNS-Processing zu automatisieren. Mit großzügiger finanzieller Unterstützung durch die Muskeldystrophie-Gesellschaft koordinierte Cohen den Aufbau und die Inbetriebnahme des neuen automatisierten Zentrums für Genomforschung. Es trug den Namen Généthon, in Anlehnung an die alljährlich stattfindenden TV-Kampagnen der französischen Gesellschaft für Muskeldystrophie.

1992, fast drei Jahre früher als geplant, überraschte das Genom-Zentrum die Fachwelt mit der Publikation einer Kopplungskarte für das gesamte Genom des Menschen. Cohen zufolge verdankte Généthon seinen erstaunlichen Vorsprung der Technisierung des Analyseweges. Im dritten Stock des Labors, der eine Fläche von fast 4000 Quadratmetern hat, stehen 20 kubusförmige, um einen Großrechner angeordnete Roboter. Innerhalb eines Tages – und ohne große menschliche Arbeitskraft – sortieren und identifizieren sie Tausende von DNS-Fragmenten, eine Arbeit, die normalerweise das technische Personal von 60 großen, weniger automatisierten Labors erfordern würde. Noch beeindruckender als die technische Ausstattung sind jedoch die mit ihr möglichen Erkenntnissprünge.

Im Oktober 1992 kündigte Généthon an, es sei auf dem Weg, HUGOs zweiten Meilenstein zu erreichen – eine Genkarte mit genaueren Ortsangaben, auch *contig map* genannt. Diese Art der Geninventarisierung gibt die genauen

Gentests am Ungeborenen

Seit den 60er Jahren sind verschiedene pränatale Tests entwickelt worden, um Gendefekte bei Feten aufzuspüren. Für die meisten Tests benötigt man den kompletten Chromosomensatz aus einer fetalen Zelle, die auf eine der unten beschriebenen Weisen gewonnen wird. Laboranten können durch Zählung prüfen, ob alle 23 Chromosomenpaare vorhanden sind, und fast immer auf den ersten Blick sagen, ob ein Kind wegen des vorhandenen auffällig kurzen Y-Chromosoms ein Junge sein wird. Um Erbkrankheiten wie Mukoviszidose, Muskeldystrophie oder Down-Syndrom zu entdecken, bedarf es jedoch einer eingehenderen Untersuchung.

AMNIOZENTESE: Flüssigkeit, die zwischen der 15. und der 18. Schwangerschaftswoche der Amnionhöhle entnommen wird, enthält fetale Zellen, die von dem heranwachsenden Baby abgestoßen werden. Zusätzlich zu den Gentests läßt sich die Konzentration von Alpha-Fetoprotein (AFP) bestimmen. Ein anomal hoher AFP-Spiegel kann als Zeichen dafür gelten, daß das Rückenmark nicht gänzlich von der Wirbelsäule umschlossen ist. Ein niedriger AFP-Spiegel spricht dagegen häufig für ein Down-Syndrom.

CHORIONBIOPSIE: Bei diesem Verfahren wird auf der fetalen Seite der Plazenta eine kleine Gewebeprobe entnommen. Die Chorionbiopsie ist für den Fetus zwar etwas riskanter, kann aber bis zu fünf Wochen früher durchgeführt werden als eine Amniozentese.

BLASTOMERENANALYSE: Diese experimentelle Methode ist anwendbar, wenn ein sogenanntes Retortenbaby gezeugt werden soll. Dann muß eine Eizelle, die später in die Gebärmutter verpflanzt wird, im Labor befruchtet werden, so daß das Blastomerstadium genetisch untersucht werden kann. In diesem Stadium besteht der Embryo lediglich aus acht Zellen.

ZELLSEPARATION: Bei dem bis Ende der 90er Jahre verfügbaren, für das Kind angeblich vollkommen risikolosen Verfahren wird mütterliches Blut, das stets auch einige vom Fetus abgestoßene Zellen mit sich führt, durch einen Hochgeschwindigkeits-Zellseparator geschickt, der die fetalen Zellen isoliert. Diese werden dann analysiert, um den Zustand der Gene des Babys zu bestimmen.

Entfernungen, in Zahlen von Basenpaaren, zwischen den speziellen Nukleotidsequenzen oder Markern wieder, die der durch das Restriktionsenzym verursachten Schnittstelle in der DNS direkt benachbart sind. Ein Zahlenwerk von Basenpaaren erfordert jedoch zuvor die Analyse und das stückweise Zusammenfügen von DNS-Fragmenten in der richtigen Reihenfolge. Wie auf S. 92–93 erläutert, benötigen Wissenschaftler von jedem DNS-Segment Tausende von Kopien, um eine contig map zu erstellen. Ferner muß um so weniger sortiert und gestückelt werden, je länger die Fragmente sind.

Die Généthon-Wissenschaftler wußten dies und griffen auf Riesen-Hefezellen zurück. Sie waren als spezielle künstliche DNS-Replikatoren von Dr. Maynard Olson während seiner Forschungstätigkeit an der Washington University in St. Louis, Missouri, Ende der 80er Jahre erfunden worden. Riesen-Hefezellen besitzen ungewöhnlich große Chromosomen, in die mehr als eine Million Nukleotidbasenpaare hineinpassen. Mit diesen künstlichen Riesen-Hefechromosomen (abgekürzt Mega-YACs, nach *Yeast Artificial Chromosomes*) ist es Généthon gelungen, seine bereits beeindruckende Geschwindigkeit der Datenverarbeitung um das Fünffache zu steigern. Ohne Computer und Riesen-Hefezellen hätte man 200 Wissenschaftler benötigt, um das gleiche Ergebnis zu erzielen. Nun können eine Handvoll Techniker an ihren Computern, die mit dem Zentralrechner des Labors vernetzt sind, 3200 Mega-YACs pro Tag analysieren.

Durch die Hast beim Erstellen einer contig map ging natürlich auch einiges schief. Wenn große Stücke Human-DNS in Hefezellen eingeschleust werden, können einige Teile dabei verlorengehen. Genauso schlimm ist es, wenn Teile der eingeschlossenen DNS von einem anderen Chromosom stammen. Die Unterschiede zwischen Human-DNS, wie sie natürlicherweise im Körper vorkommt und wie sie in Hefezellen repliziert wird, können Fehler hervorrufen, was den Kartierungsprozeß durch die notwendig werdende Fehlerbehebung verlangsamt.

Amerikanische Genomforscher, die kürzere, in Bakterien anstatt in Hefezellen gezogene Nukleotidsequenzen verwenden, sind im Begriff, einige der Lücken auszufüllen: Sie setzen eine größere Anzahl von Restriktionsenzymen ein, um die DNS an mehreren Stellen zu zerschneiden. Das Ergebnis verspricht eine bessere contig map, von der Genetiker die Lage von krankheitsverursachenden Genen mit größerer Genauigkeit ablesen können. Anhand anderer Befunde ließ sich eine contig map des Y-Chromosoms, welches das männliche Geschlecht bestimmt, erstellen, sowie eine von Chromosom 21, das für die als Down-Syndrom bekannten angeborenen Defekte mitverantwortlich ist.

HUGOs höchstes Ziel ist natürlich eine vollständige und ordnungsgemäße Auflistung der etwa drei Milliarden Basenpaare des menschlichen Genoms. Günstigste Bedingungen vorausgesetzt, wird man an dieser detailliertesten aller Genkarten wahrscheinlich bis gut ins 21. Jahrhundert hinein zu arbeiten haben. Komplett würde dieses sogenannte Buch vom Menschen 10 Bände der *Encyclopaedia Britannica* füllen.

Das Human Genome Project, wie das von den USA ausgehende Unternehmen genannt wird, verspricht, in der Medizin eine Revolution zu entfachen, die wunderbare neue Therapieansätze hervorbringen und das Verständnis hinsichtlich der Biochemie des Lebens enorm erweitern wird. Wenn man Zukunftsprognosen glauben will (die sich gelegentlich als zu optimistisch erwiesen haben), dann wird eine Milliarden-Dollar-Industrie, die sich auf Biotechnologie und Pharmazeutika spezialisiert, den Markt mit gentechnisch hergestellten Arzneimitteln und hochentwickelten genetischen Tests überschwemmen.

Mit der Zeit, so sagen manche Wissenschaftler voraus, wird es sogar totales Gen-Screening geben. Eine computergestützte Maschine wird in der Lage sein, aus einem Tropfen Blut das komplette genetische Profil eines Menschen darzustellen. Dieses Profil würde eine medizinische Prognose über alles Mögliche erlauben. So könnte sie Auskunft geben, ob ein Kind eine genetische Prädisposition gegenüber irgendwelchen Krankheiten besitzt, die auf jüngste Mutationen bei Erwachsenen zurückgehen, welche die Wahrscheinlichkeit für den Ausbruch von Krankheiten wie Krebs und Arterienverkalkung erhöhen. Eine derartige Technologie könnte präventive Maßnahmen ermöglichen, um Patienten viele Leiden zu ersparen.

Falls, wie einige Leute hoffen und andere fürchten, Gen-Screening Routine wird, werden die offenkundigen Vorteile mit profunden Herausforderungen an die von der Gesellschaft hochgehaltenen Wertvorstellungen wie bürgerliche Freiheit, Ethik und persönliche Wahl einhergehen. Exemplarische Fälle lassen die Art der Konflikte bereits erahnen, die sich am Horizont zusammenbrauen. So führte in den 70er Jahren die wohlgemeinte Absicht, Amerikaner auf Sichelzellenanämie zu testen, dazu, daß Versicherungsgesellschaften Personen, die als Träger eines rezessiven Gens für diese Krankheit erkannt worden waren, den Krankenversicherungsschutz entzogen. Und vor kurzem wurde ein Ehepaar aus den USA, bei dessen ungeborenem Kind Mukoviszidose festgestellt worden war, von seinem Versicherungsträger unmißverständlich aufgefordert, den Fetus abzutreiben, wollte es den Krankenversicherungsschutz nicht verlieren. Erst als ihr mit einem Prozeß gedroht wurde, nahm die Gesellschaft ihre Forderung zurück.

Abschreckende Beispiele wie die-

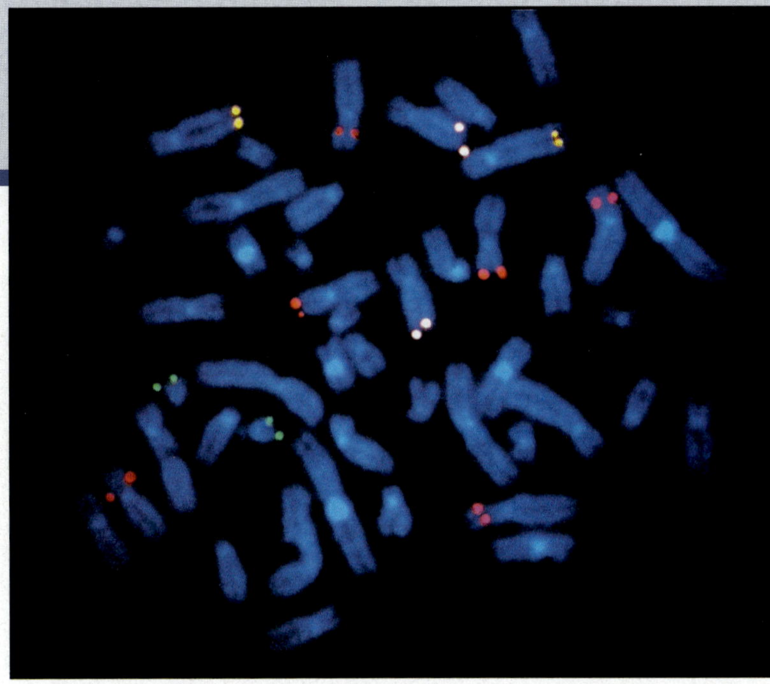

Leuchtfeuer für Gentests

Die helläugigen Kerlchen auf dem Bild oben sind menschliche Chromosomen, die kurz vor der Zellteilung gewonnen worden sind. Blau eingefärbt, wurden sie mit einem halben Dutzend Gensonden bestückt, von denen jede mit einem auffälligen Fluoreszenzfarbstoff markiert ist. In Wirklichkeit emittieren diese Farbstoffe Licht in einem engen Graubereich. Spezialfilter am Mikroskop ermöglichen es jedoch einem Computer, zwischen den Grautönen zu unterscheiden und sie farbkodiert wiederzugeben, so daß sie auf Anhieb erkennbar sind.

Fluoreszierende Sonden sind für vielerlei Zwecke nützlich und lassen sich zur Diagnose und Behandlung von Krebserkrankungen ebenso einsetzen wie zu pränatalen Gentests. Bei den hier abgebildeten Chromosomen warnen zwei von sechs Sonden vor möglichen Problemen, indem sie die Position spezifischer DNS-Sequenzen markieren. Das rote Signal kennzeichnet den Spender der Chromosomen als Träger oder potentielles Opfer von Muskeldystrophie. Das weiße Signal deutet auf ein erhöhtes Risiko für Krebserkrankungen hin.

ses werfen Fragen über den Zugang zu genetischer Information und ihrer Verwendung auf. Am Arbeitsplatz – wo allein in den USA Hunderttausende von Menschen an Krankheiten wie Emphysem und Krebs leiden – könnte Gen-Screening dazu benutzt werden, um die Krankenversicherungskosten unter Kontrolle zu halten, indem man jene Stellenbewerber aussiebt, die eine Veranlagung zu diesen Krankheiten besitzen könnten.

Was viele Menschen besonders stört, ist die Aussicht, daß sich mit den genetischen Möglichkeiten die Vorstellungen darüber, welche körperlichen und geistigen Eigenschaften bei einem Menschen wünschenswert sind, ändern könnten. Werden Mütter, die es ablehnen, Feten mit Gendefekten abzutreiben, als sozial unverantwortlich gebrandmarkt werden? Noch schlimmer: Werden ehrgeizige Eltern die Erlaubnis geben, daß ihre Fortpflanzungszellen genetisch manipuliert werden, um ein strahlenderes, schöneres Kind zeugen zu können?

„Es wäre naiv zu behaupten, auf all diese Fragen gäbe es einfache Antworten," meint James Watson, der gemeinsam mit Francis Crick die Doppelhelix-Struktur der DNS entdeckt hat. „Wir müssen uns der wirklich schrecklichen Vergangenheit der Eugenik bewußt sein, wo Halbwahrheiten sowohl in den USA als auch in Deutschland auf sehr anmaßende und ziemlich schreckliche Weise benutzt wurden. Wir müssen den Menschen gegenüber sicherstellen, daß ihre DNS Privatsache ist und daß niemand einen Zugriff darauf hat. Wenn wir nicht jetzt daran denken, wird die Möglichkeit unserer Wahlfreiheit eines Tages dahin sein."

Diese Überzeugung wird von den an HUGO beteiligten Nationen geteilt.

Computer *(links)* spielen eine wichtige Rolle, wenn das Human Genome Project sein Ziel möglichst bald erreichen soll: eine Sequenzkarte, die sämtliche Nukleotide der DNS des Menschen auflistet. Rechts ist ein Ausschnitt aus der Karte für Hämoglobin zu sehen, das etwa ein Zweimillionstel des gesamten Genoms ausmacht. Er erscheint als eine Aufeinanderfolge von Cs, Ts, Gs und As, die für die vier Nukleotide Cytosin, Thymin, Guanin und Adenin stehen.

Sie haben bereits drei Prozent von HUGOs 3,5-Milliarden-Dollar-Etat für Untersuchungen reserviert, die sich mit den ethischen Konsequenzen des Projekts beschäftigen. Noch verdrängen die Innovatoren, die die genetische Revolution vorantreiben, diese Befürchtungen etwas, indem sie auf die Tatsache verweisen, daß unberechenbar viel Arbeit vor ihnen liegt.

Ist das Genom einmal ganz durchgesehen, so Watson weiter, „werden wir von heute an gerechnet 1000 Jahre brauchen, um es zu interpretieren". Und in den Augen von Francis Collins, der das für die Mukoviszidose verantwortliche Gen entdeckte, wird der Zeitplan für Veränderungen vermutlich so angelegt sein, daß der Gesellschaft genügend Zeit bleiben wird, um Lösungen für die ethischen Probleme der Genetik zu erarbeiten.

„Es ist denkbar", sagte Collins anläßlich eines Vortrags über Gentherapie zu Beginn der 90er Jahre, „daß wir in den nächsten 10 bis 15 Jahren wirksame Behandlungsmethoden haben, aber ich kann es nicht beschwören. Wir sind gerade dabei, diesen Weg zu beschreiten, und tappen im dunkeln vorwärts. Wir haben eine kleine Laterne in Gestalt eines Gens, doch die Laterne leuchtet nicht weiter als ein paar Hundert Zentimeter. Wir wissen nicht, ob wir dabei auf einen Abgrund zulaufen oder auf Felswände oder auf Gebirgsketten. Wir wissen noch nicht einmal, wie lang der Weg überhaupt ist."

CCCTGTGGAGCCACACCCTAGGGTTGGCCA
ATCTACTCCCAGGAGCAGGGAGGGCAGGAG
CCAGGGCTGGGCATAAAAGTCAGGGCAGAG
CCATCTATTGCTTACATTTGCTTCTGACAC
AACTGTGTTCACTAGCAACTCAAACAGACA
CCATGGTGCACCTGACTCCTGAGGAGAAGT
CTGCCGTTACTGCCCTGTGGGGCAAGGTGA
ACGTGGATGAAGTTGGTGGTGAGGCCCTGG
GCAGGTTGGTATCAAGGTTACAAGACAGGT
TTAAGGAGACCAATAGAAACTGGGCATGTG
GAGACAGAGAAGACTCTTGGGTTTCTGATA
GGCACTGACTCTCTCTGCCTATTGGTCTAT
TTTCCCACCCTTAGGCTGCTGGTGGTCTAC
CCTTGGACCCAGAGGTTCTTTGAGTCCTTT
GGGGATCTGTCCACTCCTGATGCTGTTATG
GGCAACCCTAAGGTGAAGGCTCATGGCAAG
AAAGTGCTCGGTGCCTTTAGTGATGGCCTG
GCTCACCTGGACAACCTCAAGGGCACCTTT
GCCACACTGAGTGAGCTGCACTGTGACAAG
CTGCACGTGGATCCTGAGAACTTCAGGGTG
AGTCTATGGGACCCTTGATGTTTTCTTTCC
CCTTCTTTTCTATGGTTAAGTTCATGTCAT
AGGAAGGGGAGAAGTAACAGGGTACAGTTT
AGAATGGGAAACAGACGAATGATTGCATCA
GTGTGGAAGTCTCAGGATCGTTTTAGTTTC
TTTTATTTGCTGTTCATAACAATTGTTTTC
TTTTGTTTAATTCTTGCTTTCTTTTTTTTT
CTTCTCCGCAATTTTTACTATTATACTTAA
TGCCTTAACATTGTGTATAACAAAAGGAAA
TATCTCTGAGATACATTAAGTAACTTAAAA
AAAAACTTTACACAGTCTGCCTAGTACATT
ACTATTTGGAATATATGTGTGCTTATTTGC
ATATTCATAATCTCCCTACTTTATTTTCTT
TTATTTTTAATTGATACATAATCATTATAC
ATATTTATGGGTTAAAGTGTAATGTTTTAA
TATGTGTACACATATTGACCAAATCAGGGT
AATTTTGCATTTGTAATTTTAAAAAATGCT
TTCTTCTTTTAATATACTTTTTTGTTTATC
TTATTTCTAATACTTTCCCTAATCTCTTTC
TTTCAGGGCAATAATGATACAATGTATCAT
GCCTCTTTGCACCATTCTAAAGAATAACAG
TGATAATTTCTGGGTTAAGGCAATAGCAAT
ATTTCTGCATATAAATATTTCTGCATATAA
ATTGTAACTGATGTAAGAGGTTTCATATTG
CTAATAGCAGCTACAATCCAGCTACCATTC
TGCTTTTATTTTATGGTTGGGATAAGGCTG
GATTATTCTGAGTCCAAGCTAGGCCCTTTT
GCTAATCATGTTCATACCTCTTATCTTCCT
CCCACAGCTCCTGGGCAACGTGCTGGTCTG
TGTGCTGGCCCATCACTTTGGCAAAGAATT
CACCCCACCAGTGCAGGCTGCCTATCAGAA
AGTGGTGGCTGGTGTGGCTAATGCCCTGGC
CCACAAGTATCACTAAGCTCGCTTTCTTGC
TGTCCAATTTCTATTAAAGGTTCCTTTGTT
CCCTAAGTCCAACTACTAAACTGGGGGATA
TTATGAAGGGCCTTGAGCATCTGGATTCTG
CCTAATAAAAAACATTTATTTTCATTGCAA
TGATGTATTTAAATTATTTCTGAATATTTT
ACTAAAAAGGGAATGTGGGAGGTCAGTGCA
TTTAAAACATAAAGAAATGATGAGCTGTTC
AAACCTTGGGAAAATACACTATATCTTAAA
CTCCATGAAAGAAGGTGAGGCTGCAACCAG
CTAATGCACATTGGCAACAGCCCCTGATGC
CTATGCCTTATTCATCCCTCAGAAAAGGAT
TCTTGTAGAGGCTTGATTTGCAGGTTAAAG
TTTTGCTATGCTGTATTTTACATTACTTAT
TGTTTTAGCTGTCCTCATGAATGTCTTTTC

METHODEN DER GENKARTIERUNG

Die Wissenschaftler, die an dem internationalen Projekt zur Identifikation und Lokalisation der etwa 100 000 Gene auf den Chromosomen des Menschen beteiligt sind, setzen eine Reihe von Kartierungsmethoden ein, mit deren Hilfe sie ihr Zielobjekt immer enger einkreisen können. Ein menschliches Gen kann Hunderttausende von Basenpaaren lang sein, und die kleinste Abweichung in der Basensequenz kann eine der mehr als 3000 bekannten Erbkrankheiten hervorrufen. Und was die Sache noch komplizierter macht: Lediglich rund 5 Prozent der etwa drei Milliarden Basenpaare im Genom des Menschen bilden tatsächlich Gene; welche Funktion all die anderen erfüllen, ist noch ein Rätsel.

Ein bestimmtes Gen aufzuspüren – und jeden winzigen Knick darin –, ist folglich eine Aufgabe, die dem Versuch ähnelt, von einem Beobachtungsposten auf dem Mond aus ein bestimmtes blondes Kind auf der Erde ausfindig zu machen. Wie auf den folgenden Seiten dargestellt wird, müssen die Genetiker tatsächlich erst einmal den Kontinent vermessen, bevor sie einzelne Orte ins Visier nehmen können. Genkopplungskarten, die auf Untersuchungen von Erbmerkmalen basieren, können die Suche auf einen bestimmten Chromosomenbereich einengen. Sogenannte contig maps ordnen größere DNS-Mengen in eine örtlich korrekte Reihenfolge auf dem Chromosom. Eine dritte Methode, Sequenzierung genannt, bestimmt Paar um Paar die Reihenfolge der Basen auf dem Strang.

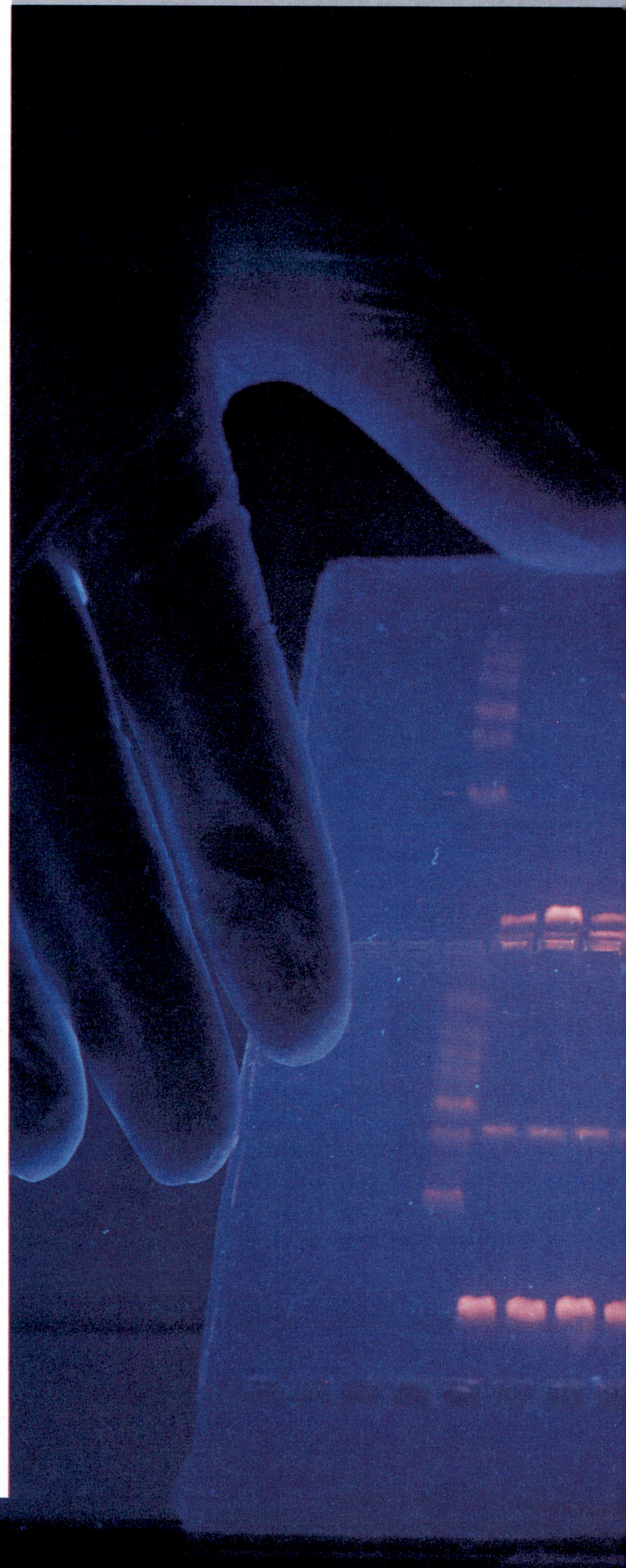

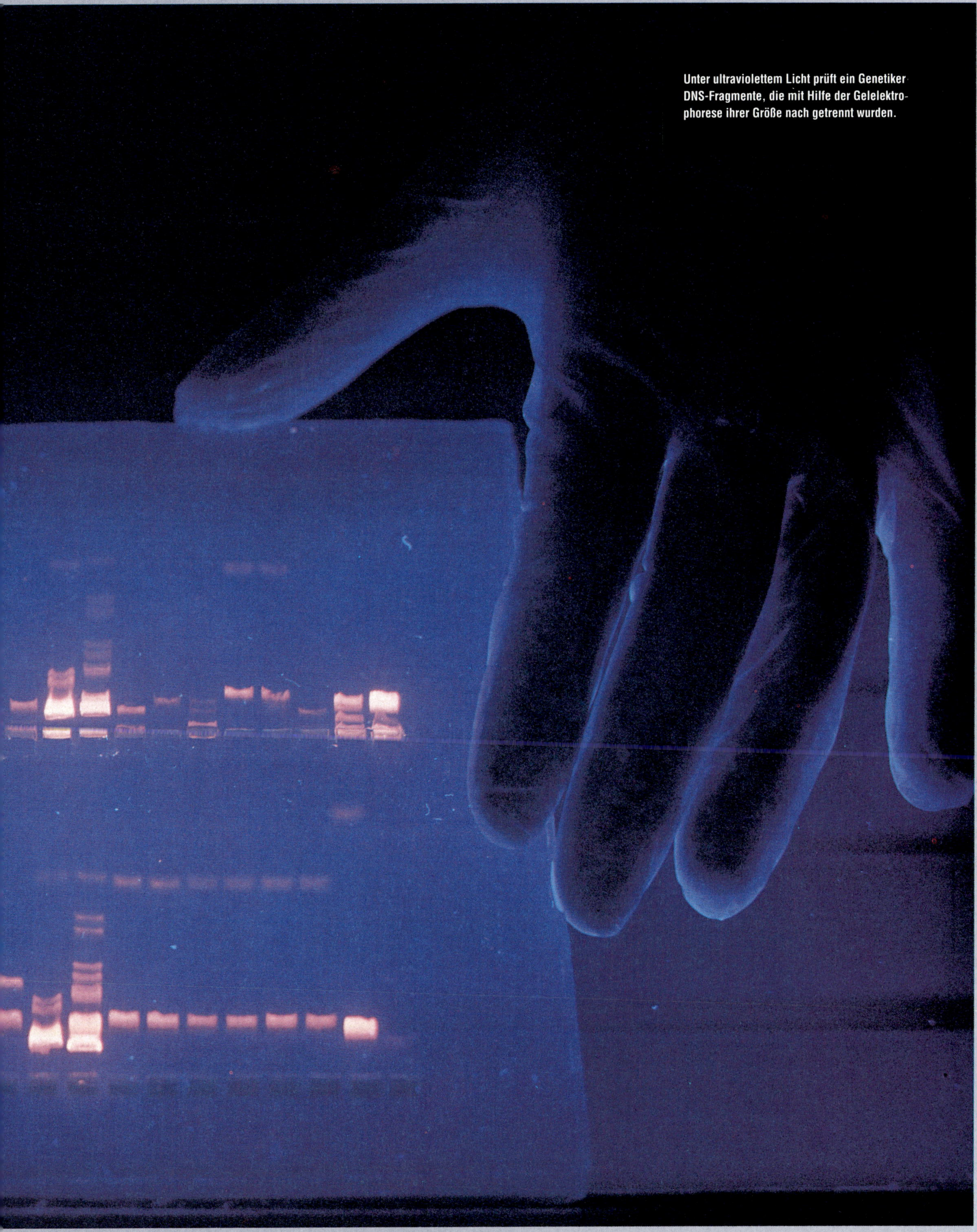

Unter ultraviolettem Licht prüft ein Genetiker DNS-Fragmente, die mit Hilfe der Gelelektrophorese ihrer Größe nach getrennt wurden.

CHROMOSOME UND ERBKRANKHEITEN

Gene auf einem Chromosom mit Hilfe einer Kopplungskarte zu identifizieren, ist eine indirekte, auf Folgerungen basierende Methode. Man hat beobachtet, daß gewisse Merkmale der DNS fast immer gemeinsam mit einem bestimmten Leiden oder Merkmal vererbt werden. Folglich liegt es nahe, daß die beteiligten Gene irgendwie miteinander gekoppelt sind. Diese Kopplung rührt von einer Phase der Meiose her (S. 23–25), bei der die Partner eines Chromosomenpaares sich überkreuzen und Teile der DNS untereinander austauschen können. Je näher beieinander zwei DNS-Segmente liegen, um so eher werden sie ihre Reise bei diesem Austausch gemeinsam antreten.

Bis zu diesem Punkt haben Forscher eine Reihe von DNS-Markern identifiziert. Ein Typ von Markern, Restriktions-Fragment-Längen-Polymorphismen genannt (abgekürzt RFLP), wird mit Hilfe von Restriktionsenzymen aufgespürt. Diese katalytischen Proteine durchtrennen einen DNS-Strang an Stellen, an denen ein Enzym eine bestimmte Sequenz – beispielsweise CCTGAGG – erkennt; da die Erkennungssequenzen an verschiedenen Stellen vorkommen können, produziert dieser Prozeß unterschiedlich lange DNS-Fragmente. Durch ein spezielles Trennverfahren (S. 77–79) entstehen schließlich charakteristische Muster, die autoradiographisch sichtbar gemacht werden. Indem man die autoradiographischen Fragmentmuster von gesunden Menschen mit denen von erbkranken vergleicht, kann man oft einen Marker identifizieren, der nur bei Menschen mit einer bestimmten Erbkrankheit vorkommt. Da die Forscher Sonden von bekannter Lage verwenden, um die autoradiographischen Bilder herzustellen, können sie auf dem Chromosom eine Region einengen, wo der krankheitsverursachende Gendefekt liegen muß.

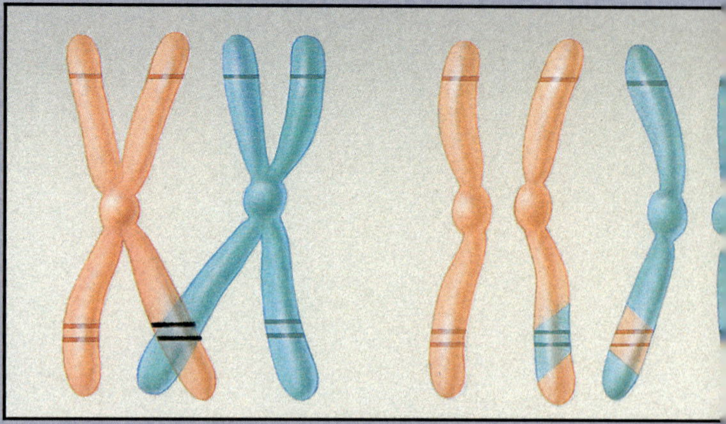

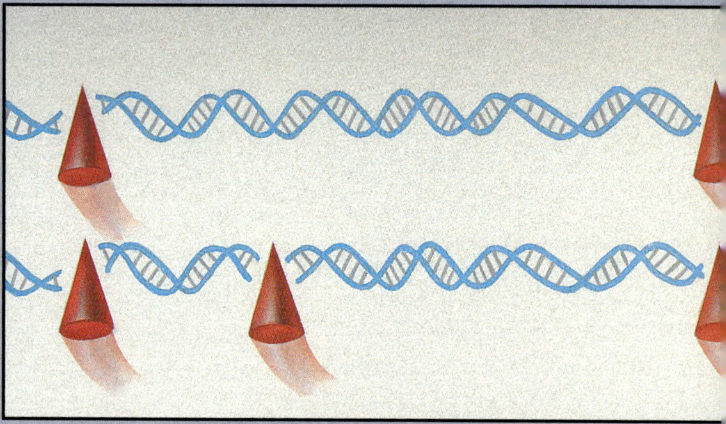

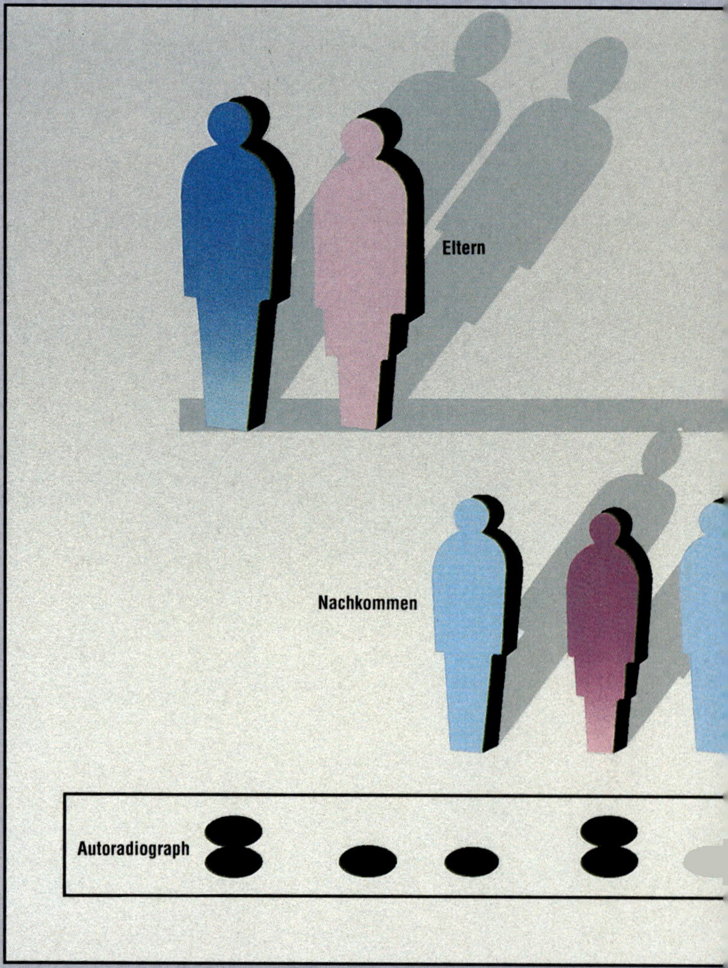

CHROMOSOMENPAARUNG. Während der Meiose paaren sich Chromosomen, die letztlich Bestandteil einer neuen Eizelle oder Samenzelle sein werden, und tauschen Teile ihrer DNS aus *(ganz links)*. Die drei Linien in jedem der Chromosome repräsentieren entweder einen Marker oder ein Gen; die beiden, die nahe beieinander liegen, laufen wenig Gefahr, während des Crossing-over getrennt zu werden. Für den Marker am anderen Ende des Chromosoms besteht dagegen eine hohe Wahrscheinlichkeit, daß er seine Reise ohne die anderen beiden antritt. Kopplungskarten bauen auf solchen Neukombinationen auf, um Kopplungen zwischen mutierten Genen und DNS-Markern zu bestimmen.

MARKIERUNG DER STELLE. Um einen Marker zu isolieren, der mit einem krankheitsverursachenden Gen verbunden ist, setzen Forscher Restriktionsenzyme *(rote Kegel)* ein. Diese spalten die DNS an Stellen, an denen sie eine besondere Nukleotidsequenz erkennen. Bei einem DNS-Strang von einer gesunden Person *(oben)* identifizieren die Enzyme zwei Stellen. Ein Strang von einer erkrankten Person *(unten)* enthält jedoch eine zusätzliche Schnittstelle. Da diese neue Stelle mit der Krankheit vererbt wird, nimmt man an, daß sie auf dem Chromosom in der Nähe des krankheitsverursachenden Gens liegt.

NACHWEIS EINER KOPPLUNG. Um festzustellen, ob eine bestimmte Erbkrankheit mit einem identifizierbaren Marker verknüpft ist, nehmen Forscher DNS-Proben von Familien, die mit dieser Krankheit behaftet sind. Jede Probe wird mit verschiedenen Restriktionsenzymen bearbeitet. Anschließend wird ein autoradiographisches Bild erzeugt. Wie das Bild unten zeigt, enthält die DNS vom Vater, von einer Tochter und von zwei Söhnen, die alle erkrankt sind, beide Versionen eines Markers, der auf zwei Allele zurückgeht. Familienmitglieder ohne diese Krankheit besitzen nur eine.

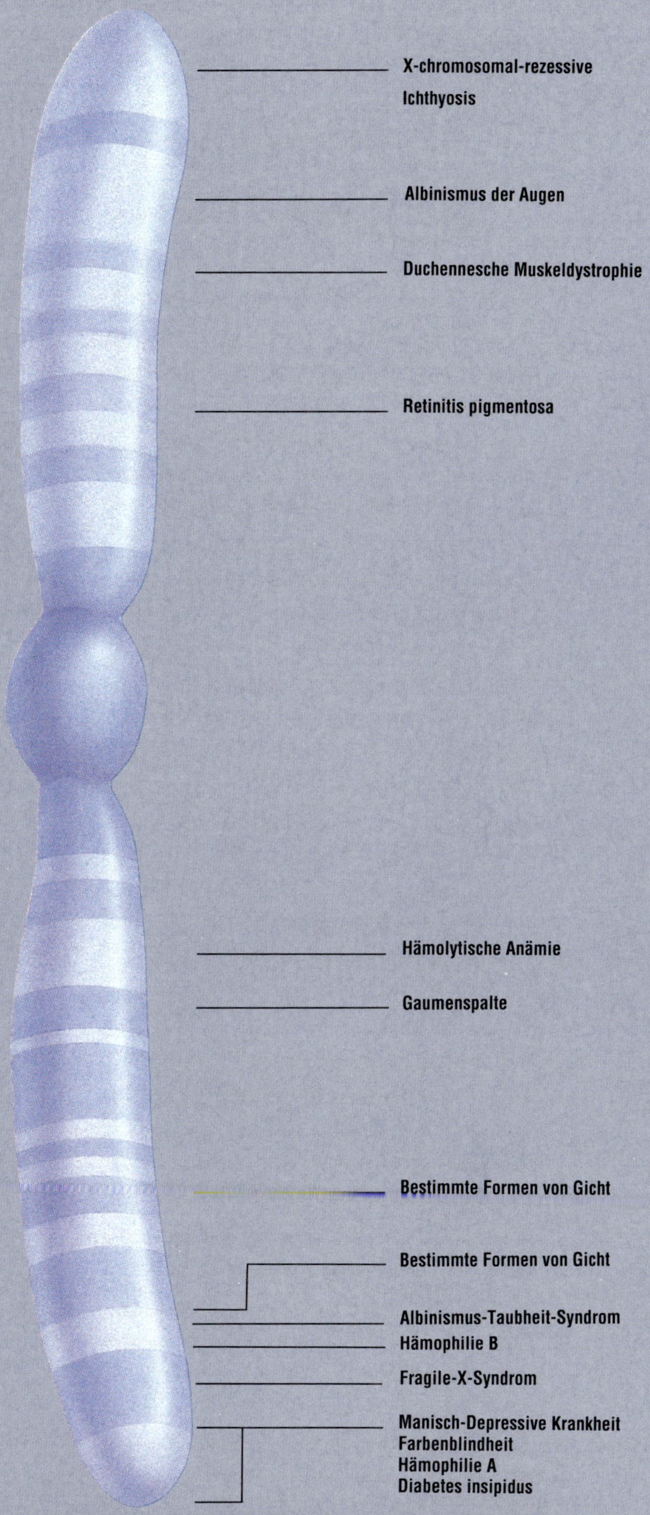

EINE KOPPLUNGSKARTE. Bei dieser vereinfachten Kopplungskarte für das X-Chromosom weisen Bezugslinien auf die Bereiche, in denen Gene für verschiedene Krankheiten liegen sollen. Das X-Chromosom ist gegenwärtig das Chromosom, über das die Wissenschaftler am meisten wissen, denn X-gekoppelte Erbgänge sind bei Männern leicht zu untersuchen. Tatsächlich hat man den Genort für einige der hier angeführten Krankheiten inzwischen identifiziert. Für andere Chromosomen kann eine Kopplungskarte jedoch nur eine allgemeine Lage und die relative Zuordnung von Merkmalen auf dem Chromosom angeben. Genauere Karten lassen sich nur in Form von sogenannten contig maps *(S. 92–93)* und durch Sequenzierung *(S. 94–95)* erstellen.

DIE STEINCHEN DES GENPUZZLES

Kopplungskarten, die auf RFLP und anderen Markern basieren, liefern lediglich eine Genauigkeit für ein Gen von ungefähr fünf Millionen Basenpaaren. Ein anderer Typ von Genkarte, als contig map bezeichnet, erhöht die Präzision der Wiedergabe auf 500 000 Basenpaare, indem im Prinzip die Chromosomen zunächst auseinandergenommen und dann wieder zusammengesetzt werden.

Die Mosaiksteinchen des Genpuzzles entstehen dabei auf folgende Weise: Von jedem Chromosom werden zahlreiche Kopien hergestellt und von einem Satz von Restriktionsenzymen in Stücke zerlegt. Jedes dieser verschiedenartigen Fragmente wird dann an die Teile eines Hefe-Chromosoms geheftet, die erforderlich sind, um die Human-DNS in riesigen Mengen zu produzieren. Die so entstandenen künstlichen Hefe-Chromosomen (YACs – nach *Yeast Artifical Chromosomes*) werden schließlich wiederum durch Restriktionsenzyme zerschnitten, um die Human-DNS freizusetzen.

Der Prozeß hat mit einer Menge an genetischem Material begonnen, die dem von bis zu fünf Genomen entspricht. Da jede Kopie eines jeden Chromosoms an verschiedenen Stellen durch unterschiedliche Enzyme zerschnitten worden ist, um unterschiedlich lange DNS-Fragmente zu erhalten, überlappen sich in den YACs die Fragmente der Human-DNS in ihren Basensequenzen. Mittlerweile sind die YAC-Fragmente daraufhin geprüft worden, ob sie spezielle Marker, sogenannte sequenzmarkierte Stellen, tragen. Aufgrund sorgfältiger Analyse können die Wissenschaftler dann die Stücke eines Chromosoms wieder in der richtigen Reihenfolge zusammensetzen (*ganz rechts*) – und dank der sequenzmarkierten Stellen zahlreiche Punkte auf dem Chromosom als markiert und katalogisiert ausweisen.

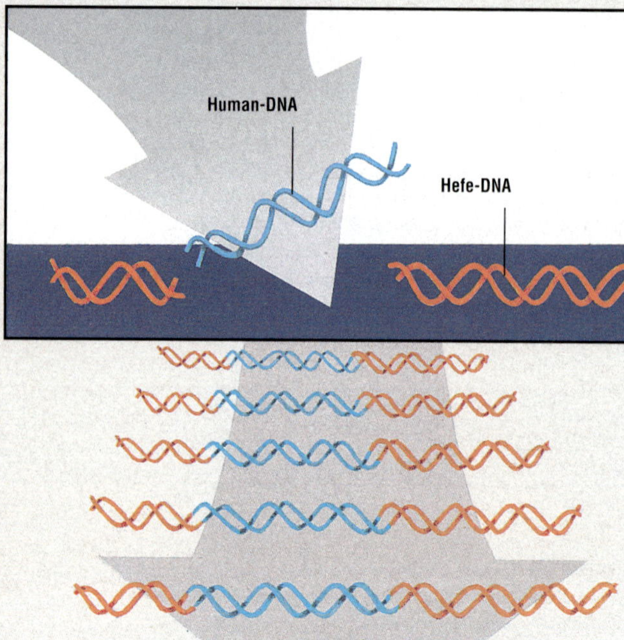

DIE HERSTELLUNG VON GENKOPIEN. Um genügend große Stücke für die Untersuchung von Human-DNS zu erhalten, werden Fragmente, die durch die Wirkung von Restriktionsenzymen gewonnen werden, an ein Hefe-Chromosom geheftet. Wenn Hefezellen ihre eigene DNS *(orangefarben)* kopieren, kopieren sie auch die Human-DNS *(blau)*. Somit entsteht ein künstliches Hefe-Chromosom, auch YAC *(Yeast Artificial Chromosome)* genannt. Die YACs werden dann nach Markern abgesucht.

DIE ORTUNG VON MARKERN. Schritt 1: Um festzustellen, welche Marker auf einem bestimmten YAC liegen, wird die Hefe-DNS auf verschiedene Behälter verteilt und mit einer Lösung vermischt, die folgende Bestandteile enthält: alle vier Nukleotide, ein Wachstumsenzym und spezielle Primer. Letztere sind kurze DNS-Segmente mit einer Sequenz, die mit den ersten paar Basen eines Markers mit sequenzmarkierten Stellen oder seines Komplements identisch ist. (Hier sind die Marker durch fünf Symbole repräsentiert.) Die Lösung wird dann erhitzt, was die DNS veranlaßt, sich in ihre beiden komplementären Stränge zu trennen.

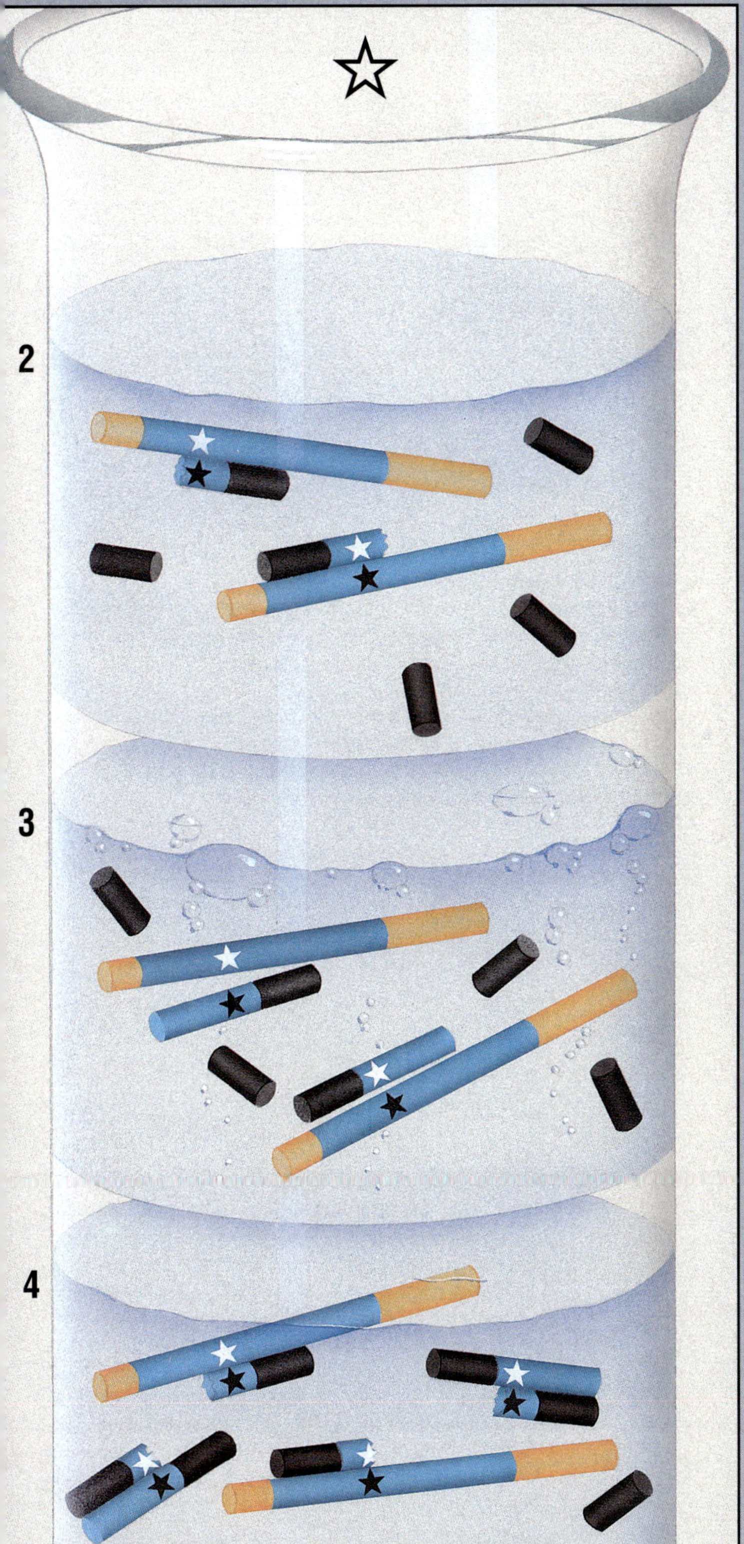

EINE CHEMISCHE KETTENREAKTION. Schritt 2: Das Gemisch wird abgekühlt. Falls der gesuchte Marker vorhanden ist, heften sich die DNS-Primer jeweils an seinen komplementären Strang und leiten die Bildung eines neuen Strangs ein, der den Marker enthält (hier gekennzeichnet durch schwarze bzw. weiße Sterne). Schritt 3: Das Gemisch wird erneut erhitzt, wodurch sich die ursprünglichen Marker-DNS-Segmente und ihre neugebildeten komplementären Stränge spalten. Schritt 4: Durch erneutes Abkühlen können beide Stränge – neue wie alte – als Matrizen für eine weitere Syntheserunde verwendet werden. Durch wiederholtes Erhitzen und Abkühlen lassen sich die Kopien des Marker-DNS-Fragments exponentiell vermehren.

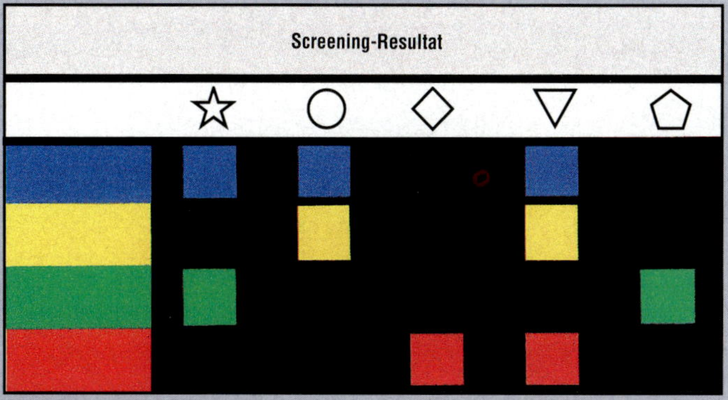

Am Ende des links geschilderten Replikationsprozesses können die Forscher angeben, welche DNS-Fragmente welche Marker enthalten. Bei diesem Beispiel war der DNS-Strang in vier Fragmente zerlegt worden – repräsentiert durch die vier Farben. Anschließend wurden die Fragmente nach fünf Markern abgesucht. Den Wissenschaftlern ist bekannt, daß sich Fragmente, die einen oder mehrere Marker gemeinsam haben, überlappen müssen. Doch ohne weitere Analyse bleibt ihnen verborgen, wie diese Fragmente auf dem Chromosom zueinander angeordnet sind.

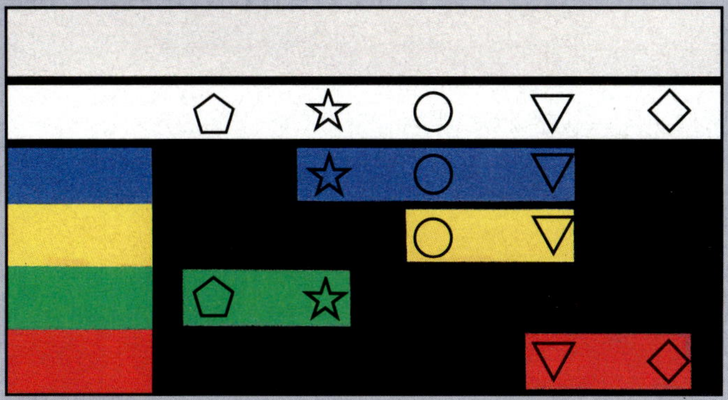

Mit Hilfe von Computern beginnt man, die Marker in eine Reihenfolge zu bringen. Dazu werden die Fragmente untereinander verglichen. Das rote Fragment zum Beispiel enthält den Diamant und das Dreieck, während das gelbe Fragment das Dreieck und den Kreis aufweist. Bei dem Dreieck muß es sich um eine Überlappungsstelle der beiden Fragmente handeln, wobei der Diamant und der Kreis jeweils auf der einen oder der anderen Seite liegen. Da das blaue Fragment zusätzlich zu Kreis und Dreieck den Stern besitzt, wird die Anordnung dieser drei Marker zueinander offenkundig – das Fünfeck und der Diamant befinden sich an entgegengesetzten Enden.

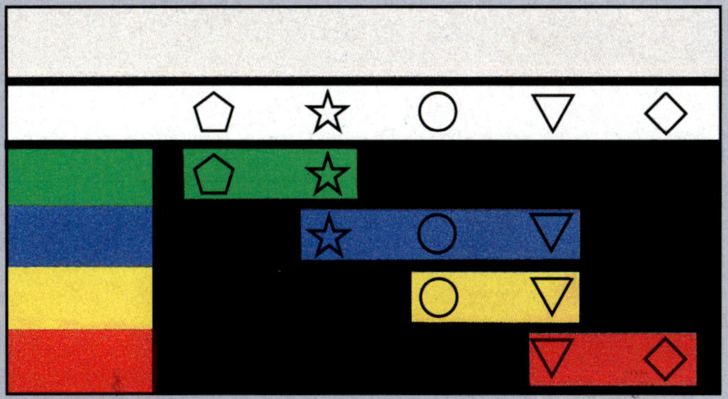

Sobald die Reihenfolge der Marker feststeht, ergibt sich auch die korrekte Anordnung der Fragmente *(grün, blau, gelb, rot)*. Da auch die Länge jedes Fragments in etwa bekannt ist, können die Wissenschaftler eine Vorstellung davon gewinnen, wie weit die Marker auseinander liegen. Wenn also das grüne Fragment 250 000 Basenpaare lang wäre, könnten das Fünfeck und der Stern auf diesem Fragment nicht weiter als diese Anzahl von Basen voneinander entfernt sein. Damit ergibt sich eine höhere Auflösung, als sie mit einer Kopplungskarte möglich ist.

Feinkartierung von Genen

Das menschliche Genom kann nur dann vollständig kartiert werden, wenn es gelingt, die spezifische Reihenfolge sämtlicher Basen auf jedem Chromosom herauszubekommen – auch wenn man sich zunächst einmal darauf konzentriert, den kleinen Prozentsatz an Basenpaaren zu bestimmen, die Gene bilden. Diese begrenzte Form der Sequenzierung betreibt man natürlich schon seit langem, um Marker zu schaffen wie die sequenzmarkierten Stellen. Doch die Sequenzierung des gesamten Genoms ist erst mit Hochleistungsrechnern in den Bereich des Möglichen gerückt.

Der Vorgang gleicht dem zur Erstellung einer contig map, doch anstatt eine Kettenreaktion an beiden DNS-Strängen auszulösen, werden von einem Strang komplementäre Kopien sehr kleiner, vielleicht nur 400 Basen langer Teilstücke erzeugt. Ferner wird bei jedem Replikationszyklus die Bildung des komplementären Fragments zufällig durch das Anfügen einer speziellen Base, Terminator genannt, gestoppt. Dadurch entstehen unterschiedlich lange Stränge, die jeweils mit einer identifizierbaren Base enden. Werden die Stränge nun ihrer Länge nach geordnet, deckt die Sequenz der Terminatoren die Sequenz seines Komplements auf (*ganz rechts*).

Ausgehend von einer groben Vorstellung über die Lage eines Gens, wie sie die Kopplungskarten liefern, engt man den Bereich immer mehr ein, indem man zunächst contig maps erstellt und dann besondere Sequenzen analysiert, die bekannterweise den Anfang und das Ende eines Gens markieren. Bei jeder Art von Genkartierung hat man sich mit großen Segmenten nicht kodierender DNS abzufinden. Auf jeden Fall müssen Lokalisationen, die mit einer Methode erkannt worden sind, durch andere Methoden bestätigt werden, bevor man darangeht, Gentherapien zu entwickeln (S.96–105).

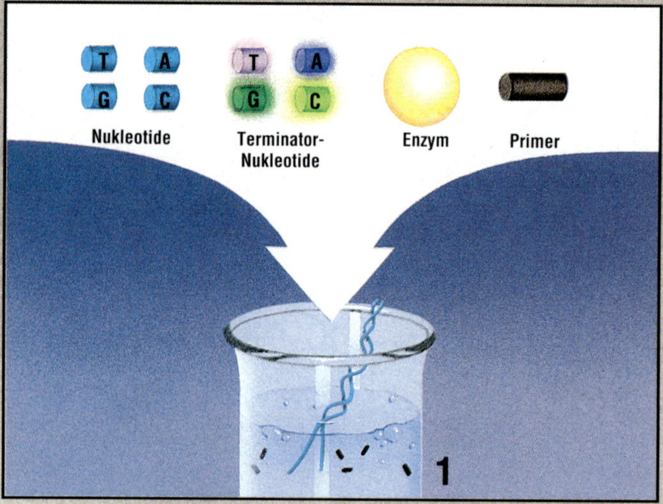

VORBEREITUNG DER DNS. Schritt 1: Ein DNS-Bruchstück wird vermischt mit Wachstumsenzymen, mit allen vier Nukleotiden, die für die Synthese von zusätzlicher DNS nötig sind, einem Primer, der den ersten paar Basenpaaren eines speziellen Abschnitts des DNS-Fragments entspricht, und einem Vorrat an Terminatoren – chemisch modifizierten Versionen der vier Nukleotide, die, sobald sie an einem DNS-Strang haften, das weitere Wachstum stoppen. Jeder Terminator ist zudem mit einem unter Laserlicht fluoreszierenden Farbstoff markiert, jeweils einer für jedes der vier Nukleotide. Anschließend wird die Lösung erhitzt, um die beiden DNS-Stränge zu trennen. Nur einer der beiden Stränge dient als Matrize fürs Kopieren.

EINE ZYKLISCHE REAKTION. Schritt 2: Während des Abkühlens bindet sich der Primer an sein komplementäres DNS-Fragment. Schritt 3: Das Enzym fügt Basen aus der Lösung an den durch den Primer erzeugten Strang, bis per Zufall aus dem Nukleotidgemisch eine Terminatorbase gefischt und an den Strang geheftet wird, so daß der Strang nicht mehr weiterwächst. Schritt 4: Die Lösung wird erneut erhitzt, wodurch sich die neugebildete DNS von ihrer Matrize abspaltet. Schritt 5: Die Lösung kühlt ab, und die Bildung komplementärer DNS beginnt von vorn. Nach wiederholtem Erhitzen und Abkühlen sind durch das zufällige Anheften der Terminatoren Stränge jeglicher Länge entstanden.

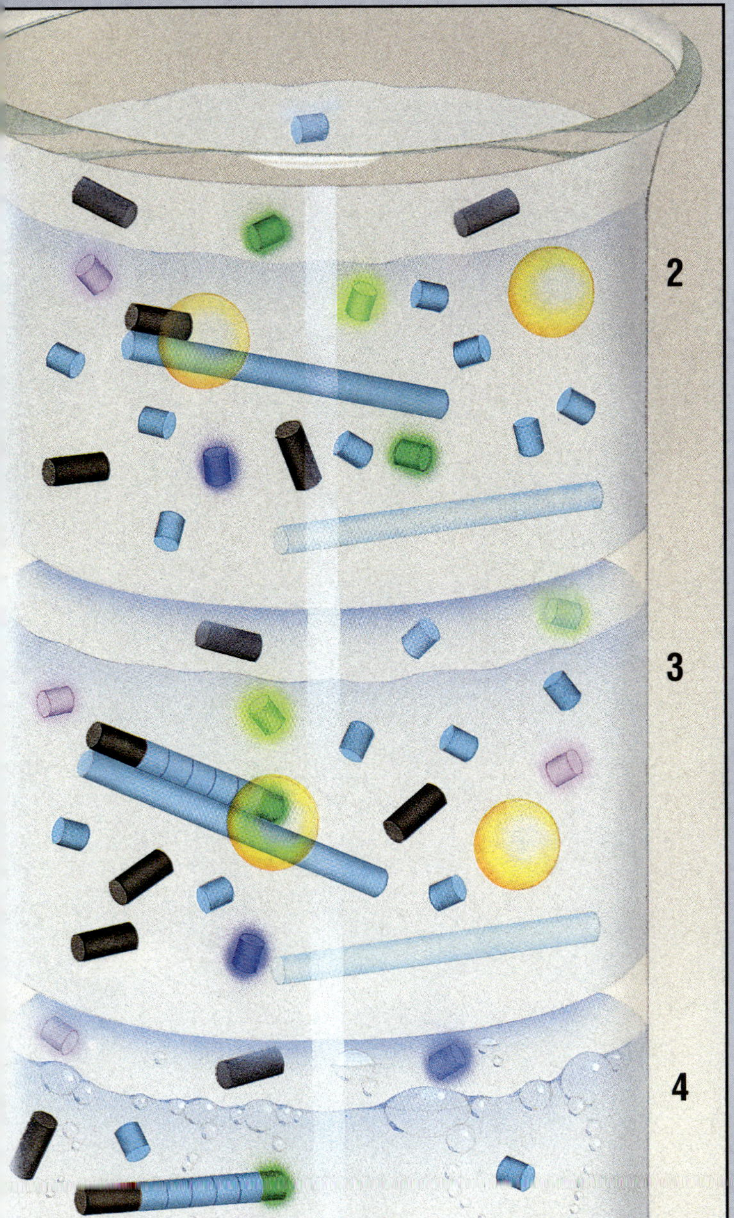

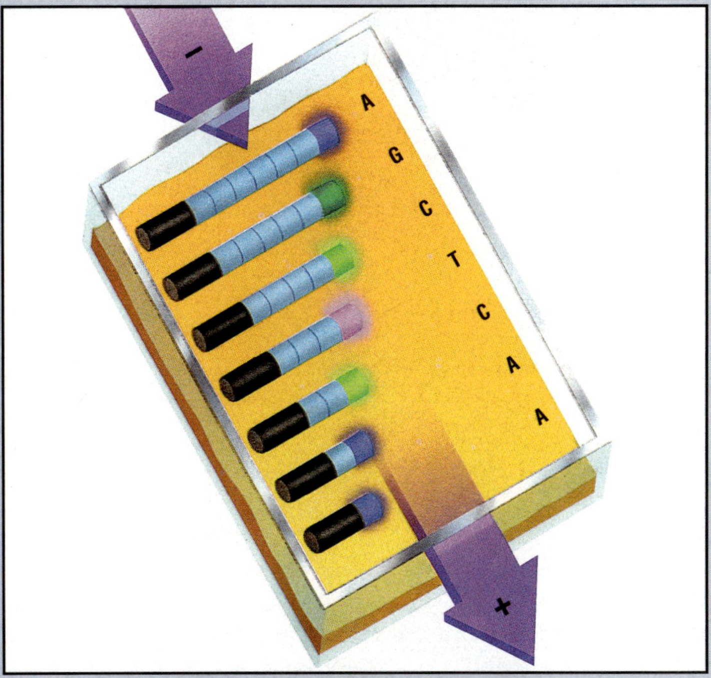

LESEN DER SEQUENZ. Die neugebildeten komplementären DNS-Fragmente werden nach einem speziellen, Gelelektrophorese genannten Verfahren *(S. 79)* getrennt, die Stränge der Länge nach sortiert. Die kleineren Stücke wandern dabei schneller in Richtung des positiv geladenen Endes der Gelplatte. Die Längen der Fragmente variieren von einer Base hinter dem Primer bis zur Originallänge des gesamten Fragments von ungefähr 400 Basen, wobei jedes Bruchstück mit einer spezifischen Terminatorbase endet. Bei dem Beispiel hier bestand das Originalfragment aus dem Primer und sieben Basen, was zu Bruchstücken von sieben verschiedenen Längen führte. Unter Laserlicht fluoresziert der Terminator eines jeden Fragments in seiner charakteristischen Farbe. Damit ist die Sequenz der Terminatoren – in diesem Fall die Sequenz AACTCGA – ablesbar.

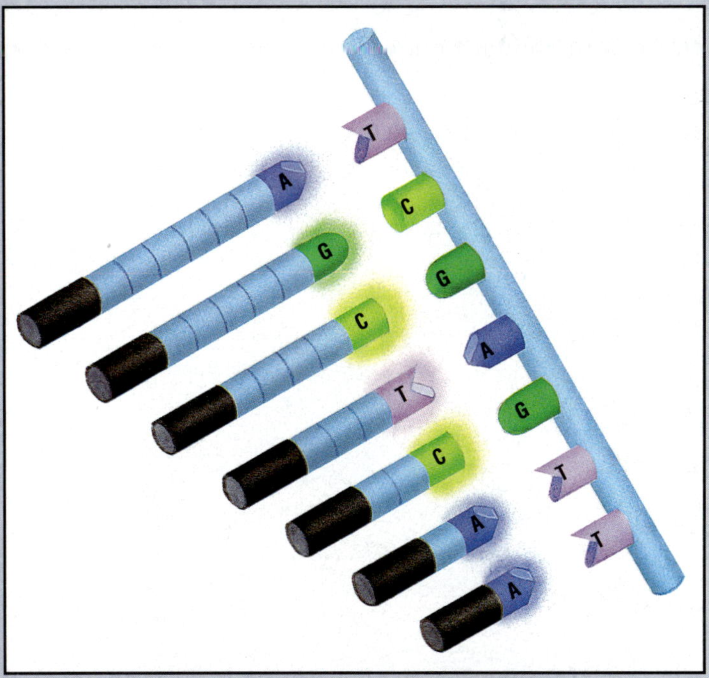

DAS ENDERGEBNIS. Da die Sequenz der Terminatoren die der Basen auf dem ursprünglichen DNS-Fragment ergänzen muß, ergibt sich die Originalsequenz: Aus AACTCGA wird TTGAGCT.

EINE NEUE HEILMETHODE: DIE GENTHERAPIE

Da sich immer mehr die Frage aufdrängte, welcher praktische Nutzen sich aus den wachsenden Erkenntnissen über die Bausteine des Lebens ziehen ließe, haben Genforscher in Labors wie diesem Behandlungsmethoden für eine Vielzahl von Krankheiten entwickelt. Im Mittelpunkt diesbezüglicher Strategien stehen sorgfältig ausgewählte Abänderungen der Gencodierung. Sie sind zunächst bei Krankheiten angewendet worden, die auf einem einzelnen defekten Gen beruhen. Doch könnte die Gentherapie – vielfach als eine der fortschrittlichsten Waffen in der modernen Medizin begrüßt – auch für die Behandlung von Zuständen in Frage kommen, die durch mehrere Faktoren bedingt sind wie beispielsweise Herzerkrankungen oder AIDS.

Als Gentherapie bezeichnet man eine Heilmethode, bei der neues genetisches Material in Körperzellen eines Patienten geschleust wird, um eine bestimmte Zellfunktion zu korrigieren oder zu verstärken, um die Verletzlichkeit erkrankter Zellen zu erhöhen oder ihr Zusammenwirken zu blockieren. Herauszufinden, wie eine Krankheit genetisch am besten bekämpft werden kann, ist nur ein Aspekt des Problems; ebenso wichtig ist es, sichere und effiziente Vehikel zu finden, sogenannte „Vektoren", um die neue DNS in die Zielzellen zu transportieren.

Bereits gebräuchliche Vektoren sind chemische Lösungen und synthetische Fettmoleküle sowie speziell modifizierte Viren. Wegen ihrer natürlichen Fähigkeit, lebende Zellen zu infizieren (S. 70–73), sind Viren als Vektoren ganz besonders geeignet – vorausgesetzt, man kann ihre eigenen genetischen Instruktionen so beeinflussen, daß sie unschädlich werden.

Gentherapeuten müssen sich bewußt sein, daß ihre Arbeit Risiken birgt. Beispielsweise besteht die Möglichkeit, daß die Integration der viralen DNS in das Genom der Zelle zufällig sogenannte „Onkogene" aktiviert – Gene, die das für Krebserkrankungen typische unkontrollierte Zellwachstum auslösen. Allerdings geht entgegen einer weitverbreiteten Meinung von den Standardformen genetischer Manipulation keinerlei Gefahr für künftige Generationen aus, da sie nicht die Geschlechtszellen betreffen, welche die genetischen Merkmale weitergeben. Der wichtigste Effekt der Gentherapie dürfte in der Tat zukünftig darin bestehen, den verheerenden Auswirkungen von Erbkrankheiten ein Ende zu bereiten.

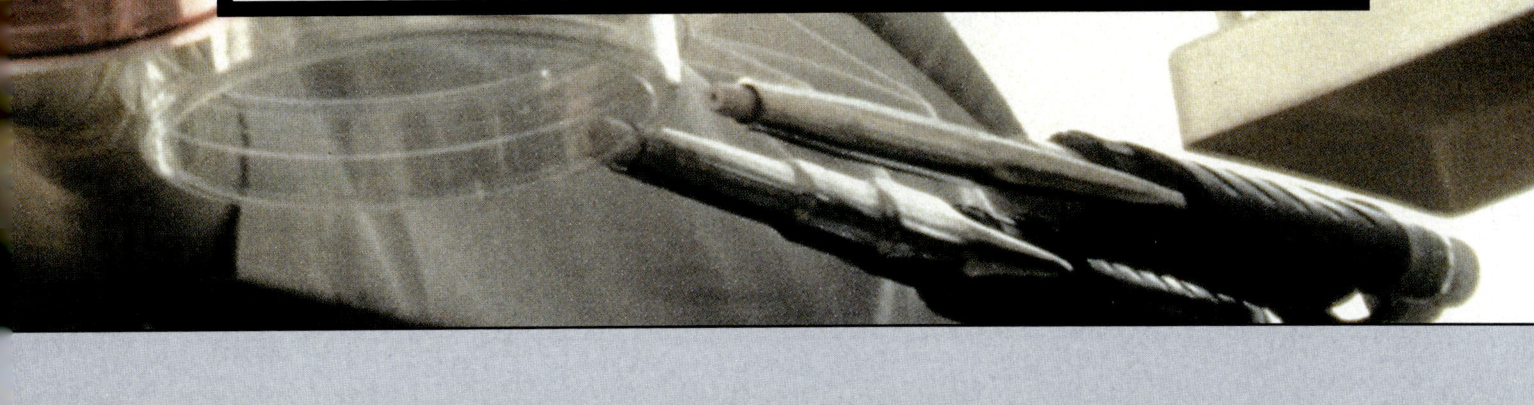

GENE GEGEN ERBKRANKHEITEN

Viren, deren Kernstück DNS enthält, eignen sich in manchen Fällen besser als RNS-haltige Viren zum Transport von therapeutisch wirksamen Genen. So können einige dieser Viren auch Zellen infizieren, die sich nicht gerade teilen. Sie sind aufgrund dessen in der Lage, sich in spezielle Zelltypen im Körper einzunisten, beispielsweise in den Zellen von Muskeln, Leber und Lunge. Zudem vereinigt sich das Genom vieler DNS-Viren nicht mit den Chromosomen der Zielzellen, sondern existiert unabhängig von ihnen im Zellkern. Folglich bleibt das Genmaterial der Zelle intakt, und es besteht kaum Gelegenheit, daß die virale DNS ein

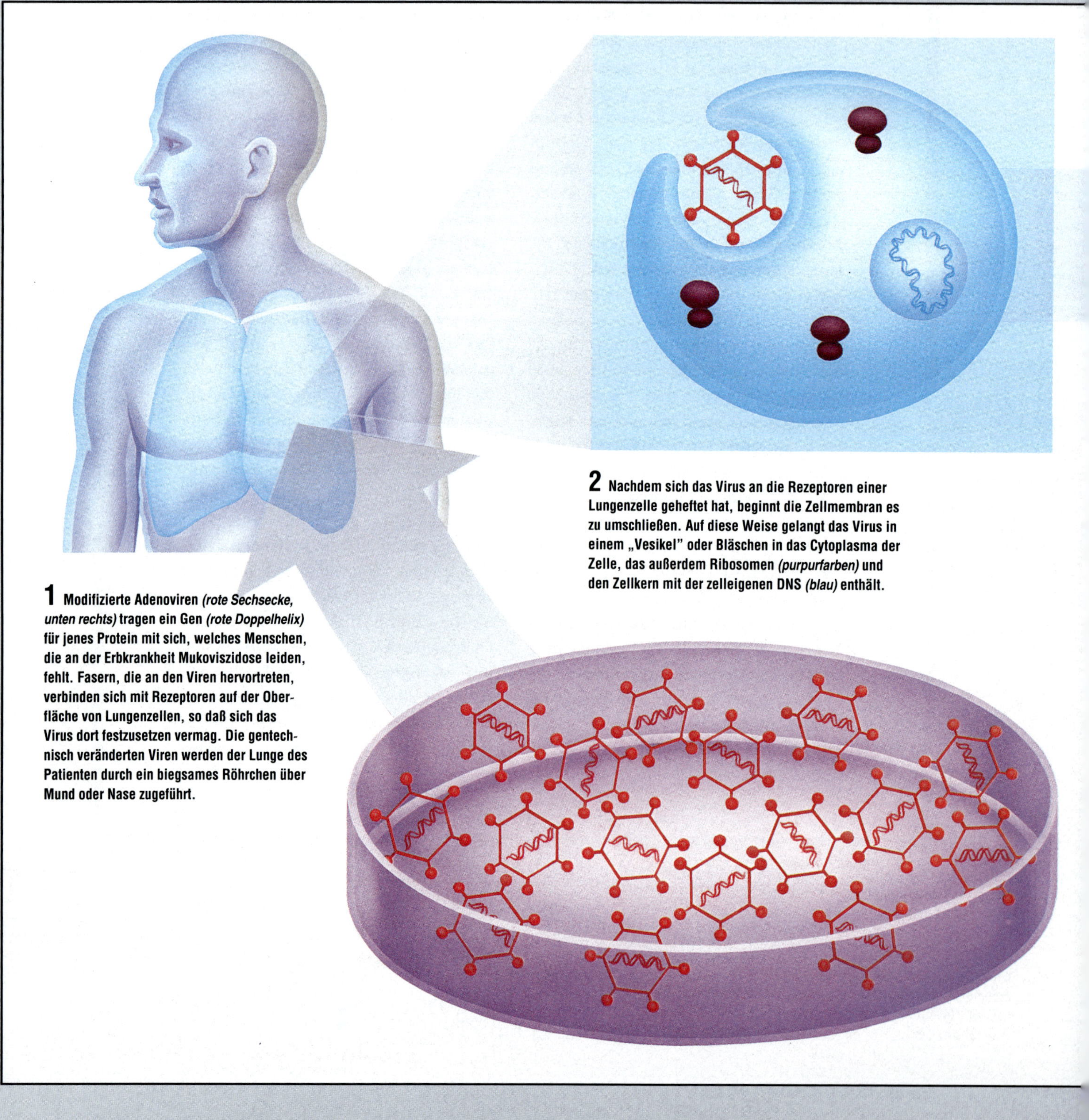

2 Nachdem sich das Virus an die Rezeptoren einer Lungenzelle geheftet hat, beginnt die Zellmembran es zu umschließen. Auf diese Weise gelangt das Virus in einem „Vesikel" oder Bläschen in das Cytoplasma der Zelle, das außerdem Ribosomen *(purpurfarben)* und den Zellkern mit der zelleigenen DNS *(blau)* enthält.

1 Modifizierte Adenoviren *(rote Sechsecke, unten rechts)* tragen ein Gen *(rote Doppelhelix)* für jenes Protein mit sich, welches Menschen, die an der Erbkrankheit Mukoviszidose leiden, fehlt. Fasern, die an den Viren hervortreten, verbinden sich mit Rezeptoren auf der Oberfläche von Lungenzellen, so daß sich das Virus dort festzusetzen vermag. Die gentechnisch veränderten Viren werden der Lunge des Patienten durch ein biegsames Röhrchen über Mund oder Nase zugeführt.

krebsverursachendes Onkogen aktiviert. Zu den vielversprechendsten DNS-Vektoren gehört das Adenovirus, das eine ganz normale Erkältung hervorruft – hier beschrieben in seiner Rolle als Waffe gegen Mukoviszidose. Das Virus besitzt eine hohe Affinität gegenüber Epithelzellen, welche die Luftwege der Lunge auskleiden. Modifiziert hat man es mit Hilfe eines proteinsynthetisierenden Gens. Dieses Protein, CFTR, das in den Lungenzellen von Patienten mit Mukoviszidose fehlt, trägt dazu bei, daß die Bildung von zähflüssigen Sekreten, die für diese Krankheit charakteristisch ist, unterbleibt. Die Therapie mit Adenoviren ist allerdings kein Heilmittel von Dauer. Die Viren wurden so verändert, daß sie sich nicht vermehren, und die Zellen, die sie infizieren, sterben schließlich ab. Um die Wirkung der Behandlung aufrechtzuerhalten, sind in regelmäßigen Abständen beständig neue Dosen der therapeutisch wirksamen Adenoviren zu verabreichen.

3 Das Vesikel hat sich von der Zellmembran gelöst und strebt dem Zellkern zu. Zelleigene Enzyme beginnen das Vesikel und die äußere Hülle des Virus abzubauen. Bald darauf wird die therapeutisch wirksame Virus-DNS frei sein, um ins Cytoplasma zu entweichen und anschließend in den Zellkern einzudringen.

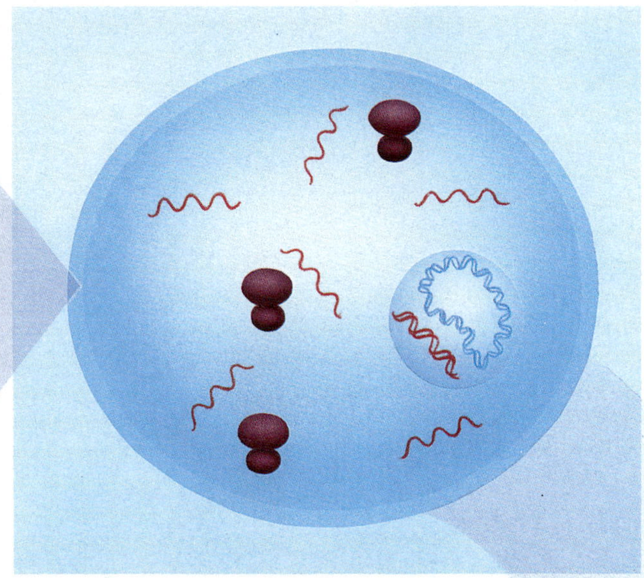

4 Im Zellkern bleibt die Virus-DNS *(rot)* von der zelleigenen DNS *(blau)* getrennt und steuert sämtliche Zellfunktionen über die Produktion von therapeutisch wirksamen Proteinen. Die Transkription der Virus-DNS führt zu einzelsträngiger Messenger-RNS *(rot)*, die in das Cytoplasma wandert.

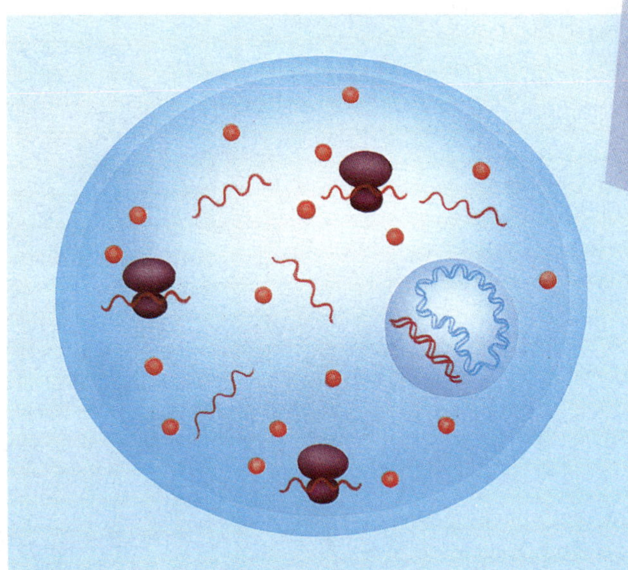

5 Die Ribosomen der Zelle übersetzen die Botschaft der Messenger-RNS in die Synthese des fehlenden Proteins *(rote Kugeln)*. Alle Lungenzellen, die das neue Therapie-Gen erhalten, werden das Protein so lange bilden, bis sie nach einigen Monaten absterben.

GENE ZUR ZELLVERNICHTUNG

Während einige virale Vektoren Gene transportieren, die Fehlfunktionen von Zellen korrigieren, tragen andere eine genetische Fracht, die geschaffen wurde, um defekte Zellen gänzlich zu vernichten. Bei dem hier erläuterten therapeutischen Ansatz wird ein modifiziertes Retrovirus – es enthält RNS statt DNS – benutzt, um die sich schnell teilenden Zellen eines inoperablen Hirntumors zu infizieren. Das Retrovirus schleust ein Gen ein, das für ein Enzym kodiert, welches mit dem Herpes-Virus assoziiert ist; die Präsenz dieses Enzyms macht die Tumorzellen empfindlich gegenüber einem antiviralen Pharmakon, „Gancyclovir" genannt.

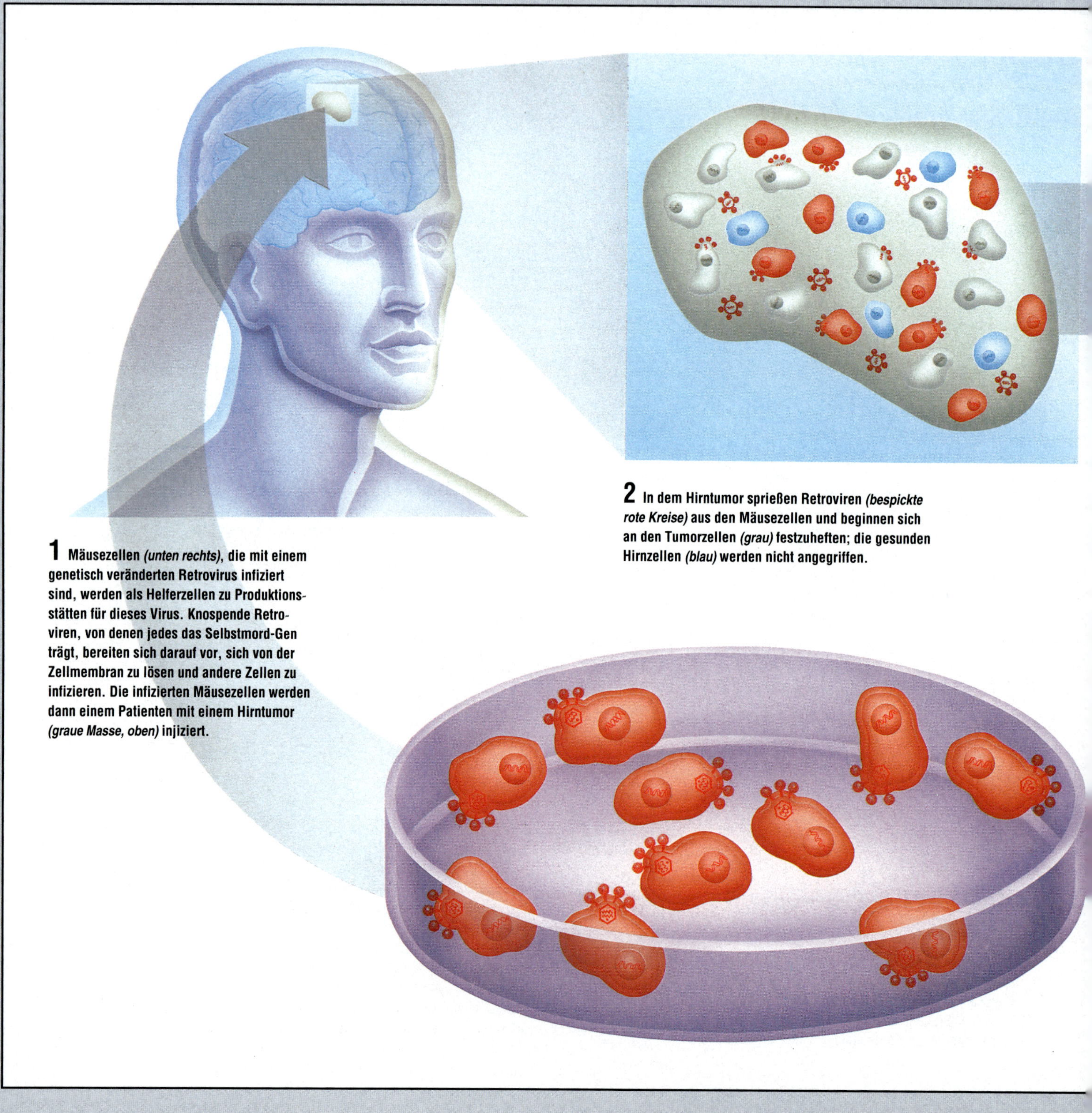

2 In dem Hirntumor sprießen Retroviren *(bespickte rote Kreise)* aus den Mäusezellen und beginnen sich an den Tumorzellen *(grau)* festzuheften; die gesunden Hirnzellen *(blau)* werden nicht angegriffen.

1 Mäusezellen *(unten rechts)*, die mit einem genetisch veränderten Retrovirus infiziert sind, werden als Helferzellen zu Produktionsstätten für dieses Virus. Knospende Retroviren, von denen jedes das Selbstmord-Gen trägt, bereiten sich darauf vor, sich von der Zellmembran zu lösen und andere Zellen zu infizieren. Die infizierten Mäusezellen werden dann einem Patienten mit einem Hirntumor *(graue Masse, oben)* injiziert.

Das Retrovirus mit dem „Selbstmord-Gen" kann sich nicht selbst vermehren. Es wird daher in „Helferzellen" verpackt, die aus der Haut von Mäusen gewonnen werden. Das Genom dieser Helferzellen liefert die genetische Information, welche die Zellen befähigt, Kopien des Retrovirus herzustellen (S. 72–73), die dann das Therapie-Gen in eine Fülle von Zielzellen einschleusen können.

Die Behandlung beginnt mit der Injektion der Mäusezellen direkt in den Tumor. Da die Retroviren ihr genetisches Material nur mit demjenigen von sich teilenden Zellen verbinden können, haben sie auf das gesunde Hirngewebe keine Wirkung. Bei den Tumorzellen indes machen sie sich sofort an die Arbeit, das Herpes-Gen zu produzieren. Inzwischen erzeugen die Helferzellen weitere Retroviren, bis sie vom Körper abgestoßen werden. Alle verbleibenden Helferzellen gehen mit den Tumorzellen zugrunde, sobald das Gancyclovir verabreicht wird.

3 Die Retroviren haben ihr Genmaterial in einer ganzen Anzahl von Tumorzellen freigesetzt; andere wurden indes nicht infiziert *(links)*. In einer infizierten Zelle *(oben)* ist das Virus-Genom in das zelleigene Chromosom *(roter Abschnitt des Doppelhelix-Rings)* schon eingebaut worden, und die Transkription in Messenger-RNS (mRNS) hat bereits stattgefunden. Einige der mRNS-Stränge *(rot)* sind an Ribosomen *(purpurfarben)* übersetzt worden, um das Herpes-Enzym *(rote Kugeln)* zu produzieren.

4 Annähernd eine Woche nach der Injektion der Mäusezellen in den Tumor erhält der Patient eine intravenöse Gabe des antiviralen Pharmakons Gancyclovir *(grünliche Tönung, links)*. Dieses Mittel tötet jede Tumorzelle ab, die das Herpes-Enzym enthält. Die Wissenschaftler sind der Ansicht, daß absterbende Tumorzellen Toxine freisetzen, die andere, von dem Retrovirus nicht infizierte Tumorzellen in ihrer unmittelbaren Nähe vernichten – ein Vorgang, der als „Zuschauer-Effekt" bezeichnet wird.

GENE ALS PHARMAKON

Bei einer Reihe experimenteller Therapieformen wird das Genmaterial nahezu ausschließlich wie ein Pharmakon benutzt, indem es ohne die Verwendung eines viralen Vektors direkt in das Zielgewebe transplantiert wird. Diese Methode – sie wird in der Bildfolge unten veranschaulicht – zielt auf ein bösartiges Melanom ab, eine tödliche Form von Hautkrebs; hierzu werden besonders konstruierte Gene direkt in den Tumor injiziert. Dort lösen sie die Produktion eines Proteins aus, welches das Immunsystem gegen die Krebszellen aktiviert.

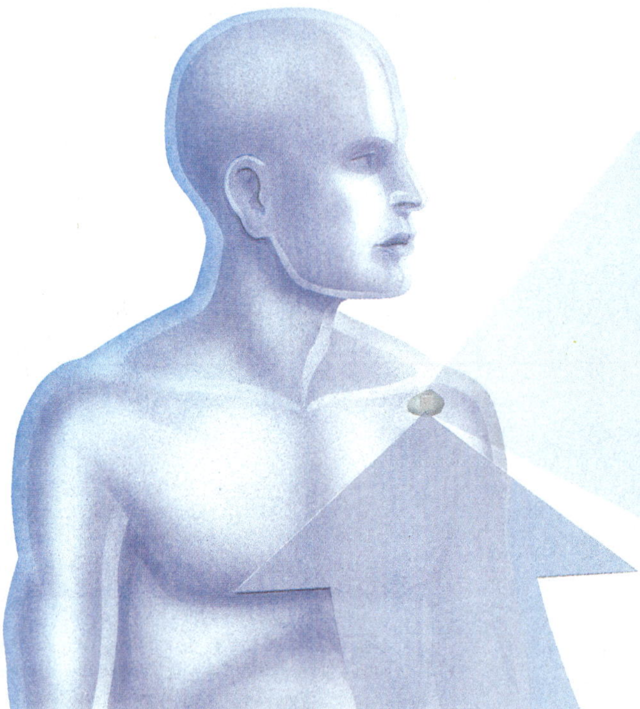

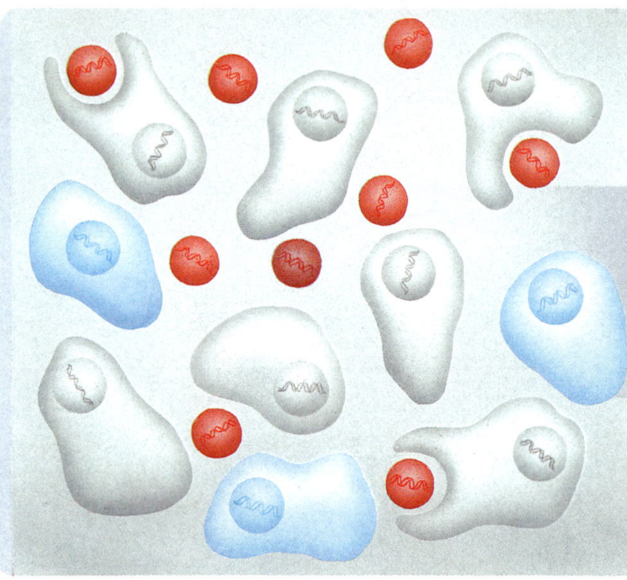

2 Die fettreiche Zusammensetzung der Liposom-Vektoren erleichtert deren Aufnahme durch die Tumorzellen *(grau)* kurze Zeit nach der Injektion. Die Tumorzellen umschließen die Liposomen mit der DNS taschenartig, sobald sie mit ihr in Kontakt kommen, und schleusen sie in das Innere der Zelle.

1 Synthetische Fettpartikel vereinen sich mit modifizierter DNS zu Liposomen *(rote Kugeln mit Doppelhelix, rechts)*. Die DNS enthält ein Gen, das für ein Antigen kodiert, welches das Immunsystem des Empfängers zu aktivieren vermag. Die Liposomen werden in das bösartige Melanom *(graue Masse, oben)* eines betroffenen Patienten injiziert.

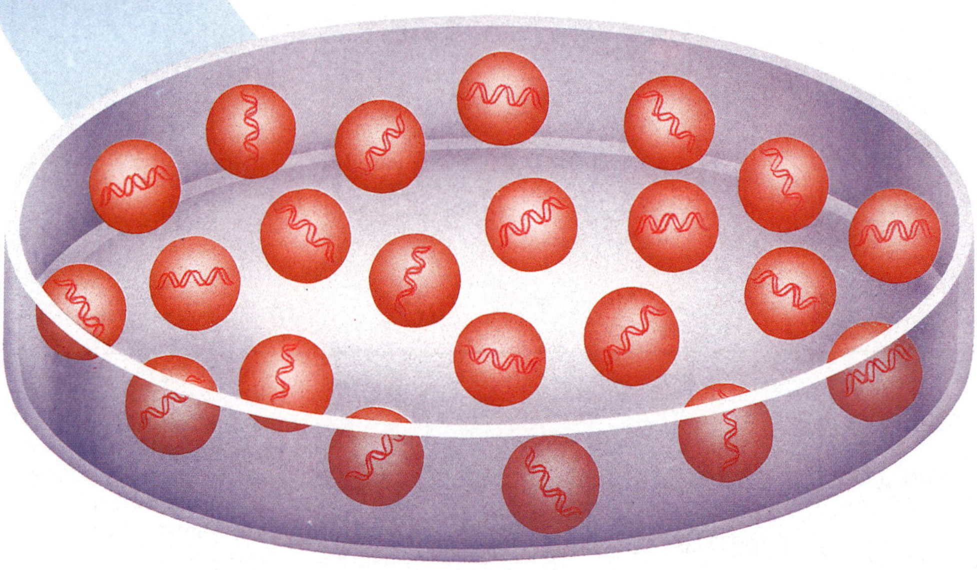

Millionen Kopien des Gens sind in synthetischen Fettpartikeln, sogenannten „Liposomen", eingekapselt. Sie schützen die DNS und machen es möglich, daß die Tumorzellen sie aufnehmen. Sobald sie in den Tumorzellen angelangt sind, veranlassen die Gene die Zellen, ein antigenes Protein herzustellen, das vom Körper sofort als eine fremdartige Substanz erkannt wird. Das umgehend alarmierte Immunsystem greift daraufhin – wie beabsichtigt – sämtliche Zellen an, die das Antigen tragen, und vernichtet sie.

Obwohl sich das liposomale Transportsystem noch im experimentellen Stadium befindet, könnte es die DNS-Therapie vereinfachen und es Ärzten ermöglichen, das Verfahren auf ein breiteres Spektrum von Krankheiten anzuwenden. Ein Nebeneffekt wäre, daß Gentherapien billiger und leichter verfügbar würden.

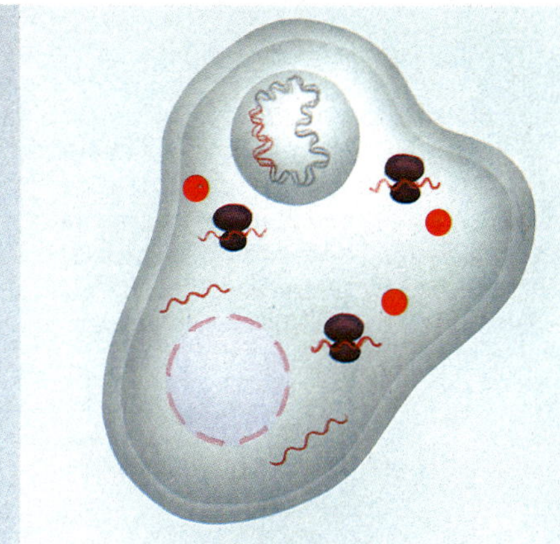

3 Die zelleigenen Enzyme im Cytoplasma verdauen die Liposomen und setzen dabei die modifizierte DNS *(links)* frei. In der Zelle *(oben)* wird die modifizierte DNS *(rot)* in die Doppelhelix des zelleigenen Chromosoms eingebaut. Die Transkription des neuen Genmaterials führt zu mRNS-Strängen *(rot)*, die an den Ribosomen der Zelle *(purpurfarben)* in das Antigen-Protein *(rote Kugeln)* übersetzt werden.

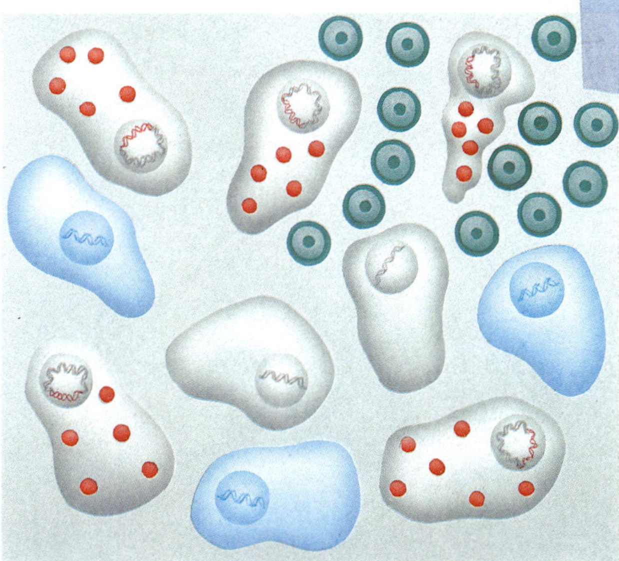

4 Die Tumorzellen melden nun dem Immunsystem die Anwesenheit des fremden Proteins. Auf dieses Signal hin beginnen T-Zellen *(grüne Kugeln)*, die für die Bekämpfung von Krankheiten zuständig sind, markierte Zellen anzugreifen. Aufgrund des Zuschauer-Effekts können selbst Tumorzellen, die das Antigen nicht produzieren, unter Beschuß geraten.

BLOCKADE EINES DEFEKTEN GENS

Eine DNS-Therapie kann auch darin bestehen, daß ein defektes Gen blockiert wird, bevor dessen Instruktionen für die Proteinsynthese ausgeführt werden können – wie etwa im Falle von Leukämie.

Ein schlechtes Gen besitzt, wie jede Nukleotidsequenz eines Gens, eine besondere Botschaft – *sense* („Sinn") –, die es durch seine chemischen Untereinheiten ausdrückt. Für jede Sequenz existiert auch eine komplementäre Serie, deren Nukleotide gegensinnig verlaufen – *antisense*. Dieser Antisense-Strang ist der einzige, der sich fest an das ursprüngliche genetische Material binden kann. Diesen Umstand machen sich Wissenschaftler

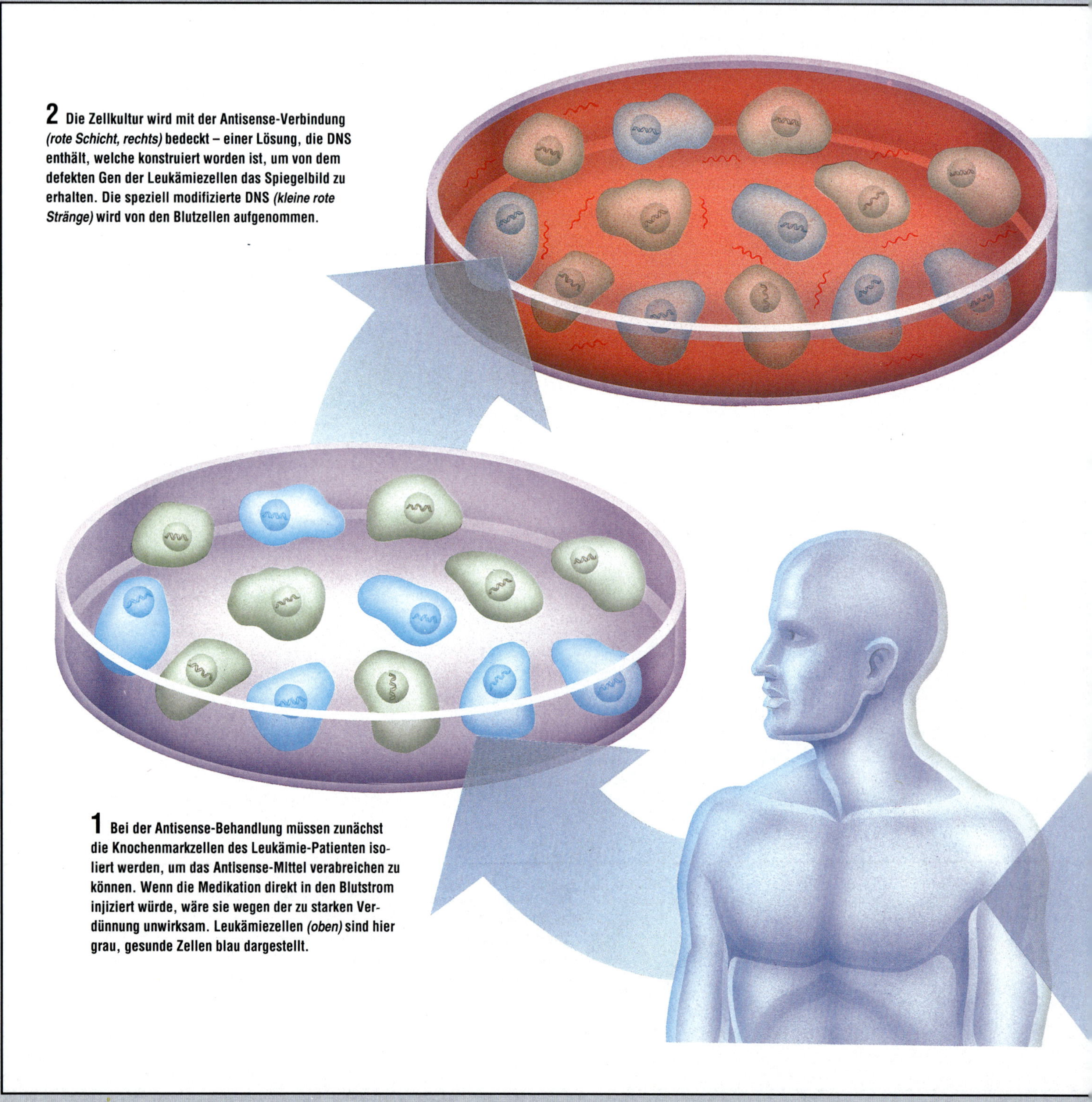

2 Die Zellkultur wird mit der Antisense-Verbindung *(rote Schicht, rechts)* bedeckt – einer Lösung, die DNS enthält, welche konstruiert worden ist, um von dem defekten Gen der Leukämiezellen das Spiegelbild zu erhalten. Die speziell modifizierte DNS *(kleine rote Stränge)* wird von den Blutzellen aufgenommen.

1 Bei der Antisense-Behandlung müssen zunächst die Knochenmarkzellen des Leukämie-Patienten isoliert werden, um das Antisense-Mittel verabreichen zu können. Wenn die Medikation direkt in den Blutstrom injiziert würde, wäre sie wegen der zu starken Verdünnung unwirksam. Leukämiezellen *(oben)* sind hier grau, gesunde Zellen blau dargestellt.

zunutze, indem sie DNS-Stränge mit dem Antisense der defekten mRNS herstellen. Wenn sich die Antisense-DNS an ihr Zielobjekt heftet, kann die mRNS nicht mehr für die Proteinsynthese übersetzt werden. Die Vernichtung erkrankter Zellen erfolgt, indem man die Produktion von Proteinen stoppt, die für das Überleben der Zellen nötig sind. Umgekehrt können gesunde Zellen Gene anschalten, indem die Expression von Genen blockiert wird, deren Kontrolle über die Zellfunktion schädlich ist. Nachdem die Sequenz des Zielgens bestimmt wurde, kreiert man ein komplementäres Antisense-Molekül und modifiziert dabei chemisch das Zucker-Phosphat-Rückgrat der Antisense-Sequenz der DNS, um die Aufnahme durch die Zelle zu verstärken. Die Abwandlung steigert zudem die Resistenz des Antisense-Strangs gegenüber der destruktiven Wirkung der zelleigenen Enzyme, so daß es der modifizierten DNS eher gelingt, den Zellkern zu erreichen.

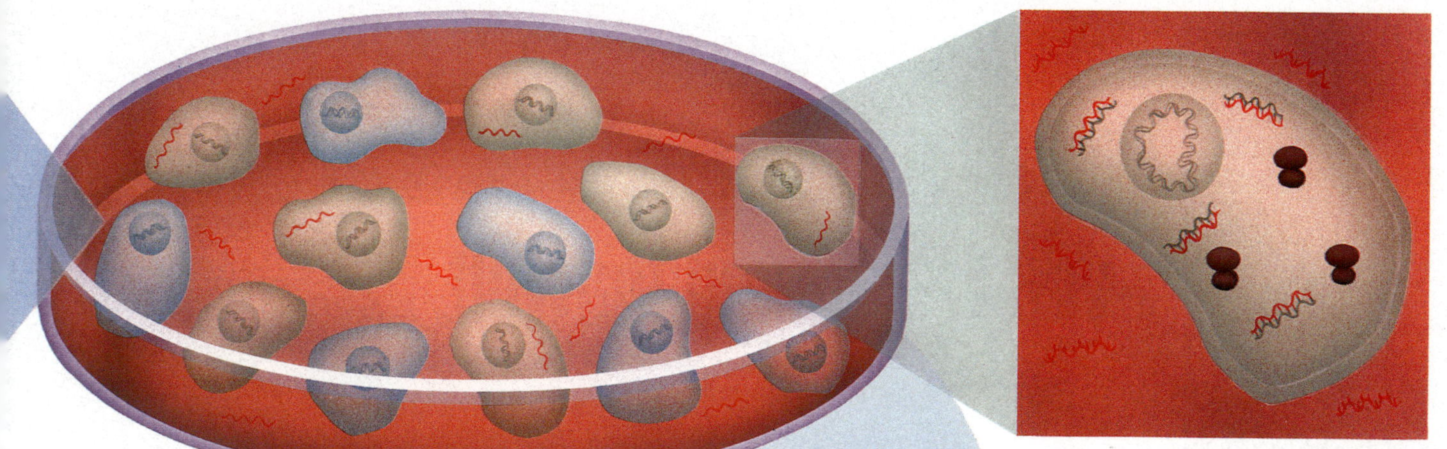

3 Nachdem die Antisense-DNS von einer Leukämiezelle *(oben links)* aufgenommen worden ist, bleibt sie so lange wirkungslos, bis sie auf einen Strang zelleigener mRNS trifft. Die komplementären Stränge binden sich nun in einer leiterartigen Paarung aneinander *(oben)*. Diese verbundenen Stränge können nicht mehr in die Proteine übersetzt werden, die für das Zellwachstum benötigt werden – die mRNS ist somit ihrer ursprünglichen Funktion beraubt.

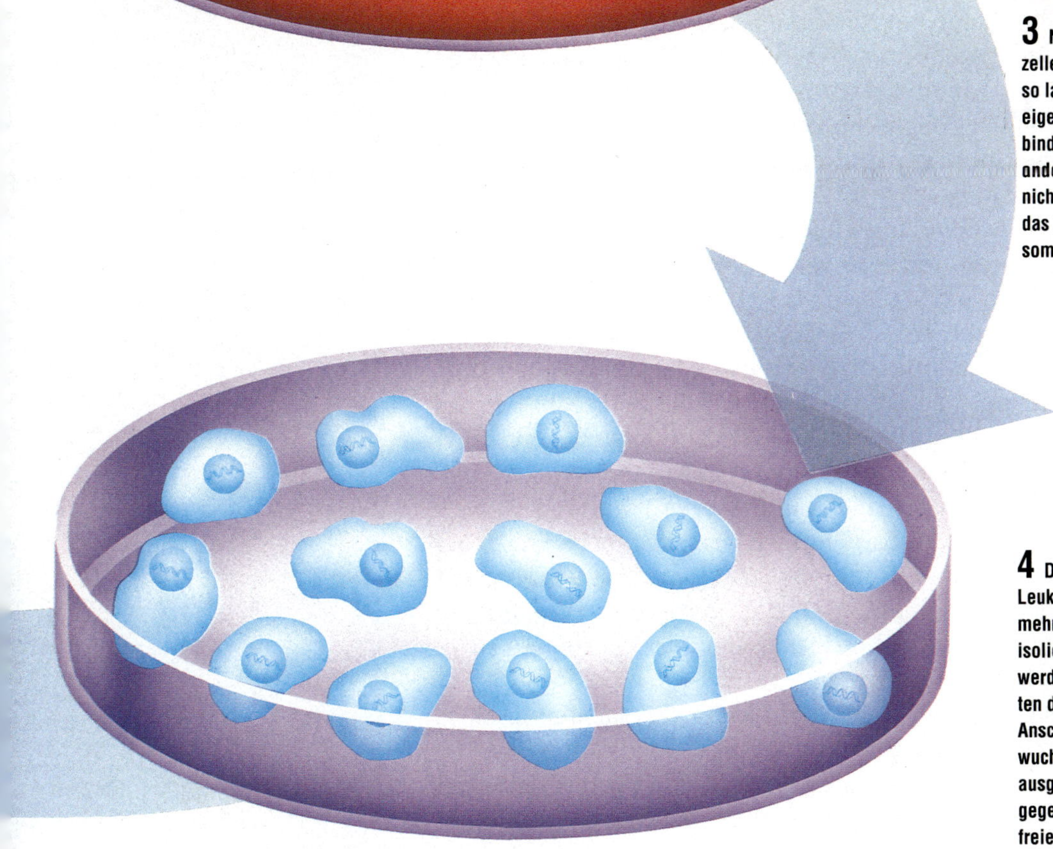

4 Da die Proteinsynthese blockiert ist, sterben die Leukämiezellen ab. Gesunde Knochenmarkzellen vermehren sich hingegen in der Kultur. Während diese isolierten Zellen die Antisense-Behandlung erhalten, werden die restlichen Knochenmarkzellen des Patienten durch Bestrahlung und Chemotherapie abgetötet. Anschließend wird die Antisense-Verbindung aus der wuchernden Kultur von gesunden Knochenmarkzellen ausgewaschen. Sie können dem Patienten zurückgegeben werden, damit dieser von Leukämiezellen freies Blut zu bilden vermag.

Der Einfluß von Erbgut und Umwelt

In den 20er Jahren des 19. Jahrhunderts griff ein kleiner englischer Junge mit Namen Francis Galton zur Feder, um seiner innig geliebten älteren Schwester einen Brief zu schreiben: „Meine liebe Adele, ich bin vier Jahre alt, und ich kann jedes englische Buch lesen. Ich kann diverse lateinische Substantive, Adjektive und aktive Verben aufsagen und außerdem 52 Zeilen lateinischer Dichtung. Ich kann jede Summe bilden und mit 2, 3, 4, 5, 6, 7, 8, 9, 10, 11 multiplizieren. Ich lese ein wenig französisch, und ich kenne die Uhr." Francis hatte allen Grund, stolz auf sich zu sein. Lernen war für ihn fast so selbstverständlich wie atmen, und so sollte es sein ganzes Leben lang bleiben. Im Laufe der nächsten acht Jahrzehnte erbrachte er auf vielen Gebieten, die von der Meteorologie bis zur Physiologie reichten, bedeutende wissenschaftliche Leistungen. Sie trugen ihm einen hervorragenden Ruf als Gelehrter und zahllose Ehrungen ein, sogar die Erhebung in den Adelsstand. Hätte er später jemals Bilanz gezogen – ähnlich wie seinerzeit als Vierjähriger –, so wäre die Liste seiner Erfolge, Entdeckungen und Verdienste zweifellos sehr lang geworden.

Besonders eine Frage faszinierte ihn nachhaltig: Sind die Eigenschaften und Begabungen eines Menschen in erster Linie auf sein Erbgut zurückzuführen oder eher eine Folge seiner Erziehung oder anderer Umweltfaktoren? (Galton pflegte diesen Gegensatz mit der Wendung

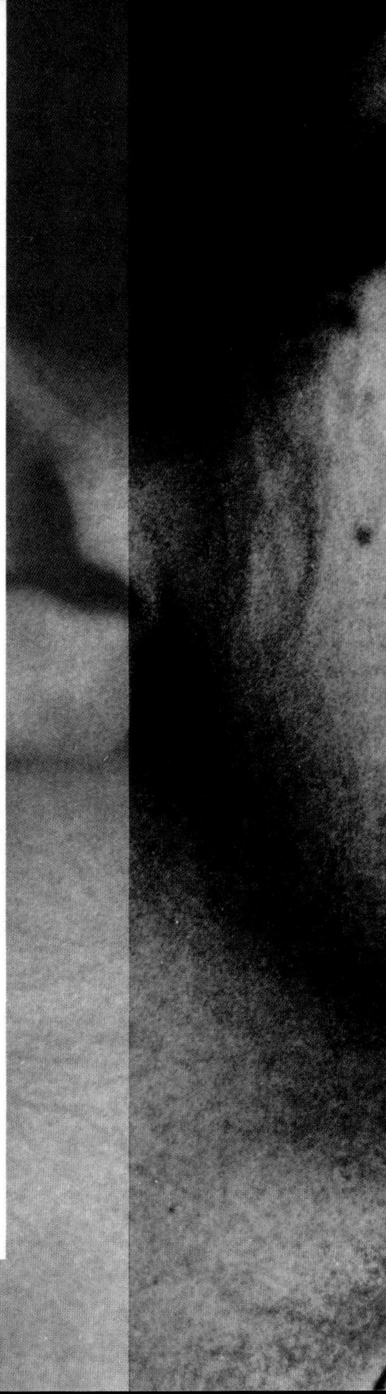

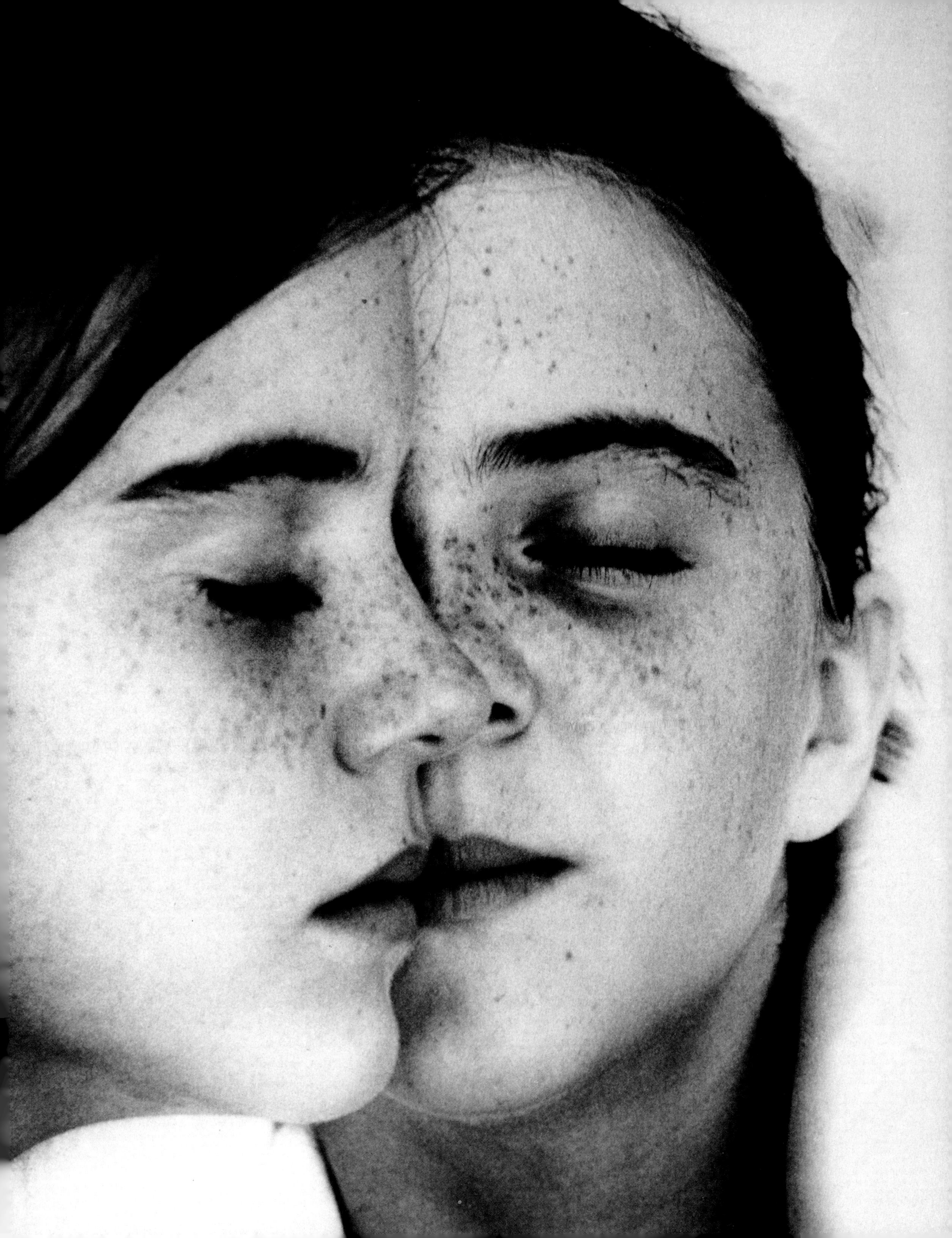

VORHERGEHENDE SEITE: Die Ähnlichkeit zwischen ihnen ist beinahe so groß wie die mit ihrem eigenen Spiegelbild. Die Zwillingsschwestern sind perfekte genetische Duplikate, das Ergebnis eines befruchteten Eis, welches sich nach der Empfängnis teilte. Eineiige Zwillinge, die getrennt voneinander aufwuchsen, sind begehrte Forschungsobjekte. Durch sie lassen sich Hinweise gewinnen, inwieweit Erbanlagen und Umwelt die Variabilität des Menschen beeinflussen.

nature versus nurture zu umschreiben, die seitdem bei Diskussionen zu diesem Thema zum Terminus technicus geworden ist; in die deutschsprachige Fachliteratur hat sie sinngemäß als „angeboren oder anerzogen" beziehungsweise „ererbt oder erworben" Eingang gefunden.) Obgleich sich vor ihm schon andere Gelehrte mit diesem Problem beschäftigt hatten, war Galton doch der erste, der sich dem Thema wissenschaftlich näherte. Er begründete so ein Forschungsgebiet, das später zahlreiche Aspekte des menschlichen Verhaltens in seine Recherchen miteinbeziehen sollte, beispielsweise Sprache und Persönlichkeit oder die Veranlagung zu Alkoholismus und Schizophrenie. Manche Forscher haben sogar untersucht, inwieweit Verhaltensweisen des täglichen Lebens, etwa Vorlieben in der Ernährung oder bei der Wahl der Kleidung, genetisch bestimmt seien.

Galtons Hauptinteresse galt der Grundlage von Intelligenz, wobei er diesbezüglich vorbelastet war: Seine eigene Familie zählte ohne Zweifel zur wirtschaftlichen und gesellschaftlichen Elite Britanniens; sie schien Beweis dafür zu sein, daß es zwischen Genialität und Abstammung einen Zusammenhang gab. Zu seinen an Talenten reichen Verwandten gehörten sein Großvater Erasmus Darwin, Arzt, Philosoph, Poet und Naturforscher, sowie sein Vetter Charles Darwin, der Ruhm erlangte, als er 1859 seine Evolutionstheorie veröffentlichte.

Familien mit mehreren begabten Mitgliedern waren keine Seltenheit. Galton kannte eine ganze Reihe von Sippen, die in hohem Maße das geistige Leben Britanniens geprägt hatten, und er wußte von vergleichbaren Fällen in anderen Kulturen und Epochen – so im 18. Jahrhundert mit dem großen deutschen Komponisten Johann Sebastian Bach, unter dessen zahlreicher Nachkommenschaft seine drei Söhne Johann Christian, Wilhelm Friedemann und Carl Philipp Emanuel ebenfalls als Komponisten berühmt wurden. (Musikalität kennzeichnete indes nicht nur diese beiden Generationen der Bachs: Bezieht man Vor- und Nachfahren mit ein, so erstreckt sich die Bachsche Linie von Berufsmusikern über einen Zeitraum von annähernd 200 Jahren, vom 17. bis weit ins 19. Jahrhundert.)

Mit einer Leidenschaft zur Quantifizierung, die sein ganzes Lebenswerk charakterisiert, studierte Galton Eheschließungen, soziale Rangordnungen und demographische Entwicklungen, stets auf der Suche nach statistischen Mustern, die mit der Frage nach der Erblichkeit von Begabung in Zusammenhang zu bringen wären. Aufgrund seiner Recherchen gelangte er zu der Überzeugung, daß Intellekt, kulturelle Leistung und hoher gesellschaftlicher Status sich in der Tat auf die Mitglieder bestimmter Familien konzentrierten und daß diese Eigenschaften eine genetische Komponente besäßen. Er hielt daher die Schlußfolgerung für zwingend, daß der Einfluß des Erbguts den der Erziehung bei weitem überträfe. Doch mit dieser Feststellung, die er als Faktum betrachtete, gab er sich keineswegs zufrieden. Galtons Ziel war eine Wissenschaft, welche die Menschheit eines Tages befähigen sollte, den Verlauf ihrer Evolution selbst zu kontrollieren. Er nannte die Bestrebungen, die genetische Qualität des Menschen zu erhalten und zu verbessern, „Eugenik", abgeleitet von den griechischen Wörtern *eu*, „gut", und *genos*, „Geburt".

Um die Jahrhundertwende griffen zahlreiche Gelehrte Galtons Ideen auf. Dabei orientierten sie sich an der optimistischen Philosophie des Progressivismus und glaubten, daß die Menschheit sich stetig fortentwickele mit dem Ziel der Perfektion. Die Vorstellung, daß die Abstammungslinie des Menschen durch Zuchtwahl verbessert werden könne – ähnlich wie die von Rindern oder Hunden –, verband sich mit den gängigen Ansichten über die angeborene Überlegenheit bestimmter Rassen und Klassen. Dementsprechend kamen die Eugeniker zu folgendem Schluß: Wenn die begabtesten, am besten ausgebildeten und reichsten Individuen ausschließlich untereinander heirateten und Kinder mit ihresgleichen zeugten, müßten die Nachkommen aus solchen Verbindungen zwangsläufig mit einem besseren Erbgut ausgestattet sein als die Allgemeinheit.

Das Bestreben, den Genpool des Menschen zu verbessern, manifestierte sich mit den Gaskammern der deutschen Nationalsozialisten in seiner schrecklichsten Form; sie waren das Produkt von Adolf Hitlers Traum, die überlegene Rasse der Arier zu schaffen. In den Vereinigten Staaten lehnten die Eugeniker solche monströsen Projekte zwar ab, propagierten aber die gleichermaßen abwegige Ansicht, daß die Fortpflanzung der Armen und der Farbigen, einhergehend mit der Vermischung der Rassen, mit der Zeit zu „minderwertigen" Individuen führe; dadurch werde die intellektuelle Leistungsfähigkeit der Gesellschaft zunehmend beeinträchtigt und ein Prozeß der Degeneration ausgelöst, der schließlich in einer allgemeinen Geistesschwäche münde.

Wegen der negativen Assoziationen wurde die Eugenik nach dem Zweiten Weltkrieg weitgehend diskreditiert. An ihre Stelle trat die Denkschule des Behaviorismus, die einige Jahrzehnte zuvor von dem amerikanischen Psychologen John B. Watson begründet worden war. Der Behaviorismus vertritt die These, daß die Umwelt – wie Erziehung, soziales und kulturelles Milieu – die Entwicklung eines Menschen in einer Weise bestimme, daß der Einfluß seines Erbguts zu vernachlässigen sei. Watson behauptete, daß der Erzieher die Macht habe, Individuen unabhängig von deren Herkunft zu formen. Die einzigen Unterschiede zwischen Menschen verschiedener Berufsgruppen seien bedingt durch äußere Umstände, so glaubte er, und die soziale Kluft könne durch entsprechende Konditionierung überwunden werden. Wenn er ein Dutzend gesunder, wohlgestalteter Kinder in seiner eigenen speziellen Welt aufziehen würde, so schrieb Watson in einer flammenden Deklaration seines Bekenntnisses zur Formbarkeit des Menschen, könne er jedes Individuum zu dem Experten machen, zu dem er es machen wolle – zum Arzt, Künstler, Rechtsanwalt, Händler, sogar zum Bettler und Dieb –, ungeachtet seiner Talente, Neigungen, Fähigkeiten und der Rasse seiner Vorfahren.

Der Behaviorismus gewann in den 50er und 60er Jahren beständig an Zuspruch, vor allem weil Experimente mit Tieren wie etwa Ratten und Tauben diesen eine gewisse Lernfähigkeit bescheinigten. Weitere Tierversuche unterminierten letztendlich jedoch die vehementesten Forderungen der Behavioristen, als klar wurde, daß das Lernvermögen der Tiere begrenzt und an eine besondere artspezifische genetische Ausstattung gebunden war. Daraufhin begann das Pendel in die Position von Sir Francis Galton zurückzuschwingen – obgleich die Wissenschaftler inzwischen wesentlich mehr über den Einfluß der Gene wußten und somit Galtons Vorstellungen zur Verbesserung des menschlichen Erbguts keineswegs teilten.

Immer deutlicher hatten die Gelehrten inzwischen erkannt, daß die eigentliche wissenschaftliche Frage

CARTOON-TEXT RECHTS: Der Einfluß der Umwelt: Eineiige Zwillinge, getrennt aufgewachsen.

und Herausforderung darin bestand zu erforschen, welche Eigenschaften angeboren und welche anerzogen sind. In den letzten vier Jahrzehnten hat die Verhaltensgenetik sich meist auf statistische Analysen gestützt, um die relativen – und komplexen – Einflüsse der Gene wie auch der Umwelt zu erkunden. Zum Teil haben sich durch selektive Züchtungsexperimente mit Tieren, deren Genotypen auf ganz ähnliche Weise wie die von Mendels Erbsenpflanzen leicht manipulierbar sind, Fortschritte erzielen lassen. Da sich ein solcher Ansatz beim Menschen verbietet, waren die Wissenschaftler gezwungen, sozusagen auf dem Umweg über kognitive Eigenschaften und andere Verhaltensmerkmale, wie sie sich aus Testserien ergaben, Genotyp und Umwelteinflüsse zu ermitteln. Die vielleicht zwingendsten Hinweise haben Untersuchungen von eineiigen Zwillingen erbracht, deren 100prozentige genetische Identität eine Art einheitlichen Hintergrund darstellt, vor dem Einflüsse der Umwelt auf das Verhalten besonders deutlich hervortreten.

Es überrascht nicht, daß Francis Galton die Zwillingsforschung begründet hat. Die Zahl der von ihm untersuchten Personen war zwar klein, gleichwohl hatte er den Eindruck, daß die Ergebnisse insofern aufschlußreich waren, als sie eine enge Verbindung zwischen den Erbanlagen eines Individuums und dessen Entwicklung aufzeigten. Galton hielt die Ergebnisse seiner Studien mit eineiigen Zwillingen sogar für so eindeutig, daß er Bedenken hatte, wie die Öffentlichkeit darauf reagieren würde. Als er seine Resultate unter dem Titel *The History of Twins, as a Criterion of the Relative Powers of Nature and Nurture* publizierte, bekannte er: „Meine einzige Furcht ist es, daß meine Daten zuviel beweisen und auf Ablehnung stoßen, weil es aller Erfahrung zu widersprechen scheint, daß Erziehung einen so geringen Einfluß haben soll."

Obwohl moderne Zwillingsstudien weitaus sorgfältiger konzipiert und durchgeführt werden als Galtons Experimente, droht ihnen offenbar gelegentlich die gleiche Gefahr. So lassen beispielsweise einige Untersuchungen den Schluß zu, daß Eigenschaften wie Ordnungsliebe, Autoritätsgläubigkeit oder Vorstellungskraft – Charakteristika, die ein Behaviorist wie John Watson zweifelsohne dem Einfluß der Umwelt zugeschrieben hätte – genetisch bestimmt sind. Andere Studien zeigen, daß das familiäre Milieu für die individuelle Persönlichkeitsentwicklung weniger bedeutsam ist als ursprünglich angenommen. So mancher Praktiker mag über diverse Gegenargumente verfügen, doch selbst die schärfsten Kritiker müssen eingestehen, daß das statistische Material der Verhaltensgenetik ihnen wertvolle Einblicke geliefert hat. Auch wenn es noch kaum gesicherte Erkenntnisse gibt, wird menschliches Verhalten mehr und mehr als genetisch bedingt begriffen. Die Gene, definierte ein Forscher, lieferten einen Rohentwurf des Lebens, und die Umwelt, die beständig mit den genetischen Vorgaben interagiere, besorge das übrige.

Eines der vielen Wunder des Lebens besteht in der Fähigkeit der Natur, aus einem relativ kleinen Teil der genetischen Anweisungen eine nahezu unendliche Vielfalt zu entwickeln. Die meisten Gene diktieren eher Gleichheit als Unterschiedlichkeit. Durch Jahrmillionen der Evolution perfektioniert, liefern sie eine Art Bauplan für die molekulare Architektur, die Lebewesen benötigen – jene biochemischen Grundlagen, welche die Zelle funktionsfähig machen. Da die Gene den größten Teil ihrer DNS für die Instruktionen zu dieser fundamentalen Architektur bereitstellen, sind die Millionen Arten von Lebewesen auf dieser Welt, welche größenmäßig vom submikroskopischen Bakterium bis zum riesigen Blauwal reichen, eher verwandt als nicht-verwandt. Die Fruchtfliege, *Drosophila melanogaster*, bevorzugtes Versuchstier der Genetiker, ist hierfür ein gutes Beispiel. Auf phänotypischer Ebene – das heißt, hinsichtlich ihres Erscheinungsbildes – haben *Drosophila* und *Homo sapiens* nichts gemeinsam. Auf der genotypischen Ebene jedoch, zumindest hinsichtlich der bisher untersuchten Gene, finden sich für 71 Prozent der *Drosophila*-Gene Entsprechungen im menschlichen Genom. Das bedeutet, daß diese beiden Gensätze ähnliche Funktionen erfüllen. Bei einem Ver-

Trotz der vielfältigen Möglichkeiten menschlicher Erscheinungsformen ist das Erbgut aller Menschen zu 99,9 Prozent identisch. Die Merkmalsvariabilität ist hier am Beispiel der Unterschiede in Haar und Körpergröße eines zehnjährigen amerikanischen Jungen und eines etwa gleichaltrigen Massai-Mädchens aus Kenia besonders gut zu erkennen.

gleich zwischen dem Menschen und anderen Säugetieren ist der Anteil nicht-identischer Gene noch geringer: Die genetischen Instruktionen, die einen Menschen erschaffen, und jene, welche eine Maus hervorbringen, unterscheiden sich nur um 20 Prozent; zwischen Mensch und Schimpanse besteht sogar ein genetischer Unterschied von lediglich einem Prozent.

Kein Mensch, gleich welcher Rasse, kann sich infolgedessen rühmen, daß die genetische Variation seiner eigenen Rasse größer als ein Zehntel von einem Prozent sei. Bei diesem einen Zehntel handelt es sich um etwa drei Millionen Basenpaare der DNS aus insgesamt drei Milliarden. Und doch sind aus diesem geringen Vererbungsspielraum Individuen hervorgegangen, bei denen die Farbe der Haut von elfenbein- bis ebenholzfarbig, die der Augen von rosa bis schwarz und die Haare von glatt bis kraus variieren. Die scheinbar minimalen Möglichkeiten der Innovation lassen Gruppen von Menschen entstehen, die sich durch Kleinwuchs, wie die Pygmäen, oder durch stattliche Körpergröße, wie die Watussi, auszeichnen. Je enger die Verwandtschaft zwischen Individuen ist, desto geringer sind die Unterschiede in den Basenpaaren ihrer DNS. Zweieiige Zwillinge oder Eltern und Kinder unterscheiden sich lediglich durch etwa zwei Millionen Basenpaare. Zwischen eineiigen Zwillingen besteht überhaupt kein genetischer Unterschied; das gleiche gilt für eineiige Drillinge oder Vierlinge, die wesentlich seltener sind.

Doch unabhängig davon, was die Gene vorschreiben, die Umwelt wird ihrerseits Einfluß auf die Entwicklung nehmen und damit selbst bei eineiigen Zwillingen das Bild komplizieren. Der Prozeß setzt früh ein – fast unmittelbar, nachdem sich das befruchtete Ei an der Gebärmutterwand festheftet und zu wachsen beginnt. Nicht nur die Bedingungen innerhalb der Gebärmutter oder die Ernährung der Mutter, sondern auch ihre Streßbelastung und sogar der Geräuschpegel ihrer unmittelbaren Umgebung können sich auf die Weiterentwicklung des Fetus auswirken. Wenn eine Schwangere raucht, Alkohol trinkt, an Röteln oder Grippe erkrankt, giftigen Chemikalien oder übermäßiger Strahlung ausgesetzt ist, kann der verletzliche Fetus Schaden nehmen und das sich aus ihm entwickelnde Kind geistig oder körperlich beeinträchtigt sein.

Die Umwelteinflüsse vervielfachen sich nach der Geburt. Verglichen mit der äußeren Welt, bietet die Gebärmutter ein Umfeld, das kontrollierten Laborbedingungen gleichzusetzen ist. Das Neugeborene taucht auf in ein Chaos aus Licht und Lauten, Hitze und Bewegung, und jedes Kind erlebt eine besondere, individualisierte Realität – eine einzigartige Komposition von Reizen und sozialen Beziehungen. Selbst Kinder, die im selben Haushalt aufwachsen, umsorgt durch dieselben

Eltern, werden unterschiedlichen Zwängen ausgesetzt sein. Erziehung kann zwei Individuen nie auf genau die gleiche Weise zuteil werden.

Vom Augenblick der Geburt an wirkt diese Erziehung ein auf einen außerordentlich komplexen Organismus. Einstmals hielt man Säuglinge für eine Art lebende Tonmasse, ohne Seh- und Empfindungsvermögen, unfähig zu denken und zu fühlen. Solche Vorstellungen sind durch die Psychologie revidiert worden; heute weiß man, daß Kinder bereits sehr früh bemerkenswerte Fähigkeiten besitzen, Umweltreize wie Bilder, Töne, Gerüche, Hitze und Kälte aufmerksam verfolgen können und die Stimme ihrer Mutter erkennen. Noch wichtiger ist, daß das menschliche Genom einem gesunden Kind gewisse unveräußerliche Gaben verleiht, zu denen die räumliche Wahrnehmung, das Vermögen, Ausdruck und Gestik nachzuahmen, die Fähigkeit der Erinnerung sowie bestimmte Voraussetzungen für kritisches und logisches Denken gehören. Einige Wissenschaftler glauben, daß die Gene sogar die strukturellen Grundlagen für die den Menschen kennzeichnendste Eigenschaft liefern, seine Sprachfähigkeit.

Der Begriff „infantil" ist eine Ableitung vom lateinischen *infans*, was „stumm" oder „lallend" bedeutet. Babys fehlt noch jene Fähigkeit, die wir für ein wesentliches Charakteristikum des Menschen halten: sich durch Sprache zu artikulieren. Andererseits zeigen Säuglinge schon bald einen starken Drang zu sprechen – der so offenkundig angeboren ist, daß in früheren Epochen die Menschen sich gelegentlich fragten, ob spontan gesprochene Wörter nicht ebenfalls angeboren seien. So soll der indische Großmogul Akbar im 16. Jahrhundert ein Experiment durchgeführt haben, bei dem er eine Gruppe von Kindern mit schweigenden Erzieherinnen mehrere Jahre in einem Haus isolierte. Die Kinder wuchsen stumm heran. Jüngere Fallstudien haben hingegen gezeigt, daß Kinder von durchschnittlicher Intelligenz trotz einer solchen Isolierung bei speziellem Training ohne weiteres sprechen lernen.

Selbstverständlich enthält der Genotyp keine Codes für bestimmte Wörter, und ebenso klar ist, daß Sprachfähigkeit voraussetzt, relativ früh im Leben mit Sprache in Berührung zu kommen. Dennoch stimulieren die Gene vielleicht mehr als den bloßen Drang zu sprechen; sie könnten auch die eigentliche Form der Sprache diktieren.

Die Suche nach der möglichen genetischen Grundlage von Sprache ist ein besonderes Anliegen von Noam Chomsky, Sprachwissenschaftler am Massachusetts Institute of Technology. Chomsky glaubt, daß alle 6000 Sprachen der Welt einen gemeinsamen strukturellen Kern besitzen. Ebenso wie das menschliche Genom den Embryo programmiere, Gliedmaßen und Organe eines Menschen auszubilden statt die einer anderen Art, so konstruiere es auch ein Gehirn, das mit der Fähigkeit zur Sprachbildung versehen sei. Chomsky zufolge sind die Regeln, nach denen Wörter zu verständlichen Arrangements verbunden werden, nicht erfunden, sondern gehen vielmehr aus den neuronalen Schaltkreisen hervor, die der menschlichen Spezies eigen sind. Durch dieses angeborene Organisationssystem, das Chomsky als „universelle Grammatik" bezeichnet, sei der Verstand in der Lage, eine unendliche Anordnung von verbalen Äußerungen zu erschaffen, die einen Sinn ergeben. Kinder erlernten somit Sprache nicht aus dem Nichts, sondern nähmen Vokabeln auf und setzten die erworbenen Wörter in ein bereits existierendes geistiges Gerüst ein, das zwischen Substantiven und Verben, Subjekt und Objekt unterscheide und Sätze automatisch zueinander in Beziehung setze.

Einige Linguisten haben nach Hinweisen auf die hypothetische universelle Grammatik in kreolischen Sprachen gesucht, die als eine Art Notbehelf entstanden sind, damit sich Menschen aus sehr unterschiedlichen Kulturen verständigen können. Zu diesen Gelehrten gehört Derek Bikkerton. Er lehrte Mitte der 70er Jahre an der University of Hawaii. Damals zeichnete er mit einer Gruppe von Doktoranden viele hundert Stunden lang den Ortsdialekt auf und stellte fest, daß das hawaiische „kreolische Englisch", welches Ende des 19. Jahrhunderts von den Einwanderern aus aller Herren Länder entwickelt worden

WORIN SICH ZWILLINGE UNTERSCHEIDEN. Selbst wenn sie sich anhand aller anderen Körpermerkmale nicht unterscheiden lassen, können eineiige Zwillinge gleichwohl häufig mit Hilfe ihrer Fingerabdrücke identifiziert werden. Wie die markierten Felder auf dem vergrößerten Photoausschnitt unten zeigen, differieren die Linienmuster deutlich. Man nimmt an, daß vorgeburtliche Umwelteinflüsse für die Ausbildung dieser charakteristischen, nicht veränderbaren Linien verantwortlich sind.

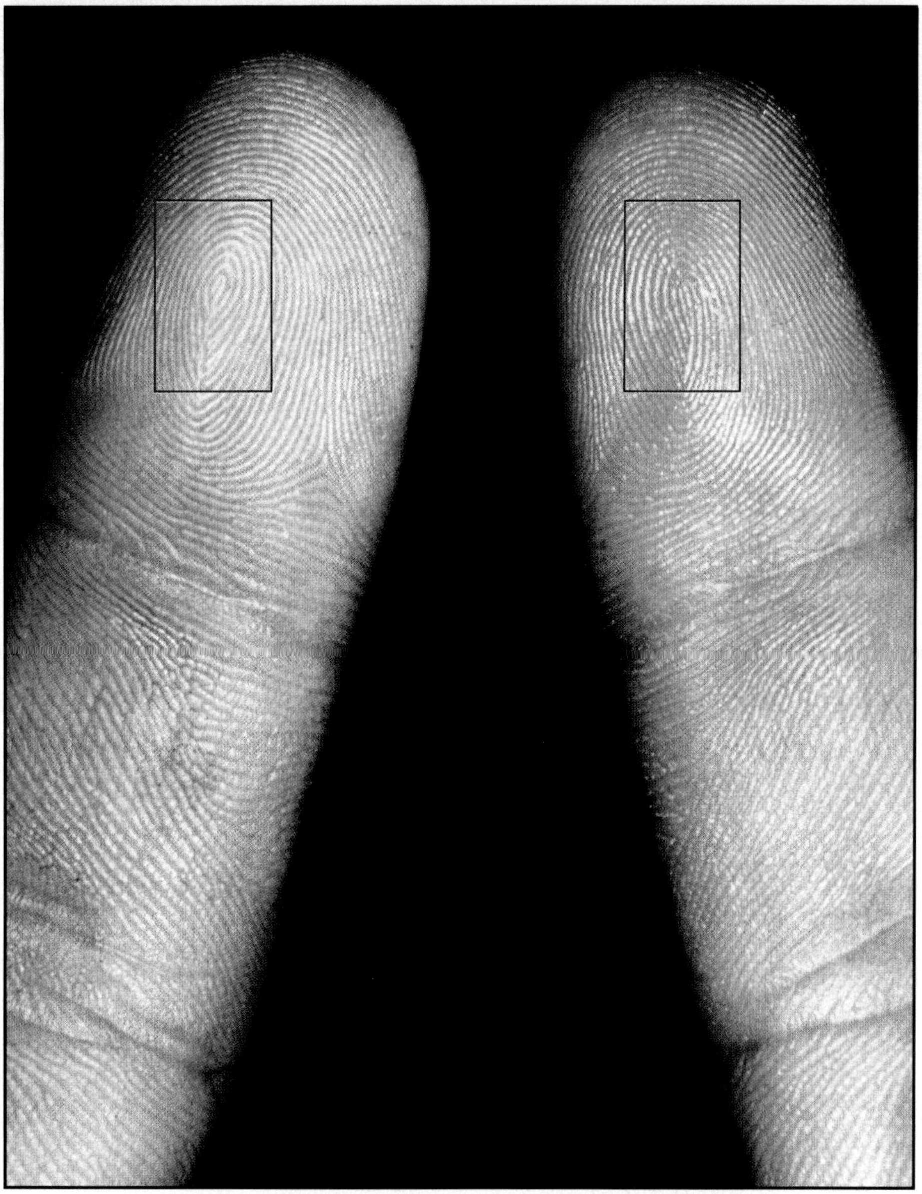

war, Ähnlichkeiten mit den kreolischen Sprachen der Karibik hatte, die etwa zwei Jahrhunderte zuvor unter afrikanischen Einwanderern entstanden waren. Bickertons Interesse war geweckt, und er dehnte seine Studien auf kreolische Sprachen in der ganzen Welt aus. Die hawaiisch-karibischen Ähnlichkeiten traten allerorten auf.

Wie die rudimentäre Sprache von Kleinkindern scheint auch die kreolische Sprechweise den anerkannten Sprachregeln zuwiderzulaufen, aber ähnlich wie die Babysprache weist auch sie eine innere, ihr eigene Folgerichtigkeit auf, möglicherweise aufgrund eines universellen Programms, das in den Genen niedergeschrieben ist – eines „Bioprogramms", wie es Bickerton nennt. Er weist beispielsweise darauf hin, daß sämtliche kreolischen Sprachen – gleichgültig, ob sie auf dem Englischen oder anderen Sprachen basieren – zwischen abgeschlossenen und nicht-abgeschlossenen Handlungen unterscheiden.

Nicht alle Sprachwissenschaftler teilen die Ansicht, daß eine universelle Grammatik – sollte sie tatsächlich existieren – über kreolische Sprachen erschlossen werden könnte. Die Ähnlichkeiten seien nicht zwangsläufig auf eine gemeinsame Logik zurückzuführen, sondern beruhten vielleicht eher auf einheitlichen sozialen Strukturen, wie sie auf Plantagen herrschen, oder seien in ihren Grundzügen durch Seeleute verbreitet worden. Alle Theorien über ein linguistisches Bioprogramm sind indes spekulativ – allenfalls ein wissenschaftlicher Ansatz.

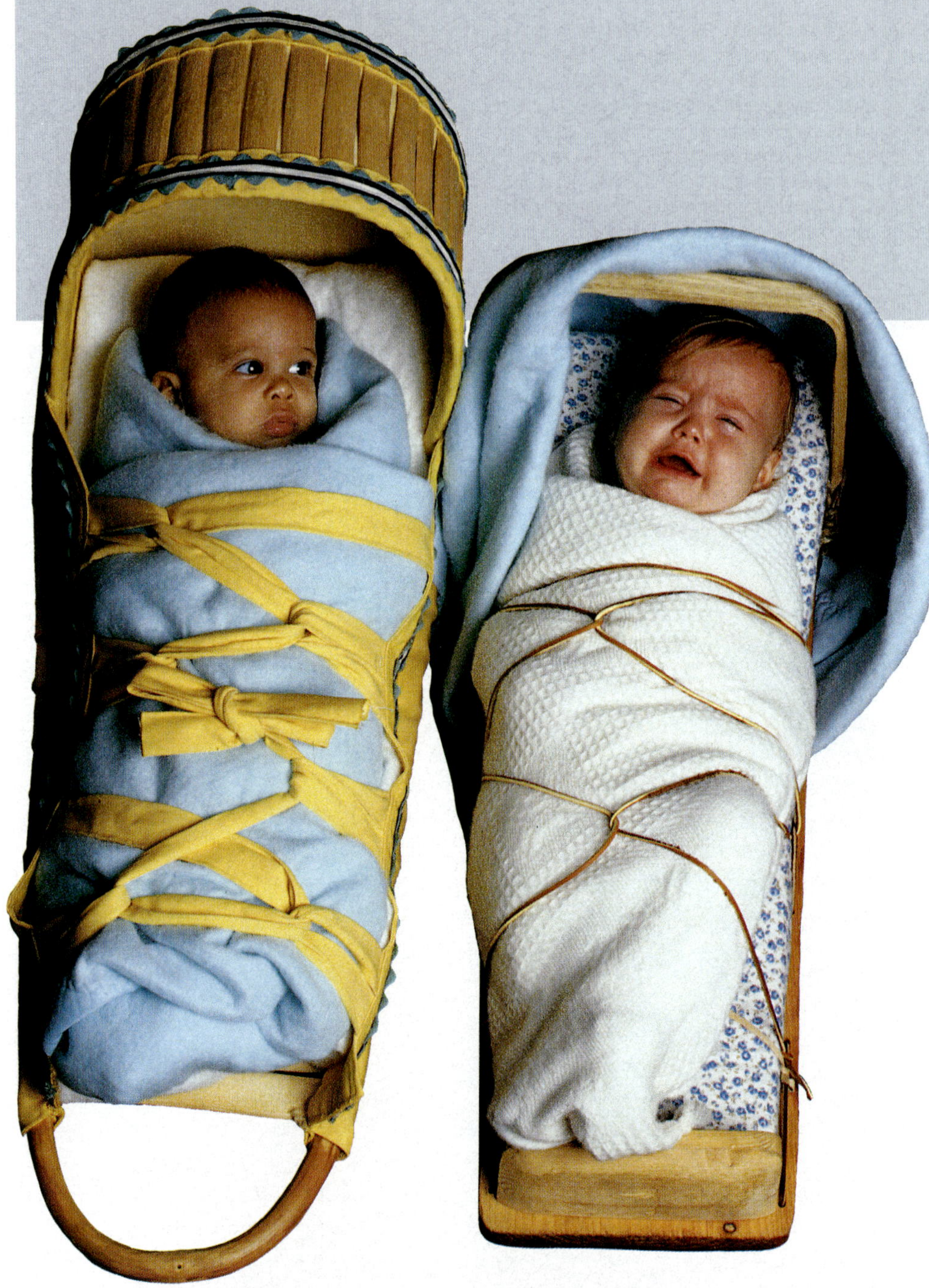

Eine weit höhere Akzeptanz erfährt die These, daß Gene wichtige Determinanten des menschlichen Verhaltens seien. Im Tierreich lassen sich zweifellos eindeutige Belege für den genetischen Einfluß auf das Verhalten finden. Außer Tauben, Ratten und anderen Labortieren, die den Verhaltensforschern zu Versuchszwecken dienen, gibt es auch Tiere, die auf bestimmte Verhaltensmerkmale hin gezüchtet worden sind. Hunde – die wahrscheinlich älteste domestizierte Tierart und die am stärksten mit dem Menschen verbundene – sind hierfür ein gutes Beispiel. Die unzähligen Züchtungen von Haushunden sind so eng miteinander verwandt, daß sie mit den gegenwärtigen Laborverfahren anhand ihrer Chromosomen nicht unterschieden werden können, selbst nicht von Wölfen. Trotzdem zeigen sie eine große morphologische Vielfalt – hinsichtlich Körpergröße, Schnauzenlänge, Ohrform, Fellfarbe und einigem mehr – sowie beachtliche Verhaltensunterschiede. Englische Fuchsjagdhunde, die durch Kreuzungen von Windhund, Bulldogge und Foxterrier entstanden sind, gelten als nimmermüde, ausdauernde Jäger, während Catahoula-Leopardenhunde, die an der amerikanischen Golfküste gezüchtet wurden, ein besonderes Talent zum Hüten besitzen. Perfektioniert über Generationen, manifestieren sich die speziellen Begabungen dieser Züchtungen selbst dann, wenn einzelne Hunde weit entfernt von den heckengesäumten Feldern Großbritanniens oder der amerikanischen Ranch aufwachsen. Der Verhaltensforscher Daniel Freedman von der University of Chicago zog verschiedene Würfe von Welpen – darunter Beagles, Terrier, Shetland-Schäferhunde und Basenjis – jeweils auf nachsichtige oder strenge Weise auf. Dabei stellte er fest, daß jede Rasse anders auf einen Test reagierte, den er ersonnen hatte: Die Hunde wurden in einem Zimmer mit einem Freßnapf allein gelassen, den sie jedoch nicht anrühren durften. Alle Shetlander gehorchten, unabhängig davon, wie sie erzogen worden waren, während keiner der Basenjis den Befehl befolgte. Bei den

Im Rahmen einer Studie, die klären sollte, ob sich ethnische Unterschiede auch in Temperament und Mentalität äußern, schnallte Dr. Daniel Freedman von der University of Chicago Navajo- und Kaukasier-Babys auf Wiegebrettern fest *(links)*. Die kleinen Navajos nahmen die neue Erfahrung gelassen hin, während die kaukasischen Babys unruhig wurden.

Beagles und Terriern warteten diejenigen, die zur Gruppe der Verwöhnten gehörten, länger gehorsam ab, bevor sie sich an das Futter wagten, als jene, die mit fester Hand erzogen worden waren. Laut Freedman sind für diese Ergebnisse Temperamentsunterschiede zwischen den Rassen verantwortlich, die genetisch bestimmt sind.

Von den beflissenen Shetlandern und den ignoranten Basenjis zu Menschenkindern war es für Freedman nur ein kleiner Schritt. Bei Verhaltensstudien an Kindern fand er genügend zwingende Beweise für die Richtigkeit der Vermutung, daß ethnische und kulturelle Unterschiede eine genetische Grundlage haben. Wie er feststellte, zeigen neugeborene Navajos, Chinesen, Japaner, Kaukasier und Afrikaner in einer ganzen Reihe von Tests ein unterschiedliches motorisches Leistungs- und Reaktionsvermögen.

Damals, als Freedman mit seinen Untersuchungen begann, herrschte die Meinung vor, daß alle Säuglinge den sogenannten „Moro-" oder „Schreckreflex" zeigen, indem sie die Arme ausstrecken und weinen, wenn man ihren Oberkörper anhebt. Außerdem vermutete man, daß jedes Baby, dem man ein Tuch fest auf die Nase preßt, strampelt, um sich davon zu befreien, wie es kaukasische Kinder tun. Doch die von Freedman getesteten Kinder stützten diese gängigen Ansichten nicht. Navajo-Babys zeigten lediglich einen schwach ausgeprägten Moro-Reflex, während neugeborene Chinesen ein Tuch auf ihrer Nase ohne weiteres tolerierten und durch den Mund zu atmen begannen. Bei mehrfachen Tests mit wenige Tage alten Babys unterschiedlicher ethnologischer Herkunft stellte Freedman andere auffällige Verhaltensweisen fest, die schwerlich erlernt sein konnten.

Alles in allem waren kaukasische Babys am leichtesten zu irritieren, schrien am schnellsten und beruhigten sich am langsamsten, während Navajo-Kinder eine erstaunliche Gelassenheit und Anpassungsfähigkeit erkennen ließen. Neugeborene Chinesen lagen in ihren Reaktionen zwischen diesen beiden Extremen. Im Verlauf der Tests notierte Freedman: „Chinesen und Kaukasier beginnen am gleichen Punkt der Untersuchung zu weinen, besonders wenn sie nackt sind, doch Chinesen beenden das Weinen eher. Sie hören zudem sofort auf zu weinen, wenn sie hochgenommen und gehätschelt werden, . . . während kaukasische Babys lediglich weniger lautstark weiterweinen."

Auch die motorische Entwicklung variierte unter den verschiedenen Volksgruppen. Stellte man die Babys auf ihre Füße, so streckten die winzigen neugeborenen Kaukasier automatisch die Beine und machten kleine Schritte, während bei den Navajo-Kindern die Beine einknickten. Zog man sie an den Armen in eine Sitzposition, konnten neugeborene Japaner und Kaukasier den Kopf nicht aufrecht halten, während neugeborene Kikujus aus Kenia dazu ebenso in der Lage waren wie neugeborene Aborigines aus Australien. Die Babys mancher Volksgruppen entwickelten offenbar körperliche Fähigkeiten schneller als Babys anderer ethnischer Herkunft. Ein Forscher, der Kinder von Ituri-Pygmäen aus dem afrikanischen Regenwald beobachtete, berichtete, daß diese sich bereits mit drei Monaten aufsetzen, mit sechs Monaten laufen und im Alter von einem Jahr auf Bäume klettern konnten.

Viele von Freedmans Ergebnissen sind von anderen Wissenschaftlern bestätigt worden – häufig zu deren Mißvergnügen, da Vermutungen, daß kulturelle Unterschiede genetisch bestimmt seien, oft zu hitzigen Debatten Anlaß geben. Freedman warnt vor dem Trugschluß, daß genetisch bestimmte Gruppeneigenschaften mit angeborener Überlegenheit gleichzusetzen seien. Die Feststellung, daß ethnische Unterschiede bestünden, impliziere nicht, daß diese Unterschiede relevant seien für Erfolg oder Mißerfolg einer Gruppe, geschweige denn für die Leistungsfähigkeit des einzelnen Gruppenmitglieds. So beobachtete Freedman, daß „genetisch gesehen nichts dafür spricht, daß zwei so separate Systeme wie motorische Frühreife und Intelligenz durch benachbarte Gene kontrolliert werden, noch daß die Gene des einen Systems eine wesentliche Rolle bei der Modifi-

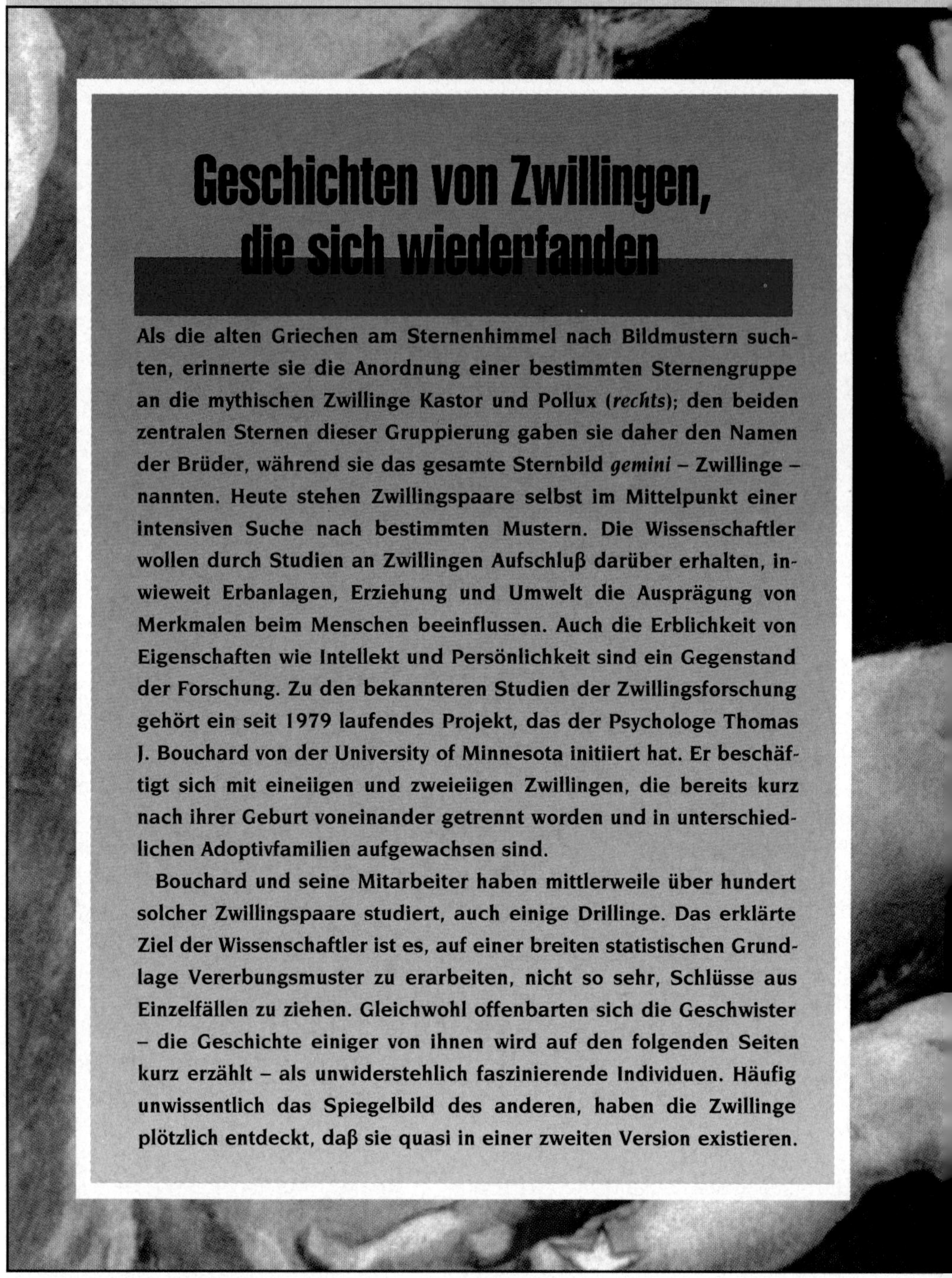

Geschichten von Zwillingen, die sich wiederfanden

Als die alten Griechen am Sternenhimmel nach Bildmustern suchten, erinnerte sie die Anordnung einer bestimmten Sternengruppe an die mythischen Zwillinge Kastor und Pollux (*rechts*); den beiden zentralen Sternen dieser Gruppierung gaben sie daher den Namen der Brüder, während sie das gesamte Sternbild *gemini* – Zwillinge – nannten. Heute stehen Zwillingspaare selbst im Mittelpunkt einer intensiven Suche nach bestimmten Mustern. Die Wissenschaftler wollen durch Studien an Zwillingen Aufschluß darüber erhalten, inwieweit Erbanlagen, Erziehung und Umwelt die Ausprägung von Merkmalen beim Menschen beeinflussen. Auch die Erblichkeit von Eigenschaften wie Intellekt und Persönlichkeit sind ein Gegenstand der Forschung. Zu den bekannteren Studien der Zwillingsforschung gehört ein seit 1979 laufendes Projekt, das der Psychologe Thomas J. Bouchard von der University of Minnesota initiiert hat. Er beschäftigt sich mit eineiigen und zweieiigen Zwillingen, die bereits kurz nach ihrer Geburt voneinander getrennt worden und in unterschiedlichen Adoptivfamilien aufgewachsen sind.

Bouchard und seine Mitarbeiter haben mittlerweile über hundert solcher Zwillingspaare studiert, auch einige Drillinge. Das erklärte Ziel der Wissenschaftler ist es, auf einer breiten statistischen Grundlage Vererbungsmuster zu erarbeiten, nicht so sehr, Schlüsse aus Einzelfällen zu ziehen. Gleichwohl offenbarten sich die Geschwister – die Geschichte einiger von ihnen wird auf den folgenden Seiten kurz erzählt – als unwiderstehlich faszinierende Individuen. Häufig unwissentlich das Spiegelbild des anderen, haben die Zwillinge plötzlich entdeckt, daß sie quasi in einer zweiten Version existieren.

kation des anderen spielen. Es ist ebenso möglich, daß beide gleichrangig und reibungslos zusammenwirken". An die Adresse seiner Kritiker gerichtet, weist er hin auf „unsere eigene kulturelle Vorliebe, ererbte und erworbene Eigenschaften zu trennen. Amerikaner neigen dazu, die ererbten Fähigkeiten zu negieren und die erworbenen in den Vordergrund zu stellen, um die eigene Leistung zu betonen. Meine Haltung hierzu ist simpel: Wir sind durch und durch biologisch bedingt sowie durch und durch umweltgeprägt; diese beiden Einflüsse lassen sich so wenig trennen wie ein Objekt von seinem Schatten."

Die einer breiten Öffentlichkeit wahrscheinlich bekanntesten Untersuchungen über die möglichen genetischen Ursachen des Verhaltens sind die Studien an Zwillingen. Zum Zwecke des statistischen Vergleichs befassen sich solche Studien in der Regel mit eineiigen Zwillingen – in der Fachsprache bezeichnet man sie als „monozygot", weil nur ein Ei befruchtet wurde – wie auch mit zweieiigen („dizygoten") Zwillingen. Außerdem untersuchen sie Zwillingspaare, die voneinander getrennt wurden, und solche, die zusammen aufwuchsen. Um den relativen Einfluß des Erbguts gegenüber dem der Umwelt deutlich zu machen, ist die Gruppe der monozygoten Zwillinge, die seit frühester Kindheit in verschiedenen Familien aufwuchsen, von besonderer Wichtigkeit. Man geht davon aus, daß jede Verhaltensähnlichkeit zwischen den Geschwistern auf genetischen Einflüssen beruhe, da die Zwillinge nicht im gleichen Umfeld erzogen wurden.

Ein Zentrum der Zwillingsforschung ist die University of Minnesota, wo im Jahre 1979 der Psychologe Thomas J. Bouchard damit begann, getrennt aufgewachsene Zwillinge zu untersuchen – ein Projekt, das bis heute fortgeführt wird. Neu aufgenommene Probanden werden eine Woche lang körperlichen und psychologischen Tests unterzogen. Man stattet sie mit tragbaren Geräten aus, die ihre Aktivitäten und ihre Körpertemperatur rund um die Uhr aufzeichnen; sie werden geröntgt, mit Videokameras beobachtet und müssen sich in einem Laufrad bewegen. Versierte Interviewer notieren ihre Lebensgeschichte – den familiären Hintergrund, Ausbildung, sexuelle

Erfahrungen, belastende Erlebnisse und ähnliches. Die Probanden durchlaufen standardisierte Tests zur Erkundung ihrer Persönlichkeit, ihres Intelligenzquotienten (IQ) und anderer geistiger Fähigkeiten. Bei Abschluß der Untersuchung haben sie mehr als 15 000 Fragen beantwortet.

Auf diese Weise haben Bouchard und seine Mitarbeiter – Augenärzte, Zahnärzte und Kardiologen ebenso wie Psychologen und Genetiker – eine umfangreiche Datenbank angelegt, in der heute die Daten von über hundert getrennt aufgewachsenen Zwillingspaaren gespeichert sind. Während der Interviews haben die Wissenschaftler bei den Zwillingen unglaubliche Übereinstimmungen entdeckt, etwa gemeinsame geschmackliche Vorlieben und persönliche Neigungen, die von der Lieblingsfarbe bis zu den Namen des Ehepartners und der Kinder reichten, wie beispielsweise im Falle der Jim-Zwillinge (S. 8).

Doch wie bei anderen Projekten der Zwillingsforschung ist auch der Ansatz der Minnesota-Studien statistischer Art und reflektiert eher allgemeine Muster wissenschaftlicher Datenerhebung als die Eigenart spezifischer Fälle. Einige Ergebnisse haben einfach Grundmerkmale der Zwillingsschaft bestätigt, die auch einen Laien kaum verwundern dürften. So haben die Wissenschaftler festgestellt, daß getrennt aufgewachsene eineiige Zwillinge etwa das gleiche Körpergewicht besitzen oder Kontaktlinsen von gleicher Stärke tragen. Die Minnesota-Studien belegen jedoch auch einige nicht so offensichtliche körperliche Parallelen. Getrennt aufgewachsene eineiige Zwillinge verfügen über ein sehr ähnliches Immunsystem, wie Messungen bestimmter Antikörper ergaben. Sie sind anfällig für Herz- und Lungenerkrankungen und neigen dazu, Krankheiten in etwa dem gleichen Alter zu entwickeln. Auch die Muster ihrer Hirnströme haben eine auffallende Ähnlichkeit: Die Elektroenzephalogramme (EEGs) getrennt aufgewachsener eineiiger Zwillinge gleichen sich wie die jährlichen Aufzeichnungen einer Einzelperson. Die zahlreichen Parallelen sprechen für einen starken genetischen Einfluß auf die fraglichen Merkmale, da die genetische Ausstattung der Zwillingspaare identisch ist, die Umweltfaktoren hingegen differieren.

Ebenfalls im Mittelpunkt der Minnesota-Studien standen die geistigen Fähigkeiten der Probanden. Die Forscher haben sich der Frage, inwieweit Intelligenz genetisch bestimmt sein könnte, methodisch genähert: Sie maßen sie mit einer ganzen Reihe anerkannter Verfahren, einschließlich der Wechsler-Intelligenz-Skala für Erwachsene – der Test, bei dem die Ergebnisse mit einer bestimmten Norm verglichen werden, wurde von dem New Yorker Psychologen David Wechsler entwickelt – sowie spezieller Tests für sprachlichen Ausdruck, räumliche Orientierung, Wahrnehmungsfähigkeit und Erinnerungsvermögen. Diese Informationen werden mathematisch aufgearbeitet, um Schätzwerte für die „Vererbbarkeit", so der Terminus der Verhaltensgenetiker, zu erhalten. Vererbbarkeit ist jedoch kein Merkmal des genetischen Erbguts eines einzelnen Individuums, sondern sie bezieht sich vielmehr auf den Prozentsatz der Variabilität für ein bestimmtes Merkmal, der auf genetische Unterschiede zwischen den Individuen einer bestimmten Population zurückgeführt werden kann. So stellte das Minnesota-Team beispielsweise fest, daß die Vererbbarkeit des IQ bei etwa 70 Prozent liegt, was bedeutet, daß 70 Prozent der individuellen Variation eher genetischen Faktoren als Umweltkomponenten zuzuschreiben

Die Kicher-Zwillinge

Die Lebensläufe von Barbara Herbert (*links*) und Daphne Goodship (*rechts*) trennten sich, als ihre Mutter, eine finnische Studentin, die beiden Mädchen kurz nach ihrer Geburt 1939 in London zur Adoption freigab. Barbara wuchs in der Familie eines Gärtners auf; Daphnes Adoptivvater war Metallurge. Erst 1980 trafen sich die beiden wieder: Barbara hatte aus Adoptionslisten erfahren, daß sie eine Schwester besaß, und sich auf die Suche nach ihr gemacht.

Zunächst zwanglos, dann als Teilnehmerinnen an der Minnesota-Studie, stellten sie fest, wie ähnlich sie sich sind. Die Untersuchungsergebnisse bezüglich ihres Wortschatzes waren nahezu identisch trotz der unterschiedlichen Erziehung, die sie in ihren Adoptivfamilien genossen hatten. Ihre körperlichen Ähnlichkeiten reichen von gemeinsamen Herzgeräuschen und leicht vergrößerten Schilddrüsen bis zu übereinstimmenden Potentialmustern ihrer Hirnströme. Manch andere Parallelen in ihrem Leben mögen zufällig sein, wirken jedoch nichtsdestoweniger unheimlich. So verletzte sich jeder der Zwillinge im Alter von 15 Jahren bei einem Treppensturz am Fußgelenk, und beide trafen ihren späteren Ehemann erstmals, als sie 16 Jahre alt waren. Jede erlitt bei der ersten Schwangerschaft eine Fehlgeburt und gebar schließlich zwei Söhne und eine Tochter. Sie trinken ihren Kaffee schwarz, ohne Zucker – und kalt. Sie gehen beide sorgsam mit Geld um. Sie sind beide nicht schwindelfrei. Jede der Zwillingsschwestern preßt die linke Hand gegen das Gesicht, wenn sie nervös ist. Gespräche begleiten beide mit lebhafter Gestik. Die Minnesota-Forscher nennen sie die Kicher-Zwillinge, und sie selbst sagen von sich: „Wir kennen niemanden, der mehr lacht als wir." Bouchards Fazit: „Wir sehen mehr Unterschiede innerhalb von Familien als zwischen diesen beiden."

Ein Feuerwehr-Duo

Jerry Levey (*links*), Hauptmann der Freiwilligen Feuerwehr, erhielt erstmals Kunde von der Existenz eines Zwillingsbruders, als er Mitte der 80er Jahre an einer Versammlung der Brandbekämpfer in New Jersey teilnahm. Ein anderer Feuerwehrmann beteuerte hartnäckig, Leveys Zwillingsbruder zu kennen, und arrangierte ein Treffen. Als Mark Newman (*rechts*) Leveys Feuerwehrhaus betrat, schwand jeglicher Zweifel: „Von der Körperfülle abgesehen", erinnerte sich Levey, „sah ich mein direktes Spiegelbild. Wir besaßen den gleichen Schnurrbart, die gleichen Koteletten, ja sogar die gleiche Brille." Sie starrten einander an, stießen gleichzeitig einen Freudenschrei aus und feierten ihr Wiedersehen drei Tage lang. Bei dieser ersten Feier stellten sie fest, daß sie beide nur Budweiser-Bier tranken, beide den kleinen Finger unter dem Boden der Bierdose ausstreckten – und die leere Dose zerdrückten.

Sie waren fünf Tage nach ihrer Geburt getrennt worden und wuchsen in verschiedenen Gegenden von New York auf. Levey besuchte ein College, Newman nicht, doch in zahllosen anderen Dingen sind sie sich unglaublich ähnlich. Beide sind Junggesellen und fühlen sich von großen, schlanken, dunkelhaarigen Frauen angezogen. Sie lieben John-Wayne-Filme, chinesisches Essen spät in der Nacht und den Ringkampfsport. Beide plädieren für die Todesstrafe und gegen Waffenscheine. Newman meint: „Wir stimmen in 99 Prozent der Dinge überein." Sie haben sogar ihr Hobby gemeinsam: Newman ist wie Levey Hauptmann der Freiwilligen Feuerwehr. Einige Forscher sind der Ansicht, daß soziales Verhalten und Risikofreudigkeit erblich seien; in diesem Fall gäbe es eine Komponente in ihrem identischen Erbgut, welche die beiden Brüder veranlaßt, unter Einsatz ihres Lebens anderen Menschen zu helfen.

sind. Diese Ergebnisse liegen über denen anderer Zwillingsstudien, welche die Vererbbarkeit der Intelligenz im Durchschnitt mit rund 50 Prozent angeben. Bei anderen geistigen Fähigkeiten, die das Minnesota-Team gleichfalls getestet hat, stellten sie eine mittlere Vererbbarkeit von etwa 50 Prozent fest, wobei das räumliche Orientierungsvermögen am stärksten und das visuelle Gedächtnis am wenigsten genetisch beeinflußt waren.

Wenn Intelligenz in relativ hohem Maß genetisch bedingt ist, wie verhält es sich dann mit der Persönlichkeit? Bouchard und seine Mitarbeiter waren nicht die ersten, die Persönlichkeitsmerkmale mit Hilfe von Zwillingsstudien untersuchten. Bereits im Jahre 1976 testeten Wissenschaftler an der University of Texas 514 Paare eineiiger und 336 Paare zweieiiger Zwillinge und kamen zu einer durchschnittlichen Vererbbarkeit von 50 Prozent für die Persönlichkeitsmerkmale.

Die Forscher von der University of Minnesota haben durch standardisierte Tests Persönlichkeitsdaten zusammengetragen, die das allgemeine Wohlbefinden, die Aggressivität, die Belastbarkeit durch Streß, den Grad der Extro- oder Introvertiertheit, Akzeptanz traditioneller Werte, Ausmaß der Selbstkontrolle, psychische Flexibilität und viele andere Merkmale bewerten. Ihre Resultate stimmen mit denjenigen überein, die an der University of Texas gewonnen wurden. Die Ergebnisse zusammenfassend, konstatierte Bouchard, daß die Ähnlichkeit in der Persönlichkeit von eineiigen Zwillingen „anscheinend nicht davon abhängig ist, ob die Zwillinge zusammen oder getrennt aufwachsen, ob sie jung oder erwachsen sind, oder in welchem industrialisierten Land sie leben". Er bemerkte weiter, daß „annähernd 50 Prozent der Varianz bei selbst angegebenen Persönlichkeitsmerkmalen mit genetischen Faktoren in Zusammenhang stehen, was bedeutet, daß Umweltfaktoren für einen gleichen Anteil an Varianz verantwortlich sind". Zweieiige Zwillinge, welche zusammen aufwuchsen, liefern korrespondierende Hinweise: Der mittlere Wert ihrer Übereinstimmungen war halb so groß wie derjenige der eineiigen Zwillinge – entspricht somit den Erwartungen, da die Gene der Versuchspersonen nur zu etwa 50 Prozent statt zu 100 Prozent identisch sind.

Im Gegensatz zu gängigen Ansichten lassen Studien an eineiigen wie an zweieiigen Zwillingen den Schluß zu, daß die Umwelt ihren Einfluß auf eine Weise ausübt, die für jedes Individuum einzigartig ist, selbst innerhalb derselben Familie. Die Persönlichkeiten von Kindern, die gemeinsam aufwachsen, werden weit weniger geformt durch die Gemeinsamkeiten ihres Umfelds – sozioökonomischer Hintergrund, Schulausbildung oder Familienleben –, als durch ihre eigenen speziellen Wechselbeziehungen zu den Eltern und anderen Bezugspersonen und ihren eigenen individuellen Erfahrungsschatz. Wie Auke Tellegen, einer der Psychologen des Minnesota-Teams, bemerkt: „Unsere Resultate zeigen nicht, daß die Familien keinen

Eine tiefe Kluft

Von allen eineiigen Zwillingen, die Bouchard untersuchte, erlebten Jack Yufe (*rechts*) und Oskar Stohr (*links*) die unterschiedlichste Kindheit. Sie waren 1933 in Trinidad als Kinder eines jüdischen Vaters und einer nicht-jüdischen deutschen Mutter geboren und sehr bald durch die Scheidung ihrer Eltern getrennt worden. Jack wuchs als Jude bei seinem Vater in der Karibik und in Israel auf. Oskar wurde von seiner Großmutter im Hitler-Deutschland katholisch erzogen. Die beiden Brüder wußten voneinander, trafen sich jedoch nur einmal, und zwar 1954; aufgrund der Tatsache, daß Jack gerade aus einem Kibbuz kam, während Oskar seine jüdische Abstammung verleugnete, verlief ihr erstes Treffen in angespannter Atmosphäre.

Jack ließ sich in Kalifornien nieder, wo er ein Textilgeschäft eröffnete. Oskar übernahm die Leitung einer Fabrik in Deutschland. Ihre Ehefrauen hielten den Kontakt aufrecht und schrieben sich gelegentlich Postkarten. Dann erfuhr Jack von Bouchards Projekt und überredete Oskar, an der Studie teilzunehmen. Während der Testwoche in Minnesota erlebten die beiden Männer ein glücklicheres Zusammensein. Als sie ankamen, trugen sie die gleiche Brille, einen Schnurrbart sowie ein Hemd mit zwei Brusttaschen und Schulterstücken. Mit der Zeit entdeckten sie noch weitere Gemeinsamkeiten. Beide lieben pikante Speisen und süße Liköre; jeder hat die ungewöhnliche Angewohnheit, die Toilettenspülung sowohl vor als auch nach Gebrauch der Toilette zu betätigen; beiden macht es Spaß, Fremde mit einem lauten, vorgetäuschten Niesen zu irritieren. Es überrascht jedoch nicht, daß sie sich in einigen ihrer Verhaltensweisen stark unterscheiden. So empfand Jack seinen Bruder als „sehr tyrannisch" Frauen gegenüber, während Oskar Jack im Umgang mit seinen Angestellten für „zu sanft und warmherzig" hielt.

Ähnlich und doch verschieden

April Yamashiro (*links*) und Linda Benton (*rechts*) boten Bouchards Forscherteam ein recht zwiespältiges Bild. Geboren in Japan und getrennt voneinander bei verschiedenen Familien in Kalifornien aufgewachsen, schienen die Schwestern in vielerlei Hinsicht übereinzustimmen. So hatten sie beide Fehlgeburten erlitten, erkrankten beide an einem ähnlichen Dünndarmleiden und besitzen auf der gleichen Zehe einen gespaltenen Nagel. April hatte jedoch einen Sehfehler, der das Tragen einer Brille erforderte, Linda nicht, und nur eine der Zwillingsschwestern fürchtet sich vorm Fliegen. Die eine geht gern aus sich heraus, während die andere sich eher zurückhaltend gibt. Als sie Unterschiede in der Form von Gesicht und Ohren entdeckten, zweifelten Bouchards Mitarbeiter zunächst daran, ob es sich tatsächlich um eineiige Zwillinge handelte. Ein Bluttest erbrachte jedoch den Beweis für ihre genetische Identität.

April Yamashiro und Linda Benton sind ein Beispiel für die Komplexität des Zusammenspiels zwischen genetischen Faktoren und Umwelteinflüssen während der Entwicklung eines Menschen. Die Interaktion beginnt unmittelbar nach der Empfängnis und besteht ein Leben lang fort. Sie kann sogar stark vererbbare Merkmale wie die Gesichtsform beeinflussen. Möglicherweise sind Zwillinge in der Gebärmutter einem besonderen Umweltstreß ausgesetzt, eben weil sie Zwillinge sind. Die beiden sich entwickelnden Feten konkurrieren um die Nahrung, und der eine wird vielleicht besser mit mütterlichem Blut versorgt als der andere. Im Falle von Linda Benton und April Yamashiro beschäftigten sich die Wissenschaftler aus Minnesota weniger mit den Ursachen der festgestellten Unterschiede, sondern mit Natur und Ausmaß dieser Divergenzen. In jedem Fall warnen sie davor, Erbanlagen als Vorherbestimmung zu betrachten.

Einfluß auf ihre Kinder haben. Sie wirken zweifellos auf ihre Kinder ein, aber nicht auf uniforme Weise." Sandra Scarr, Entwicklungspsychologin an der University of Virginia, drückt den Sachverhalt wie folgt aus: „Brüder aus der Schicht der oberen Mittelklasse, welche dieselbe Schule besuchen, von ihren Eltern zu denselben Spielen, Sportereignissen, Musikstunden und Therapeuten geschickt und nach gleichen Prinzipien erzogen werden, weisen in ihrer Persönlichkeitsbewertung kaum stärkere Ähnlichkeiten auf als Jungen aus der Arbeiter- und Bauernklasse, deren Leben ganz anders verläuft." In der Tat scheint die Umwelt einen differenzierenden Effekt auf eineiige Zwillinge zu besitzen: Mehrere Studien haben gezeigt, daß zusammen aufgewachsene eineiige Zwillinge sich in ihrer Persönlichkeit weniger ähneln als getrennt aufgewachsene – vermutlich eine Folge ihrer Bemühungen, eine eigene Identität zu entwickeln.

Angesichts solch klarer Hinweise auf einen genetischen Einfluß bezüglich Intelligenz und Persönlichkeit ist es nicht überraschend, daß zahlreiche Zwillingsstudien eine Verbindung zwischen den Genen und einer geistigen Behinderung nahelegen, angefangen von relativ harmlosen Erkrankungen wie Phobien und leichter Depression bis hin zu schweren Leiden wie Schizophrenie. Wie die Forscher in Minnesota feststellten, besitzen getrennt aufgewachsene eineiige Zwillinge eine auffallend ähnliche psychiatrische Krankengeschichte, die in manchen Fällen auf frappierende Weise parallel verläuft. So zeigten bei einem Paar beide Zwillinge eine Furcht vor Wasser – und auch die gleiche Taktik, mit der Phobie umzugehen: Beide näherten sich einem See oder einem Schwimmbecken immer rückwärts.

Zahlreiche Untersuchungen zur geistigen Gesundheit haben sich auf die Schizophrenie konzentriert, eine Krankheit, von der weltweit etwa zehn Millionen Menschen betroffen sind. In der Mehrzahl der Fälle sind die Symptome verheerend und treten ein Leben lang auf. Einige Patienten hören Stimmen, die Drohungen ausstoßen, Befehle erteilen oder von Gott zu kommen scheinen. Halluzinationen sind weit verbreitet, und viele Kranke ziehen sich völlig in sich zurück.

Die Ursachen des Leidens waren lange umstritten. Manche Gelehrte vermuten körperliche Gründe – zum Beispiel einen organischen Defekt des Gehirns –, andere machen Umweltfaktoren wie strenge oder überfürsorgliche oder lieblose Eltern für die Krankheit verantwortlich. Es wurde nie bezweifelt, daß Schizophrenie familiengebunden auftritt: Eines von zehn Kindern mit einem schizophrenen Elternteil bildet die Krankheit aus, und wenn beide Elternteile schizophren sind, wird von zwei Kindern eines die Krankheit entwickeln. Diese Zahlen könnten freilich gleichermaßen für einen Einfluß der Gene wie auch der Umwelt sprechen. Statistiken, die auf europäischen Studien aus mehreren Jahrzehnten basieren, lassen jedoch keinen Zweifel, daß die Gene

Dreifache Bande

Für den 19jährigen Bobby Shafran (*links*) waren die ersten Tage im Sullivan County Community College im Staate New York höchst verwirrend. Mitschüler begrüßten ihn als alten Freund – aber sie nannten ihn „Eddy". Der Grund wurde klar, als man ihm ein Photo von einem Schüler zeigte, der das Institut ein Jahr zuvor besucht hatte. Es war Eddy Galland (*rechts*), der Bobby äußerlich aufs Haar glich.

Die Brüder waren als Kinder adoptiert worden und trafen sich als völlig Fremde wieder, doch schien es, als hätten sie dasselbe Leben gelebt. Beide waren im fünften Schuljahr in Mathematik durchgefallen, liebten den Ringkampf, waren in psychiatrischer Behandlung gewesen – und beiden hatte man erklärt, daß ihre Probleme auf ihre Adoption zurückzuführen seien. Die Geschichte war so interessant, daß die Zeitungen darüber berichteten – und damit nahm sie eine einzigartige Entwicklung.

Ein 19jähriger Schüler, David Kellman (*Mitte*) vom Queens College, las die Story, sah das Bild und erkannte sich selbst darin. Die jungen Männer machten Medizingeschichte als die ersten eineiigen Drillinge, die bald nach ihrer Geburt getrennt worden waren und sich schließlich wiederfanden. David war ebenfalls in der fünften Klasse in Mathematik durchgefallen, liebte den Ringkampf und befand sich in psychiatrischer Behandlung. Obwohl alle in jüdischen Familien aufwuchsen, bevorzugten sie italienisches Essen. Sie sprachen ähnlich, lachten ähnlich, hatten die gleichen Muttermale und IQ-Werte von 148. Aber zumindest einer von ihnen begegnete seinem neuen Ich mit gemischten Gefühlen. „Bisher habe ich mein Leben stets als etwas Besonderes und Individuelles empfunden", sagte ein nachdenklicher Bobby Shafran, „und nun habe ich zwei Menschen getroffen, die mein Ebenbild sind."

die bedeutendere Rolle spielen. Das Risiko für Verwandte von Schizophrenen, selbst schizophren zu werden, hängt vom Verwandtschaftsgrad ab.

Zwillingsstudien scheinen dies zu bestätigen: Die Wahrscheinlichkeit für eineiige Zwillinge eines schizophrenen Elternteils, ebenfalls an Schizophrenie zu erkranken, kann zwischen 40 und 90 Prozent liegen. Die Höhe des Risikos ist offenbar wesentlich größer als für zweieiige Zwillinge mit einem schizophrenen Elternteil und kommt sowohl bei getrennt als auch bei gemeinsam aufgewachsenen eineiigen Zwillingen voll zum Tragen. Dennoch wissen die Psychiater nicht, wie sich die genetischen Einflüsse manifestieren, damit eine Schizophrenie ausbricht. Vermutlich ist eine ganze Reihe von Genen daran beteiligt; möglicherweise schafft das Erbgut auch nur eine Prädisposition für die Krankheit. Nach Meinung von Irving Gottesman, Psychologe an der University of Virginia, „ist die wahrscheinlichste Erklärung die, daß die richtige Kombination von Genen – vielleicht vier oder fünf – plus einiger bislang noch nicht definierter Umweltstreßfaktoren zusammenkommen müssen, um Schizophrenie hervorzurufen".

Eine andere weitverbreitete Krankheit ist der Alkoholismus; auch er kann eine genetische Grundlage haben, obwohl die Beweislage nicht so eindeutig ist wie bei der Schizophrenie. In den 70er Jahren dieses Jahrhunderts zeigten Studien, daß Kinder von Alkoholikern, die von Nicht-Alkoholikern adoptiert worden waren, zu einem

Die Frage der Einzigartigkeit

Die Landschaftsgestalterin Barbara Parker (*rechts*) und die Innenarchitektin Ann Blandin (*links*) begegneten sich im Jahre 1983 in Los Angeles, als ein Nachbar Parkers sie einander vorstellte. Die beiden 36 Jahre alten Frauen erkannten ihre Zwillingsschaft augenblicklich. Ihre Wangenknochen, ihr Mund, ihr Lächeln, ihre Gestik und ihre Bewegungen glichen sich sehr.

In ihrer Persönlichkeit und in ihren Angewohnheiten stimmen die Zwillinge jedoch nur teilweise überein. Ähnlichkeiten hinsichtlich bestimmter Eigenschaften weisen sie insofern auf, als beide Frauen die Geselligkeit lieben und die Tugend der Selbstbeherrschung besitzen, doch betrachtet sich Ann Blandin – darin ihrer Zwillingsschwester nicht sehr ähnlich – kritischer und ist durch Kritik leichter verletzbar; auch hat sie stärkere religiöse Gefühle.

In diesem Zusammenhang überrascht es keineswegs, daß das soziale Umfeld, in dem die Zwillinge aufwuchsen, sehr verschieden war. Blandin erinnert sich lebhaft daran, daß sie sich – dürr, brünett und unauffällig – als Aschenputtel gefühlt habe, das stets hinter seinen drei großen blonden Schwestern zurückstand, als diese strahlend und erfolgsverwöhnt heranwuchsen. Barbara Parker hingegen wurde als geliebtes einziges Kind großgezogen, zunächst von ihrer Adoptivmutter, die starb, als Parker neun Jahre alt war, und dann von ihrer langjährigen Kinderfrau.

Für Thomas Bouchard ist häufig die entscheidende Frage nicht eigentlich die, wie sehr, sondern wie wenig sich die Zwillinge auseinanderentwickelt haben. „Unterschiedliche Erfahrungen haben sie einzigartig und verschieden werden lassen", sagt er, „während identische Gene dafür gesorgt haben, daß sie sich trotz dieser Unterschiede auf einzigartige Weise ähnlich sind."

höheren Prozentsatz selbst Alkoholiker wurden als ihre nicht-biologischen Geschwister. Der Effekt war bei Söhnen besonders deutlich. Einige neuere Untersuchungen haben sich auf Frauen konzentriert und ganz andere Resultate erbracht. Eine Analyse an zusammen aufgewachsenen eineiigen Zwillingen ergab, daß eine Frau, deren eineiige Zwillingsschwester zur Alkoholikerin wird, ein fünfmal höheres Risiko trägt, selbst zur Alkoholikerin zu werden, als die Durchschnittsbevölkerung. Bei zweieiigen Zwillingen sinkt die Wahrscheinlichkeit erwartungsgemäß auf den Faktor 1,6. Bei weiblichen eineiigen Zwillingen, die getrennt aufwuchsen, stellten die Wissenschaftler der University of Minnesota jedoch fest, daß im Gegensatz zu Männern die errechnete Vererbbarkeit von Alkoholismus gleich Null ist.

Ebenfalls Ungewißheit besteht hinsichtlich der biochemischen Grundlagen des Alkoholismus. Im Jahre 1990 führten Wissenschaftler der University of California in Los Angeles Autopsien an verstorbenen Alkoholikern durch, und die University of Texas entwickelte aus den Befunden einen neuen wissenschaftlichen Ansatz. Die Hirnzellen von 69 Prozent der Toten wiesen die besondere Variante eines Gens auf, das für den sogenannten „D2-Rezeptor" kodiert, eine molekulare Bindungsstelle für den Neurotransmitter Dopamin; die Häufigkeit des varianten Gens für den D2-Rezeptor beträgt unter Nicht-Alkoholikern lediglich 20 Prozent. Die Botschaft verbreitete sich schnell, und die Medien berichteten, daß man den Sündenbock für Alkoholismus dingfest gemacht habe. Andere Untersuchungen stellten diese Schlußfolgerung jedoch in Frage. Eine Reihe von Wissenschaftlern sieht keinerlei Verbindung zwischen dem D2-Gen und Alkoholismus.

Auch Kriminalität hat man mehrfach genetisch zu erklären versucht. So ergab 1961 eine umfassende Studie, daß unter Gefängnisinsassen Männer mit einem zusätzlichen Y-Chromosom im Vergleich zur allgemeinen männlichen Bevölkerung überrepräsentiert seien. Daraus leiteten einige Kriminologen die These ab, daß das zusätzliche Y-Chromosom einen Mann zum hyperaggressiven „Übermann" mache und für ein gewalttätiges Leben prädisponiere. Zahlreiche Langzeitstudien lieferten jedoch keinen Beweis für einen derartigen Zusammenhang, so daß die These Anfang der 70er Jahre von den meisten Wissenschaftlern verworfen wurde. Dennoch hegen einige Forscher auch weiterhin die Hoffnung, einen genetischen Marker zu identifizieren, mit dem jene Gene gekennzeichnet werden könnten, die eine Prädisposition für Merkmale besitzen, welche vielleicht auf eine kriminelle Veranlagung hinweisen.

Die Suche nach einem solchen Marker – auch wenn sie nur wenig Aussicht auf Erfolg bietet – stößt auf nicht geringes Interesse. Im September 1992 wurde eine von den National Institutes of Health finanzierte Tagung, die sich mit den genetischen Ursachen der Kriminalität auseinandersetzen sollte, von den Organisatoren wegen der rassischen Implikationen des Themas abgesagt. Man befürchte – so die offizielle Verlautbarung –, daß die Tagung Bestrebungen unterstützen könnte, welche Afro-Amerikanern verbrecherische Neigungen unterstellen, da diese Volksgruppe aufgrund ihres Erbmaterials eher kriminell veranlagt sei als andere. Obwohl die genetischen Grundlagen von Gewaltverbrechen auch weiterhin Gegenstand der Forschung sind, ist der Psychologe Glenn D. Walters von der Federal Correctional Institution-Schuylkill in Minersville, Pennsylvania, zu der Einsicht gekommen – nachdem er 38 seit den 30er Jahren entstandene Studien durchgearbeitet hat –, daß die Ergebnisse weder die Zeit noch die finanziellen Mittel rechtfertigten, die für dieses Ziel aufgewendet werden. „Ich glaube nicht, daß wir jemals einen biologischen Marker für Kriminalität finden werden", erklärte er in der November-Ausgabe der Zeitschrift *Criminology* von 1992. „Wir sollten unser Geld anderweitig investieren."

Es gibt nur wenige wissenschaftliche Bereiche, die solche Kontroversen hervorgerufen haben wie die Verhaltensgenetik, was die meisten Forscher allerdings als fachspezifisches Schicksal hinnehmen. Die Vorstellung, daß das Erbgut die Entwicklung eines Individuums entscheidend beeinflussen könnte, hat seit den Tagen von Sir

Francis Galton hitzige Debatten ausgelöst, und die Anstrengungen, den relativen Einfluß von Erbanlagen und Erziehung auf so komplexe und sensible Bereiche wie die der Intelligenz, der Persönlichkeit oder der geistigen Gesundheit zu bewerten, haben das Diskussionsklima kaum beruhigen können. Nicht ausreichend durchdachte Experimente, oberflächliche Tests, ein nachlässiger Umgang mit den Daten und fundamentale logische Fehler sind an der Tagesordnung.

Studien an getrennt aufgewachsenen eineiigen Zwillingen – die Quelle einiger der faszinierendsten Resultate in der Verhaltensgenetik – sind von den Angriffen nicht verschont geblieben. Die Kritiker weisen darauf hin, daß solche Zwillinge, auch wenn sie bereits kurze Zeit nach der Geburt oder während der ersten Lebensjahre getrennt wurden, nur selten in gänzlich unterschiedlichen Kulturen aufgewachsen sind. In den meisten Fällen haben Verwandte sie aufgenommen oder Adoptivfamilien mit ähnlichem ökonomischen Hintergrund und gleichen Wertvorstellungen. Unter solchen Umständen, so die Kritiker, sei es eigentlich unmöglich, genetische von Umwelteinflüssen zu trennen.

Richard Lewontin, Genetiker an der Harvard University, betont, daß „der Organismus das Ergebnis eines Entwicklungsprozesses ist". Dieser beginne vor der Geburt, und von den physischen und physiologischen Unterschieden zwischen den Individuen, die von Geburt an vorhanden sind, seien viele nicht durch genetische Unterschiede verursacht, sondern durch Umweltfaktoren, die auf einen heranwachsenden Fetus einwirken können. Als Beispiel führt er die Fruchtfliegen an, welche beim Schlüpfen unterschiedlich große Augen haben können, je nachdem, welcher Temperatur sie während ihrer Entwicklungsphase ausgesetzt waren. Der menschliche Fetus scheint in den ersten drei Monaten besonders empfindlich zu sein. Frauen, die in dieser Zeit Alkohol trinken, riskieren, den Fetus zu schädigen und Kinder mit körperlichen und geistigen Defekten zu gebären.

Der Entwicklungsprozeß hört nie auf. „Das individuelle Lebewesen ist folglich in jedem Augenblick das Ergebnis einer einzigartigen Wechselwirkung zwischen seinem Genotyp und der Geschichte des Umfelds, in dem es sich befunden hat", sagt Lewontin. Natürlich leben Individuen nicht notwendigerweise aufgrund von Ereignissen in einer speziellen Umwelt. Was beispielsweise die Persönlichkeit anbetrifft, „schaffen wir uns alle unsere eigene Umgebung", meint die Psychologin Sandra Scarr, oder wie David Lykken von der University of Minnesota es formuliert: „Die Umwelt formt unsere Persönlichkeit, aber unsere Gene bestimmen, welche Umwelt wir haben, suchen und pflegen."

Diese Vierlinge wurden in den 30er Jahren im amerikanischen Mittelwesten geboren und wuchsen in gestörten Familienverhältnissen auf. Alle vier leiden an schizophrenen Wahnvorstellungen. Ihre Symptome sind jedoch verschieden, was darauf schließen läßt, daß Umwelteinflüsse wie auch genetische Faktoren bei dieser Krankheit eine Rolle spielen.

Für die Gesellschaft im allgemeinen besteht, wie Lewontin beobachtet, eine besondere Gefahr darin, daß Laien dazu neigen, Erblichkeit mit Unveränderbarkeit gleichzusetzen. Zahlreiche Experimente haben gezeigt, daß Kinder ihren Intelligenzquotienten durch besondere Förderung deutlich steigern können, auch wenn er wahrscheinlich zu 50 bis 70 Prozent erblich ist. Analog dazu bedeutet die Aussage, Alkoholismus sei erblich, nicht, daß die Söhne von Trinkern das zerstörerische familiäre Muster zu wiederholen verdammt sind. Zu häufig, so Lewontin, herrsche die Meinung vor, daß Erblichkeit eine Unempfindlichkeit gegenüber Umweltveränderungen zur Folge habe. Der Genetiker behauptet, daß „das Problem auf die falsche Dichotomie zwischen Erbgut und Erziehung zurückzuführen ist, auf den Glauben, daß Gen und Umwelt separate und separierbare Determinanten des Organismus sind und nicht interagierende und untrennbare Gestalter der Entwicklung".

Die meisten Genetiker legen Wert auf die Feststellung, daß Gene – wo sie das Verhalten dezidiert zu bestimmen scheinen – nicht starre Verordnungen, sondern flexible Programme darstellen, die für einen möglichen Bereich von Ergebnissen kodieren. „Die Beziehung zwischen Gen und Organismus kann nur richtig verstanden werden", erläutert Lewontin, „wenn die Norm der Reaktion als grundlegendes Konzept betrachtet wird. Für einen bestimmten Genotyp gibt es einen bestimmten Phänotyp für jede Umwelt. Die Norm der Reaktion für einen Genotyp ist eine Liste oder ein Graph der Übereinstimmung zwischen den verschiedenen möglichen Umwelten und den Phänotypen, die daraus resultieren." Das läßt sich an einem Körpermerkmal veranschaulichen: Der Genotyp kann der Körpergröße Grenzen setzen – ein Maximum und ein Minimum in Abhängigkeit von der Ernährung; gibt es genügend Nahrung, kann das obere Ende erreicht werden, herrscht Nahrungsmangel, wird der Betreffende niemals weit über die untere Marke hinauswachsen. Das gleiche gilt für Verhaltensmerkmale, die sowohl genetisch wie auch durch Umweltfaktoren beeinflußt sind.

Der Wirkungsgrad der Reaktionsfähigkeit unter den Genotypen, wie er sich im Phänotyp darstellt, ist verschieden. Bei manchen Menschen haben bereits leichte Veränderungen eines oder mehrerer Umweltfaktoren große phänotypische Auswirkungen. Fettleibigkeit ist hierfür ein gutes Beispiel. Aufgrund von Daten aus Zwillingsstudien weiß man, daß aus dem Zusammenspiel von Genen, Umwelteinflüssen und Bewegungsarmut Übergewicht entsteht. Bei einem in den späten 80er Jahren in Quebec durchgeführten Experiment erhielten eineiige Zwillinge die gleiche Kost und durften gleichermaßen nur eine geringe Aktivität entfalten. Jeder Zwilling eines Paares nahm gleich viel an Gewicht zu und setzte die Pfunde zudem fast an den gleichen Stellen an. Doch zwischen den einzelnen Zwillingspaaren gab es große Divergenzen hinsichtlich der Gewichtszunahme. Bei der gleichen hochkalorischen Ernährung nahmen manche Probanden jeweils extreme 30 Pfund zu, während andere nur jeweils neun Pfund mehr wogen. In einer Gesellschaft mit Nahrungsmittelüberschuß und vielfältigen Möglichkeiten, körperliche Anstrengungen zu vermeiden, müssen Menschen, die aus genetischen Gründen zu Fettleibigkeit neigen, disziplinierter leben, um nicht zuzunehmen.

In anderen Fällen dürften Umwelteinflüsse nur sehr geringe phänotypische Veränderungen hervorrufen, die sich in kleineren Abweichungen von der Körpergröße, dem Körpergewicht, der Immunfunktion oder anderen Merkmalen äußern. Kaukasische Kinder, zum Beispiel, sind lauter und sprechfreudiger als japanische. Offenbar besitzen japanische Babys einen angeborenen Gleichmut, der durch die Duldsamkeit der meisten japanischen Mütter noch verstärkt wird. Wenn Japaner in die Vereinigten Staaten emigrieren, nehmen sie häufig die lauteren Gewohnheiten ihrer neuen Landsleute an. Auch die Mütter sprechen dann mehr mit ihren Kindern, weshalb die Babys sich ebenfalls geräuschvoller äußern. Untersuchungen haben jedoch gezeigt, daß japanische Mütter ihre Kinder doppelt so stark stimulieren müssen wie kaukasische, damit die kleinen Japaner das gleiche Vokalisationsniveau erreichen.

In Anbetracht dieses Sachverhalts, so argumentiert Daniel Freedman, mache nur ein wirklich ganzheitlicher, multidisziplinärer Ansatz im Bereich der Verhaltenswissenschaften Sinn. Menschen seien „biosoziale" Wesen, zu 100 Prozent bestimmt durch biologische Vorgaben und zu 100 Prozent durch kulturelle. Sogenannte „interaktionistische Theorien" umgehen das Dilemma des Ererbt-oder-Erworben, indem sie postulieren, daß – wie ein Experte es formulierte – „die Beiträge des Erbguts und der Umwelt nicht bloß additive, sondern eher komplexe Kombinationen ergeben". Jedes Kind kommt mit Neigungen und Abneigungen auf die Welt, es kann launisch oder ausgeglichen, introvertiert oder extrovertiert sein. Das eine Kind mag regelmäßig freudig und lebhaft reagieren, wenn im Haus laute Musik ertönt, während ein anderes diese als schmerzenden Lärm empfindet und in Tränen ausbricht. Solche Aspekte von Persönlichkeit drücken sich nicht in einem Vakuum aus, sondern werden offenkundig durch die Behandlung, die einem Kind zuteil wird. Eine depressive Mutter, die durch ihre psychische Befindlichkeit immer wieder dazu verleitet wird, ihr Kind zu schlagen oder zu vernachlässigen, kann mit der Zeit einen negativen Einfluß auf die Gesamtpersönlichkeit ihres Babys ausüben. Da das Kind die Befriedigung seiner elementaren Bedürfnisse durch die Mutter wiederholt entbehren muß, kann es sogar selbst depressiv werden, unfähig, positiv mit der Welt zu interagieren.

Setzt man eine Prädisponierung durch die Gene voraus, so ist anzunehmen, daß Eltern die Veranlagungen ihres Kindes nicht entscheidend verändern, sondern bestimmte Merkmale nur verstärken oder abmildern können. Scheue Kinder, zum Beispiel, erschrecken durch neue Reize oder klammern sich an ihre Eltern beim Anblick von Fremden. Eine Neigung zur Scheu, welche Untersuchungen zufolge stark genetisch bestimmt sein kann, verurteilt Kinder jedoch nicht dazu, später als Erwachsene wie Mauerblümchen zu leben. Nach Meinung des Harvard-Psychologen Jerome Kagan solle man Kinder ermutigen, ihr Unbehagen zu überwinden, auch wenn sie dabei kein Gefühl von Selbstbewußtsein entwickeln sollten. Kagan rät: „Eltern müssen – sanft und maßvoll – ihre Kinder anhalten, Dinge zu tun, vor denen sie Angst haben."

Gibt es im Gehirn, wie es durch das genetische Programm entworfen wurde, spezielle Instruktionen in bezug auf religiöse Neigungen oder politische Haltungen? Wie wollen Wissenschaftler herausfinden, welche Merkmale an eines oder zwei Gene und welche gar an ein Dutzend von Genen gekoppelt sind? Niemand weiß derzeit, wieweit Genetiker in der Lage sein werden, die Grundlagen menschlichen Verhaltens zu erhellen. In wenig mehr als hundert Jahren – ausgehend von völliger Unkenntnis über die Arbeitsweise der Gene – ist es den Wissenschaftlern gelungen, über die Mechanismen der Vererbung eine Fülle an Wissen zu erarbeiten. Viele abergläubische Vorstellungen und überlieferte Volksweisheiten sind im Verlaufe dieses Prozesses widerlegt worden; allerdings erwiesen sich einige abwegige, ja absurde Theorien über die genetische Überlegenheit bestimmter Rassen und Klassen bis heute als unausrottbar.

Aufgabe der Wissenschaft ist es, die engen, verschlungenen Beziehungen zwischen Genotypen und Phänotypen zu erkennen: Gene zu isolieren, ihre biochemischen Produkte zu identifizieren, zu veranschaulichen, wie diese Produkte Strukturen und Prozesse des Körpers modifizieren, und am Ende aufzuklären, wie ein System des Gehirns oder die Menge eines speziellen Neurotransmitters das Verhalten unter bestimmten Umweltbedingungen reguliert oder verändert.

Mit großer Wahrscheinlichkeit wird der künftige Zuwachs an Wissen über die Kompliziertheit der menschlichen Natur den Respekt vor dem Individuum keineswegs vermindern, sondern eher vergrößern. Bouchard hat dies angedeutet in einer fast ehrfurchtsvollen Bemerkung über die von ihm untersuchten Zwillinge: „Gleichgültig, wie ähnlich sie uns auch erscheinen mochten, ihre fundamentale Einzigartigkeit war allgegenwärtig."

Dem Geheimnis des Lebens auf der Spur

Die „Launen" der Vererbung haben die Menschen stets fasziniert: Einige Merkmale werden unfehlbar von Generation zu Generation weitergegeben, während andere eine oder auch zwei Generationen „pausieren" – oder gar aus dem Nichts aufzutauchen scheinen. In der zweiten Hälfte des 19. Jahrhunderts entstand aus dieser Faszination durch die Arbeiten Gregor Mendels eine Wissenschaft. Indem Mendel seine Intelligenz, seine Liebe zum Detail und ein wenig Mathematik einsetzte, entdeckte er die Vererbungsgesetze durch systematische Kreuzungen von Erbsenpflanzen. Er postulierte die Existenz von sogenannten „Erbfaktoren" – heute als „Gene" bezeichnet –, die den Bauplan in sich trügen, nach dem alle Merkmalsformen weitergegeben würden. Rund ein halbes Jahrhundert später unternahmen Biologen den Versuch, diesen Bauplan zu erforschen, und fanden heraus, daß die DNS der Träger der Erbinformation ist.

Im Jahre 1953 machten Wissenschaftler die bahnbrechendste Entdeckung: Sie erkannten die chemische Struktur des komplexen DNS-Moleküls. Damit war nicht nur der Grundstein gelegt für ein besseres Verständnis der Vererbungsmechanismen, sondern auch die Voraussetzung geschaffen für die erst einige Jahrzehnte später erkannte Möglichkeit, Gene gezielt zu verändern. Diese Erkenntnisse haben den Boden bereitet für das Human Genome Project, bei dem mit großem Aufwand intensive Anstrengungen unternommen werden, die gesamte Nukleotidsequenz der menschlichen DNS zu kartieren und die Funktion eines jeden Gens zu bestimmen. Wenn man die Lage eines bestimmten Gens auf dem Chromosom kennt und eventuell vorhandene Defekte korrigieren lernt, dann – so hoffen die Genetiker – ließen sich auch Heilmittel für Erbkrankheiten und andere heute noch tödlich verlaufende Leiden entwickeln.

1859

Nach fünfjähriger Expedition durch Südamerika und den Pazifik veröffentlicht der englische Naturforscher Charles Darwin sein Werk *On the Origin of Species by Means of Natural Selection* (deutsch 1963, *Die Entstehung der Arten durch natürliche Zuchtwahl*), in dem er seine Evolutionstheorie erläutert. Obwohl ihm die genetischen Grundlagen der Evolution unbekannt sind, erkennt er die fundamentale Ähnlichkeit aller Lebensformen und die Kräfte, die sie verändern.

1865

Der österreichische Augustinermönch Gregor Mendel *(rechts)* formuliert die Vererbungsgesetze aufgrund der Ergebnisse seiner systematischen Züchtungsversuche mit Erbsenpflanzen.

1869

Der Schweizer Biochemiker Friedrich Miescher entdeckt durch Zufall in den Kernen von Eiterzellen die Nukleinsäure. Obwohl er und später auch andere Forscher die Substanz sorgfältig analysieren, entgeht ihnen deren entscheidende Funktion im Vererbungsmechanismus.

1873

Durch verbesserte Mikroskopiertechniken erkennen die Wissenschaftler in Zellkernen fadenartige Gebilde. Das Verhalten dieser Strukturen, die man wegen ihrer Affinität gegenüber Farbstoffen „Chromosomen" nennt, läßt darauf schließen, daß sie bei der Zellteilung eine Rolle spielen.

1883

Francis Galton, ein Vetter Charles Darwins, stellt nach umfangreichen statistischen Erhebungen unter den Vorfahren, Geschwistern und Nachkommen hochbegabter englischer Persönlichkeiten die These auf, daß geistige Eigenschaften ebenso vererbt werden wie körperliche, und begründet damit die Eugenik, eine Methode zur Verbesserung der genetischen Qualität des Menschen.

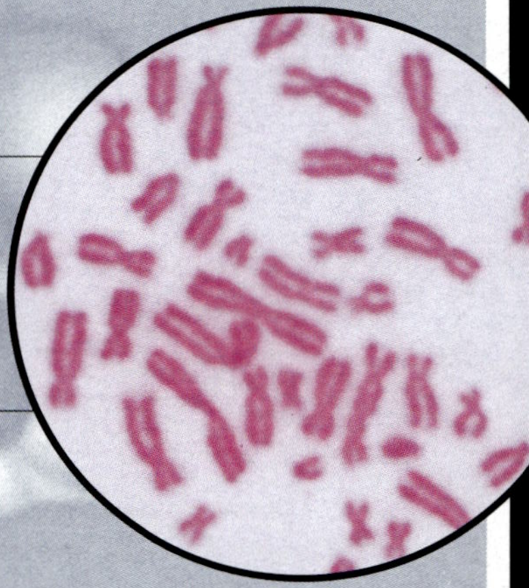

1903

Der amerikanische Zytologe Walter Sutton und der deutsche Zoologe Theodor Boveri stellen unabhängig voneinander die „Chromosomentheorie der Vererbung" auf. Sie besagt, daß die Chromosomen *(rechts)* die Träger der Erbinformation sind.

1909

Der dänische Biologe Wilhelm Johannsen führt in seinem Buch *The Elements of Heredity* den wichtigen Begriff „Gen" zur Beschreibung einer einzelnen Erbeinheit ein.

1910

Als Thomas Morgan Experimente mit Fruchtfliegen durchführt, entdeckt er eine Mutation der Augenfarbe, die über das X-Chromosom von den Eltern an die Nachkommen weitergegeben wird. Als erster weist er damit die Kopplung zwischen einem genetischen Merkmal und einem bestimmten Chromosom nach.

1944

Dem in Kanada geborenen amerikanischen Bakteriologen Oswald Avery *(links)* gelingt bei Experimenten mit einem Bakterium, das bei Mäusen Lungenentzündung hervorruft, der Beweis, daß Gene aus DNS bestehen.

1950

Der Biochemiker Erwin Chargaff untersucht die chemische Zusammensetzung der DNS und stellt eine überraschende Beziehung zwischen ihren vier Nukleotiden fest: Das Molekül enthält stets jeweils gleiche Mengen an Adenin und Thymin sowie an Guanin und Cytosin. Damit begründet Chargaff – ohne die Bedeutung seiner Entdeckung zu erkennen – die „Chargaffschen Regeln": A gleich T und G gleich C.

1953

Aufbauend auf den Arbeiten Chargaffs und anderer Forscher, entschlüsseln James Watson und Francis Crick *(rechts)* die Doppelhelix-Struktur der DNS. Sie vermuten ganz richtig, daß der genetische Code in der Anordnung der Nukleotide des DNS-Moleküls besteht.

1956

An der Universität Lund in Schweden weisen die Wissenschaftler Jeo-Hin Tjio und Albert Levan nach, daß menschliche Zellen jeweils 46 Chromosomen enthalten – nicht 48, wie bis dahin angenommen –, die 23 Paare bilden.

1959

Der Franzose Jérôme Lejeune verfolgt als erster eine Erbkrankheit bis zu ihrer genetischen Wurzel. Er entdeckt, daß das sogenannte „Down-Syndrom" – die mongoloide Idiotie, eine Form des angeborenen Schwachsinns – durch ein überzähliges Chromosom 21 verursacht wird.

1961

An den National Institutes of Health der Vereinigten Staaten entziffern die Biochemiker Marshall W. Nirenberg, Johann H. Matthaei und Philip Leder den „genetischen Code" – die spezifischen Nukleotidsequenzen des DNS-Moleküls, welche für jene 20 Aminosäuren als Proteinbausteine kodieren, ohne die es kein menschliches Leben gibt.

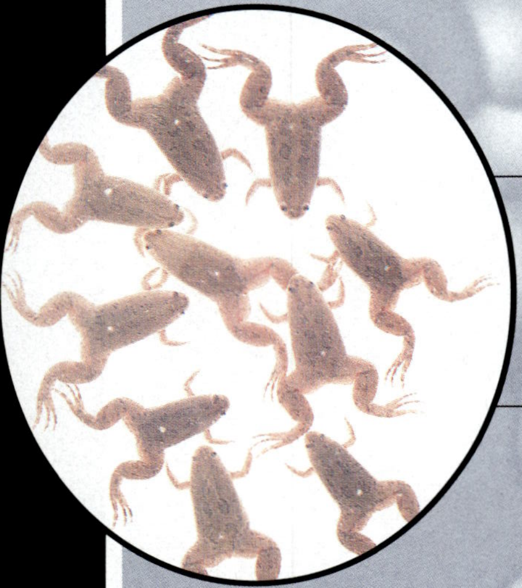

1968

Der britische Biologe John Gurdon klont Frösche, indem er den Kern einer Frosch-Eizelle durch den Kern einer Zelle ersetzt, die von einem anderen Frosch stammt. Beide Eizellen entwickeln sich zu identischen Zwillingsfröschen. Weitere Klone *(links)* werden später aus Hautzellen geschaffen.

1973

Genetiker spleißen DNS-Segmente aus einer Krötenzelle und einer Bakterienzelle zusammen. Die Hybride implantieren sie einer anderen Bakterienzelle, die daraufhin in großen Mengen DNS und Proteine der Kröte bildet. Dieser Erfolg begründet eine neue Wissenschaft: die Gentechnik.

1975

Auf einer internationalen Konferenz in Asilomar, Kalifornien, diskutieren 150 führende Genetiker aus aller Welt die möglichen Auswirkungen ihrer Arbeit und entwerfen bindende Richtlinien für eine Reduzierung des Schadensrisikos durch gentechnisch hergestellte Organismen.

1978

In England wird Louise Brown *(rechts)* geboren – weltweit das erste Baby aus der Retorte. Da die Mutter ihr Kind nicht auf natürlichem Wege empfangen konnte, entnahmen die Ärzte einem ihrer Eierstöcke ein Ei, befruchteten es in einem Reagenzglas mit dem Samen ihres Ehemannes und implantierten dann den Embryo in ihre Gebärmutter.

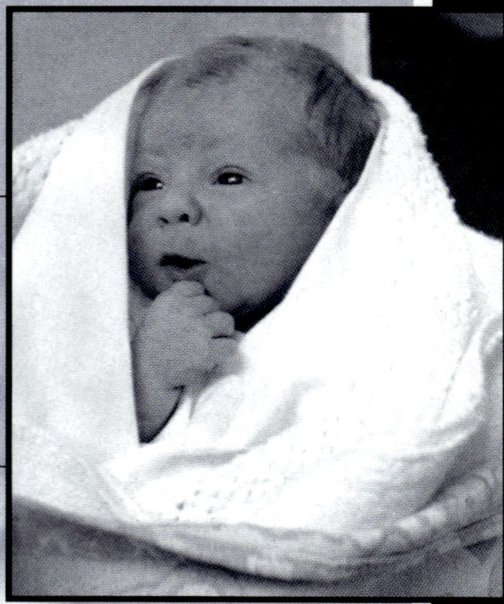

1980

In einem für die Biotechnik-Industrie überaus wichtigen Urteil erklärt das Oberste Gericht der Vereinigten Staaten die Patentierung gentechnisch hergestellter Lebensformen für Rechtens.

1982

Biologen veranlassen durch gentechnische Eingriffe die Eizellen von Mäusen zur Produktion großer Mengen an Wachstumshormonen. Das Ergebnis sind „Riesenmäuse" *(ganz links)*, die fast doppelt so groß werden können wie normale Mäuse *(links)*.

Erstmals wendet man die Chorionbiopsie an, eine Methode zur Feststellung von Gendefekten bei Embryonen. Dabei wird eine Probe jenes Gewebes entnommen und analysiert, aus dem der Fetus später seinen Beitrag zur Plazenta bildet, welche mütterliche und kindliche Anteile aufweist: Jede Anomalie in der DNS des Gewebes wird auch beim Fetus anzutreffen sein.

1984

Forscher der University of Indiana und der Universität Basel stellen fest, daß bei der Fruchtfliege eine ganze Reihe von Entwicklungskontrollgenen eine ähnliche DNS-Sequenz besitzen. Die Sequenz, als „Homöobox" bezeichnet, findet sich auch in den entsprechenden Genen anderer Tierarten – eine Entdeckung, die ein neues Licht auf die Entwicklungsweise von Tieren wirft.

Auf dem Gebiet der Rechtsprechung gewinnen Beweise in Form „genetischer Fingerabdrücke" an Bedeutung. Die innovative Methode macht es möglich, die DNS aus Blut, Haaren oder Spermien, die bei einem Verbrechen am Tatort gefunden werden, mit DNS-Proben von Tatverdächtigen zu vergleichen. Drei Jahre später wird erstmals ein Täter auf diese Weise überführt.

1990

Im ersten Versuch einer Gentherapie beim Menschen transfundieren Ärzte der National Institutes of Health einem jungen Mädchen weiße Blutzellen *(rechts)*. Sie sind gentechnisch so verändert, daß sie ein lebenswichtiges Immunprotein herstellen, welches die Zellen des Mädchens nicht bilden können.

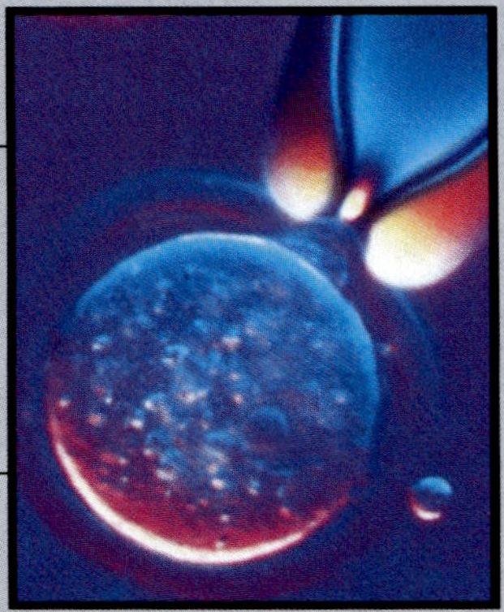

1992

Eine amerikanische Biotechnik-Firma produziert zum erstenmal eine gentechnisch veränderte Tomate – die besser schmeckt und länger hält als „normale" Tomaten.

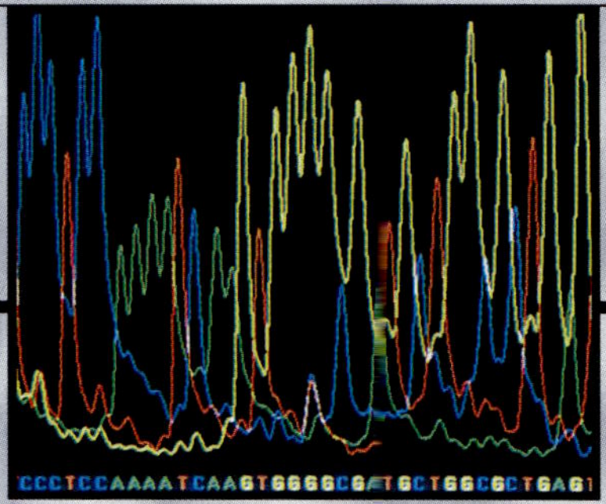

1993

Im Rahmen des 1990 begonnenen Human Genome Project wurden inzwischen 120 Millionen der drei Milliarden Genbausteine des menschlichen Genoms sequenziert. Mit Hilfe von Computern, die pro Tag Tausende von Basen sequenzieren können *(links eine Probe)*, hoffen die Forscher ihr Ziel dereinst zu erreichen: die exakte, vollständige Kartierung des menschlichen Genoms.

GLOSSAR

Allel: Eine von zwei oder mehreren alternativen Formen eines Gens. Der Begriff ist abgeleitet von dem griechischen Wort *allelon*, „andersartig". Jenes Gen beispielsweise, das die Blutgruppe bestimmt, hat drei Allele: A, B und 0. Ein Individuum besitzt in der Regel von jedem Gen zwei Allele, eines von jedem Elternteil.
Aminosäure: Chemische Verbindung, Baustein der Proteine. Alle Proteine des menschlichen Körpers bauen sich aus 20 verschiedenen, natürlich vorkommenden Aminosäuren auf, die in unterschiedlichster Weise und Anzahl miteinander kombiniert sind.
Antikörper: Proteine, die von bestimmten Zellen des Immunsystems gebildet werden und die Aufgabe haben, eindringende Krankheitskeime wie Bakterien und Viren unschädlich zu machen. Man weiß, daß Gene für mindestens fünf Klassen von Antikörpern kodieren.
Autoradiographie: Bilderzeugendes Verfahren, bei dem ein Röntgenfilm mit Material in Kontakt gebracht wird, das radioaktiv markiert ist.
Autosom: Bezeichnung für ein normales Chromosom unter Ausschluß der Geschlechtschromosomen. Der Begriff, der somit auf 22 der 23 Chromosomenpaare anwendbar ist, leitet sich von den griechischen Wörtern für *auto*, „selbst", und *soma*, „Körper", ab.
Bakteriophage: Virustyp, der ausschließlich Bakterien befällt und in der Gentechnik häufig als Vektor verwendet wird.
Base: Eine der fünf Verbindungen – Adenin, Guanin, Cytosin, Thymin und Uracil –, die den genetischen Code von DNS und RNS bilden.
Behaviorismus: Amerikanische Richtung der Psychologie, die Umwelteinflüssen eine größere Rolle bei der Persönlichkeitsbildung zuschreibt als genetischen Faktoren.
Chromatin: Bezeichnung für die entspiralisierten Stränge der DNS in den Kernen von Zellen. Sobald sich eine Zelle zur Teilung anschickt, verkürzen sich die Chromatinstränge und nehmen eine kompaktere Struktur an. In dieser Form heißen sie „Chromosomen".
Chromosom: Doppelsträngige Struktur im Zellkern, die aus komprimierter DNS besteht. Die Anzahl der Chromosomen ist artspezifisch. Beim Menschen enthalten die 23 Chromosomenpaare den gesamten genetischen Code; jedes Paar besteht aus jeweils einem Chromosom von einem der beiden Elternteile.
Codon: Auch „Triplett" genannt. Sequenz von drei Basen auf einem Messenger-RNS-Strang, die eine bestimmte Aminosäure kodieren.
Crossing-over, Crossover: Phänomen, das während der Meiose auftritt und bei dem die beiden Chromosomen eines Paares untereinander kurze DNS-Segmente austauschen.
Cytoplasma: Raum zwischen der äußeren Zellmembran und dem Zellkern. Er wird von einer viskosen Flüssigkeit ausgefüllt, in der Organellen wie Ribosomen und Mitochondrien treiben.
Differenzierung: Prozeß, bei dem sich teilende Embryonalzellen bestimmte Proteine zu bilden beginnen, welche die spätere Rolle der Zellen im Körper festlegen.
DNS (Desoxyribonukleinsäure): Komplexes doppelsträngiges Molekül (Doppelhelix), das zusammen mit Strukturproteinen die Chromosomen bildet. An den beiden ineinander verdrehten Strängen, die sich aus Zucker und Phosphat aufbauen, hängen vier Typen von Basen: Adenin, Thymin, Guanin und Cytosin; chemische Bindungen zwischen den Basenpaaren halten die beiden Stränge zusammen. Die Basensequenz entlang des Strangs repräsentiert den Code für die genetische Information.
DNS-Helicase: Enzym, das eine Rolle bei der Replikation der DNS spielt. Es trennt die Doppelstränge der DNS in zwei Einzelstränge, indem es die Bindungen zwischen den Basenpaaren reißverschlußartig löst.
DNS-Polymerase: Enzym, das den Prozeß der DNS-Replikation abschließt, indem es Nukleotide an die getrennten Einzelstränge eines DNS-Moleküls heftet und dadurch zwei neue doppelsträngige Moleküle produziert, die mit dem Originalmolekül identisch sind.
DNS-Profil: Auch als „genetischer Fingerabdruck" bekannt. Ergebnis eines Verfahrens, das repetitive Sequenzen in DNS-Proben identifiziert. Es wird angewendet, um Individuen zweifelsfrei zu identifizieren oder Verwandtschaftsverhältnisse zu klären.
DNS-Rekombinationstechnik: Siehe Rekombinierte DNS.
Dominantes Merkmal: Merkmal, das auf ein Allel zurückgeht, welches gegenüber anderen Allelen desselben Gens stets bevorzugt exprimiert wird. So ist beispielsweise das Merkmal „krauses Haar" dominant gegenüber dem Merkmal „glattes Haar".
Entwicklungskontrollgene: Siehe Homöotische Gene
Enzym: Protein, das als Katalysator für Stoffwechselprozesse innerhalb und außerhalb der Zelle dient, beispielsweise bei der Verdauung oder bei der DNS-Replikation.
Fortpflanzungszelle: Siehe Geschlechtszelle
Gelelektrophorese: Trennungsmethode, bei der unter Einwirkung eines starken elektrischen Stroms DNS-Fragmente mit negativer Ladung, die man in ein gelartiges Material eindringen läßt, in Richtung des anderen, positiv geladenen Endes zu wandern beginnen. Da kleinere Bruchstücke schneller wandern als größere, ordnen sich die DNS-Fragmente ihrer Größe nach.
Gen: DNS-Abschnitt, der für die Produktion eines bestimmten Proteins kodiert. Die Gene des Menschen bestehen in der Regel jeweils aus Tausenden von Basenpaaren.
Genetik: Vererbungslehre. Dazu gehören die Regeln, nach denen Merkmale von den Eltern auf die Nachkommen weitergegeben werden, sowie die molekulare Basis dieser Merkmale.
Genetischer Fingerabdruck: Siehe DNS-Profil
Genexpression: Prozeß, durch den die Zelle veranlaßt wird, das in einem bestimmten Gen kodierte Protein zu bilden.
Genom: Gesamtheit des Genmaterials, das ein Organismus besitzt. Das Genom des Menschen besteht aus etwa 100 000 einzelnen Genen.
Genotyp: Erbbild. Gesamtheit aller Erbanlagen eines Organismus.
Genpool: Gemeinsamer Genbestand einer Fortpflanzungsgemeinschaft (Populationen) von erbverschiedenen Individuen.
Gensonde: Molekül, das aus einer bestimmten Sequenz von Basen besteht, die ihm erlauben, sich an die komplementäre Sequenz auf einem DNS-Strang zu heften. Solche Sonden sind in der Regel mit einem radioaktiven Isotop oder einem Fluoreszenz-Farbstoff markiert, damit sie auf dem Strang leichter zu lokalisieren sind.
Gentherapie: Methode zur Behandlung von Erbkrankheiten, bei der ein defektes Gen durch ein funktionsfähiges ersetzt wird.

Geschlechtschromosomen: Beim Menschen das 23. Chromosomenpaar, von dem es zwei Typen gibt, X und Y. Ein weiblicher Nachkomme erbt von jedem Elternteil ein X-Chromosom, während ein männlicher Nachkomme ein X-Chromosom von der Mutter und ein Y-Chromosom vom Vater erhält.
Geschlechts-, Fortpflanzungszelle: Samenzelle oder Eizelle. Jede dieser Zellen besitzt nur den halben Chromosomensatz. Bei der Befruchtung verschmelzen Samen- und Eizelle, so daß der Embryo den vollen Chromosomensatz erhält.
Heterozygot: Bezeichnung für einen Zustand, bei dem die beiden Kopien eines bestimmten Gens für unterschiedliche Merkmale kodieren, zum Beispiel für reine Haut und Sommersprossen. In den meisten Fällen ist eines der beiden Merkmale gegenüber dem anderen dominant.
Homöobox: Kurze Nukleotidsequenz, die alle homöotischen Gene einer Spezies besitzen und sie als oberste Kontrollinstanz des Entwicklungsprozesses kennzeichnen.
Homöotische Gene, Entwicklungskontrollgene: Gene, die die Differenzierung von Zellen in einem sich entwickelnden Organismus regulieren sowie die Lage der Zellen entsprechend des Körperaufbaus bestimmen.
Homozygot: Bezeichnung für einen Zustand, bei dem die beiden Kopien eines bestimmten Gens identisch sind.
Hybride: Bastard. Nachkomme, der aus der Kreuzung von zwei genetisch verschiedenen Individuen hervorgeht.
Intermediäres Merkmal: Wenn einzelne Erbanlagen sich weder dominant noch rezessiv verhalten, nimmt in der Kombination zweier Allele das Merkmal eine Mittelstellung ein. Der Begriff leitet sich ab von dem lateinischen Wort *intermedius*, „dazwischenliegend".
Intron: DNS-Abschnitt auf einem Chromosom, der zwischen kodierenden Abschnitten liegt, aber keine genetische Information enthält. Die Basensequenz von Intronen ist bei jedem Individuum verschieden. Welchen Zweck diese Abschnitte erfüllen, ist bislang unbekannt.
Karyotyp: Das für ein bestimmtes Individuum, eine Gruppe oder eine Art charakteristische Erscheinungsbild des Chromosomensatzes, der als Idiogramm dargestellt wird. Ein normaler menschlicher Karyotyp weist paarweise der Größe nach geordnet 46 Chromosomen auf.
Keimzelle: Zelltyp, aus dem die Geschlechts- oder Fortpflanzungszellen hervorgehen: Eizellen beim weiblichen Geschlecht, Samenzellen beim männlichen. Beim Menschen besitzen die Keimzellen anfangs noch den kompletten Satz von 46 Chromosomen; während der Reifeteilung oder Meiose wird diese Zahl jedoch auf die Hälfte reduziert, so daß jede Geschlechtszelle nur noch 23 Chromosomen enthält.
Kodominanz: Genetischer Begriff für eine Situation, bei der keines von zwei Merkmalen, die von verschiedenen Allelen eines bestimmten Gens hervorgebracht werden, gegenüber dem anderen dominant ist. Die Blutgruppe AB ist ein Beispiel für Kodominanz: Sowohl das A- wie auch das B-Allel wird exprimiert, so daß A- und B-Proteine in den Blutzellen vorkommen.
Kopplungskarte: Genkarte, die aufgrund beobachteter Erbgänge von bestimmten Merkmalen – etwa innerhalb von Familien – die relative Lage von Genen auf einem Chromosom angibt.
Kurierproteine: Proteine, welche die Zelldifferenzierung beeinflussen, indem sie zwischen sich entwickelnden Zellen biochemische Signale weiterleiten; sie werden von homöotischen Genen erzeugt.
Meiose: Die Reifeteilung der Zelle, bei der aus einer Keimzelle Geschlechts- oder Fortpflanzungszellen mit nur noch dem halben Chromosomensatz hervorgehen. Beim männlichen Geschlecht sind das Endergebnis vier Samenzellen, beim weiblichen ist es eine Eizelle.
Messenger-RNS (mRNS): RNS-Typ, der die in der DNS verschlüsselte genetische Information den Ribosomen einer Zelle so zuführt, daß Proteine synthetisiert werden können.
Mitochondriale DNS: DNS in einem Mitochondrium, die für einige der Proteine kodiert, welche an der Energieerzeugung beteiligt sind. Bei Mensch und Tier ist sie die einzige Form von DNS, die nicht in den Chromosomen vorkommt. Da die Mitochondrien der Samenzellen im Schwanz angesiedelt sind und bei der Befruchtung nicht von der Eizelle mit aufgenommen werden, erhalten die Nachkommen mitochondriale DNS stets nur von der Mutter.
Mitochondrien: Zellorganellen im Cytoplasma, die chemische Energie für die zellulären Stoffwechselprozesse bereitstellen.
Mitose: Einfache Zellteilung – im Gegensatz zur Meiose –, bei der sich eine Zelle in zwei völlig gleiche Tochterzellen teilt, von denen jede den vollständigen Chromosomensatz erhält.
Mutation: Dauerhafte Veränderung des genetischen Codes, die meist durch einen Kopierfehler während der DNS-Replikation entsteht; das Spektrum der Abweichungen kann dabei von einer einzigen modifizierten Base in der Sequenz eines Gens bis hin zur veränderten Anzahl von Chromosomen reichen.
Nukleinsäure: Siehe DNS; RNS
Nukleotid: Baustein von DNS und RNS, der aus einem Zucker-Phosphat-Anteil besteht, an dem eine der fünf Basen hängt.
Nukleus: Zellkern, der neben anderen Strukturen die Chromosomen der Zelle enthält. Er besitzt eine Kernmembran und befindet sich häufig in der Zellmitte.
Onkogen: Gen, das normalerweise das Zellwachstum und die Entwicklung reguliert. Wenn es mutiert oder nicht richtig aktiviert ist, kann es Krebs hervorrufen.
Organell: Kleine, subzelluläre Struktur im Cytoplasma, das ganz spezifische Aufgaben ausführt.
Phänotyp: Erscheinungsbild. Gesamtheit aller äußerlich sichtbaren Merkmale.
Protein: Molekül, das aus Aminosäuren besteht und auf besondere Weise gefaltet ist. Die Art der Faltung bestimmt seine Funktion. Proteine gehören zu den wichtigsten Bausteinen des Körpers und sind bei allen biologischen Prozessen von entscheidender Bedeutung.
Proteinsynthese: Vorgang, durch den Aminosäuren miteinander verbunden werden, um Proteine zu bilden.
Regulatorgen: Kontrollgen, das für ein Protein kodiert, welches die Funktion anderer Gene regulieren hilft.
Rekombinierte DNS: DNS-Molekül, das durch Kombination von DNS-Segmenten unterschiedlicher Herkunft entsteht. Bei der Gentherapie gehört zur DNS-Rekombinationstechnik die Implantation eines therapeutisch wirksamen Gens in die DNS eines Mikroorganismus, damit es in großen Mengen gebildet werden kann.
Replikation: Verdopplung. Prozeß, bei dem die

DNS eine exakte Kopie von sich selbst herstellt.
Restriktionsenzym: Enzym, das einen DNS-Strang dort durchtrennt, wo es eine bestimmte Basensequenz erkennt (Erkennungssequenz).
Retrovirus: Virustyp, der RNS anstelle von DNS enthält, wie beispielsweise das Aids verursachende HIV. Im Gegensatz zu DNS-Viren müssen Retroviren ihre RNS erst in DNS überführen, bevor ihre genetischen Instruktionen ausgeführt werden können.
Rezessives Merkmal: Merkmal, das nur dann exprimiert wird, wenn das zuständige Gen in Form zweier identischer Allele vorliegt. Es wird nicht zum Ausdruck kommen, wenn sein Allel mit einem Allel gepaart ist, welches für die dominante Version des Merkmals zuständig ist.
Ribosom: Zellorganell, das Proteine synthetisiert, indem es Aminosäuren miteinander verknüpft. Als Vorlage dient ihm die Basensequenz auf einem Messenger-RNS-Strang.
RNS (Ribonukleinsäure): Ein der DNS ähnliches Molekül. RNS besteht in der Regel aus einem Einzelstrang und unterscheidet sich in ihrer Zusammensetzung von der DNS durch einen anderen Typ von Zucker und durch die Base Uracil, die an die Stelle von Thymin tritt. Verschiedene Formen von RNS spielen eine wichtige Rolle bei der Übersetzung der DNS-kodierten Anleitungen zur Proteinsynthese.
RNS-Polymerase: Enzym, das freie Nukleotide zu einem Strang Messenger-RNS vereint, indem es einen DNS-Abschnitt als Matrize benutzt.
Springendes Gen: Gen, das keine definierte Position innehat, sondern auf einem Chromosom vom einem Ort zum anderen wandert oder sogar von einem Chromosom auf ein anderes wechseln kann, wobei häufig die Funktion benachbarter Gene beeinflußt wird.
Strukturgen: Gen, das für eines der Proteine kodiert, die den strukturellen Anteil eines Organismus ausmachen.
Transfer-RNS (tRNS): RNS, die Aminosäuren zu den Ribosomen transportiert, damit aus ihnen ein Protein hergestellt wird.
Transkription: Prozeß, durch den genetische Instruktionen, die in einem DNS-Segment verschlüsselt sind, in das Alphabet eines Messenger-RNS-Strangs umgeschrieben werden.
Triplett: Siehe Codon
Vektor: In der Gentherapie ein Transportmittel, beispielsweise ein modifiziertes Virus, mit dem ein therapeutisch wirksames Gen in die Zelle eines Patienten eingeschleust wird.
Vererbbarkeit: Ausmaß, mit dem genetische Faktoren zur Manifestation eines bestimmten Merkmals innerhalb einer Population beitragen.
Virus: Mikroorganismus, der aus DNS oder RNS sowie verschiedenen Enzymen besteht, die gemeinsam von einem Proteinmantel umschlossen werden. Viren vermehren sich, indem sie in lebende Zellen eindringen und als Parasiten deren Zellapparat benutzen, um unzählige Kopien von sich selbst herzustellen.
Wildtyp: Normale, nicht mutierte Form eines Gens oder eines Organismus.
Zelle: Struktureinheit jedes lebenden Organismus. Beim Menschen besitzen sämtliche Zellen mit Ausnahme der roten Blutkörperchen einen Zellkern. Dieser beherbergt die Chromosomen, welche den genetischen Code in sich tragen.
Zentriolen: Strukturen in Zellen, die eine wichtige Rolle bei der Zellteilung spielen. Sie bilden die Spindelfasern, welche die Chromosomenstränge oder -paare auseinanderziehen.
Zentromer: Stelle, an der die beiden Kopien eines Chromosoms, welche vor der Zellteilung gebildet werden, aneinanderheften.
Zuschauer-Effekt: Phänomen, bei dem Toxine, die von einer kranken Zelle beim Absterben freigesetzt werden, erkrankte Zellen in ihrer Nachbarschaft abtöten.

BIBLIOGRAPHIE

BÜCHER

Alberts, Bruce, u. a.: *Molecular Biology of the Cell* (2. Aufl.). New York: Garland, 1989

Baskin, Yvonne: *The Gene Doctors*. New York: William Morrow, 1984

Becker, Wayne M.: *The World of the Cell*. Menlo Park, Calif.: Benjamin/Cummings, 1986

Berg, Paul, und Singer, Maxine: *Dealing with Genes: The Language of Heredity*. Mill Valley, Calif.: University Science Books, 1992

Blatt, Robin J. R.: *Prenatal Tests*. New York: Vintage Books, 1988

Bouchard, Thomas J., Jr.: „A Twice-Told Tale: Twins Reared Apart." In *Personality and Psychopathology* (Bd. 2 von *Thinking Clearly About Psychology: Essays in Honor of Paul Everett Meehl*, herausgegeben von W. Grove and D. Ciccehetti). Minneapolis: University of Minnesota Press, 1991. „Twins Reared Together and Apart: What They Tell Us about Human Diversity." In *Individuality and Determinism*, herausgegeben von Sidney W. Fox. New York: Plenum, 1984

Burgess, Jeremy; Marten, Michael; und Taylor, Rosemary: *Under the Microscope*. Cambridge, Mass.: Cambridge University Press, 1987

Cassill, Kay. *Twins. Nature's Amazing Mystery*. New York: Atheneum, 1982

Clayman, Charles B., M.D. (Hrsg.): *The American Medical Association Encyclopedia of Medicine*. New York: Random House, 1989

Considine, Douglas M., und Considine, Glenn D.: *Van Nostrand's Scientific Encyclopedia* (7. Aufl.). New York: Van Nostrand Reinhold, 1983

Cummings, Michael R.: *Human Heredity*. St. Paul: West Publishing, 1988

Darnell, James; Lodish, Harvey; und Baltimore, David: *Molecular Cell Biology* (2. Aufl.). Berlin: De Gruyter, 1993.

De Duve, Christian: *Die Zelle. Expedition in die Grundstruktur des Lebens*. (2. Aufl., Spektrum-Bibliothek). Heidelberg: Spektrum Akademischer Verlag, 1988

Family Ties (Reihe: Successful Parenting). Alexandria, Va.: Time-Life Books, 1987

Fast, Julius: *Blueprint for Life: The Story of Modern Genetics*. New York: St. Martin's Press, 1965

Franck, Irene, und Brownstone, David: *The Parent's Desk Reference*. New York: Prentice Hall, 1991

Freedman, Daniel G. *Human Sociobiology: A Holistic Approach*. New York: The Free Press, 1979

Friedrichsen, Gisela: *Gentechnologie. Chancen und Gefahren*. (2., aktualisierte Aufl.). Heidelberg: Hüthig Verlagsgesellschaft, 1993

Gregory, Richard L. : *The Oxford Companion to the Mind*. Oxford: Oxford University Press, 1987

The Incredible Machine. Washington, D.C.: National Geographic Society, 1986

Judson, Horace Freeland: *The Eighth Day of Creation*. New York: Simon and Schuster, 1980

Kevles, Daniel J., und Hood, Leroy (Hrsg.): *The Code of Codes*. Cambridge, Mass.: Harvard University Press, 1992

Kunze, Jürgen, M.D., und Nippert, Irmgard, M.D.: *Genetics and Malformations in Art*. Berlin: Grosse Verlag, 1986

Lappe, Marc: *Genetic Politics: The Limits of Biological Control*. New York: Simon & Schuster, 1979

Larrick, James W., M.D., und Burck, Kathy L., M.D.: *Gene Therapy*. New York: Elsevier, 1991

Levine, Arnold J.: *Viren. Diebe, Mörder und Piraten*. (Spektrum-Bibliothek). Heidelberg: Spektrum Akademischer Verlag, 1993

Lewin, Benjamin: *Genes IV*. Oxford: Oxford University Press, 1990

Lewontin, Richard: Menschen. Genetische, kulturelle und soziale Gemeinsamkeiten. (Spektrum-Bibliothek). Heidelberg: Spektrum Akademischer Verlag, 1986

McKusick, Victor A., M.D.:*The Morbid Anatomy of the Human Genome*. Baltimore, Md.: Williams & Wilkins, 1986

Milunsky, Aubrey, M.D.: *Choices, Not Chances*. Boston: Little, Brown, 1989

Mossal, Gustav J. V., und Coppel, Ross Leon: *Thema Gentechnik. Eine lebensverändernde Wissenschaft*. Heidelberg: Spektrum Akademischer Verlag, 1992

Mussen, Paul Henry, u. a.: *Child Development and Personality*. New York: Harper & Row, 1984

Neubauer, Peter B., M.D., und Neubauer, Alexander: *Nature's Thumbprint: The New Genetics of Personality*. Reading, Mass.: Addison-Wesley, 1990

The New Encyclopaedia Britannica (Bd. 15 und 16). Chicago: Encyclopaedia Britannica, 1989, 1984

Nichols, Eve K.: *Human Gene Therapy*. Cambridge, Mass.: Harvard University Press, 1988

Nilsson, Lennart: *A Child is Born* (überarb. Aufl.). New York: Dell, 1977

Nilsson, Lennart, und Lindberg, Jan: *Behold Man*. Boston: Little, Brown, 1973

The Body Victorious. New York: Delacorte Press, 1987

1983 Yearbook of Science and the Future. Chicago: Encyclopaedia Britannica, 1982

Noble, Elizabeth: *Having Twins* (2. Aufl.). Boston: Houghton Mifflin, 1991

Oliver, Stephen G., und Ward, John M.: *Wörterbuch der Genetik*. Stuttgart: Gustav Fischer Verlag, 1988

Papalia, Diane E., und Wendkos Olds, Sally: *Human Development* (5. Aufl.). New York: McGraw-Hill, 1992

Pierce, Benjamin A. : *The Family Genetic Sourcebook*. New York: John Wiley & Sons, 1992

Raven, Peter H., und Johnson, George B.: *Biology* (2. Aufl.). St. Louis: Times Mirror/Mosby College, 1989

Roche Lexikon Medizin. (2., neubearb. Aufl.) München: Urban & Schwarzenberg, 1987

Schiff, Michel, und Lewontin, Richard: *Education and Class: The Irrelevance of IQ Genetic Studies*. Oxford: Clarendon Press, 1986

Shapiro, Robert: *The Human Blueprint: The Race to Unlock the Secrets of Our Genetic Code*. New York: Bantam Books, 1991

Singer, Maxine, und Berg, Paul: *Genes & Genomes: A Changing Perspective*. Mill Valley, Calif.: University Science Books, 1992

Singer, Sam: *Human Genetics: An Introduction to the Principles of Heredity* (2. Aufl.). New York: W. H. Freeman, 1985

Die Suche nach Leben (Reihe: Reise durch das Universum). Amsterdam: Time-Life Books, 1988.

Suzuki, David T., u. a.: *An Introduction to Genetic Analysis*. New York: W. H. Freeman, 1989

Suzuki, David, und Knudtson, Peter: *Genethics: The Clash between the New Genetics and Human Values*. Cambridge, Mass.: Harvard University Press, 1989

Thomas, Lewis: *The Lives of a Cell*. New York: Bantam Books, 1974

Unverhofftes Glück (Serie: Bibliothek erstaunlicher

Fakten und Phänomene). Amsterdam: Time-Life Books, 1991
Varmus, Harold, und Weinberg, Robert A.. *Genes and the Biology of Cancer.* New York: Scientific American Library, 1993
Watson, James D., u. a.: *Molecular Biology of the Gene* (Bd. 2 und 2, 4. Aufl.). Menlo Park, Calif.: Benjamin/Cummings, 1987
Watson, James D., u. a.: *Rekombinierte* DNA. (Lehrbuch, 2. Aufl.). Heidelberg: Spektrum Akademischer Verlag, 1993
Watson, Peter: *Twins: An Uncanny Relationship?* Chicago: Contemporary Books, 1981
Weaver, Robert F., und Hedrick, Philip W.: *Basic Genetics.* Dubuque, Iowa: Wm. C. Brown, 1991
Whittle, M. J., und Connor, J. M. (Hrsg.): *Prenatal Diagnosis in Obstetric Practice.* Oxford: Blackwell Scientific, 1989
Wills, Christopher: *Exons, Introns and Talking Genes.* New York: Harper Collins, 1991
Young, Robert S.; Jorgenson, Ronald J.; und Shapiro, Steven D.: *Odds-R: Chromosomal Book.* San Antonio, Tex.: Grendel, 1985

ZEITSCHRIFTEN

Aldhous, Peter: „Britain Plans Large-Scale Sequencing Center." *Science,* 15. Mai 1992
Allman, William F.: „The Story of Life Unfolding." U.S. *News & World Report,* 22. Mai 1989
Anderson, Christopher: „Gene Therapy Researcher under Fire over Controversial Cancer Trials." *Nature,* 3. Dezember 1992
Angier, Natalie:
„A First Step in Putting Genes into Action: Bend the DNA." *New York Times,* 4. August 1992
„Potent Guardian of Chromosomes: A Muscular Gene Halts Cancer." *New York Times,* 22. September 1992
Babington, Charles: „U-Md. Cancels Conference on Genetic Link to Crime." *Washington Post,* 5. September 1992
Barinaga, Marcia: „Signals into Unknown Territory." *Science,* 27. März 1992
Barry, John M.: „Cracking the Code." *Washingtonian,* Februar 1991
Beardsley, Tim:
„Clearing the Airways." *Scientific American,* Dezember 1990
„Making Antisense." *Scientific American,* Februar 1992
„Profile: Gene Doctor." *Scientific American,* August 1990
Begley, Sharon, und Kasindorf, Martin: „Identical Twins." *Newsweek,* 3. Dezember 1979
Benditt, John: „POU! Goes the Homeobox." *Scientific American,* Februar 1989
Benne, Rob, und Van der Spek, Hans: „L'Editing des Messages Génétiques." *La Recherche,* Juli/August 1992
Berreby, David: „Kids, Creoles, and the Coconuts." *Discover,* April 1992
Bouchard, Thomas J., Jr.: „Finding My Twin Brought Happiness Beyond Belief." *Woman,* September 1985
Bouchard, Thomas J., Jr., u. a.: „Sources of Human Psychological Differences: The Minnesota Study of Twins Reared Apart." *Science,* 12. Oktober 1990
Bouchard, Thomas J., Jr., und McGue, Matthew: „Genetic and Rearing Environmental Influences on Adult Personality." *Journal of Personality,* März 1990
Bower, Bruce: „Abusive Inheritance." *Science News,* 14. November 1992
Brownlee, Shannon: „Immunology's Designer Genes." U.S. *News & World Report,* 30. Oktober 1989
Caldwell, Mark: „How Does a Single Cell Turn Into a Whole Body?" *Discover,* November 1992
Carey, John: „The Genetic Age." *Business Week,* 28. Mai 1990
Carey, John, und Hamilton, Joan: „The Gene Doctors Roll Up Their Sleeves." *Business Week,* 30. März 1992
Chang, David D., und Clayton, David A.: „A Mammalian Mitochondrial RNA Processing Activity Contains Nucleus-Encoded RNA." *Science,* 13. Dezember 1991
Culliton, Barbara J.: „Designing Cells to Deliver Drugs." *Science,* 10. November 1989
Culver, Kenneth W., u. a.: „In Vivo Gene Transfer with Retroviral Vector-Producer Cells for Treatment of Experimental Brain Tumors." *Science,* 12. Juni 1992
Dajer, Tony:
„Divided Selves." *Discover,* September 1992
„The Genome Finds Its Henry Ford." *Discover,* Januar 1993
De Robertis, Eddy M.; Oliver, Guillermo; und Wright, Christopher V. E.: „Homöobox-Gene und der Wirbeltierbauplan." *Spektrum der Wissenschaft, September* 1990
Diamond, Jared (Hrsg.): „Curse and Blessing of the Ghetto." *Discover,* März 1991
Doolittle, Russell F.: „Proteine." *Spektrum der Wissenschaft, Dezember* 1985
Dorozynski, Alexander: „Gene Mapping the Industrial Way." *Science,* 24. April 1992
Driscoll, Robert J.; Youngquist, Michael G.; und Baldeschwieler., John D.: „Atomic-Scale Imaging of DNA Using Scanning Tunnelling Microscopy." *Nature,* 19. Juli 1990
Ezzell, C.: „Blood-Vessel Growth Genes Stop Making Sense." *Science News,* 5. September 1992
„Gene Therapy for Cystic Fibrosis Patients." *Science News,* 12. Dezember 1992
Farber, Susan: „Telltale Behavior of Twins." *Psychology Today,* Januar 1981
Felsenfeld, Gary: „Chromatin as an Essential Part of the Transcriptional Mechanism." *Nature,* 16. Januar 1992
„Female Alcoholism Seen Strongly Linked to Genetics." *Washington Post,* 14. Oktober 1992
Flam, Faye: „Backward Genetics." *Science News,* 10. Juni 1989
Fogle, Suzanne: „Pretty BABI: Blastomere Screen Detects CF Gene." *Journal of* NIH *Research,* Juni 1992
„Form-Fitting Genes." *Discover,* September 1987
Franklin-Barbajosa, Cassandra: „The New Science of Identity." *National Geographic,* Mai 1992
Freedman, Daniel G.: „Ethnic Differences in Babies." *Human Nature,* Januar 1979
Freedman, Daniel G., und DeBoer, Marilyn M.: „Biological and Cultural Differences in Early Child Development." *Annual Review of Anthropology,* 1979
Gehring, Walter J.: „Die molekulare Grundlage der Entwicklung." *Spektrum der Wissenschaft,* Dezember 1985
„Genetics: Influences of Nature, Nurture Debated." *Los Angeles Times,* 18. April 1992
„The Geography of Genes." *The Economist,* 16. Dezember 1989

Gibbons, Ann: „Geneticists Trace the DNA Trail of the First Americans." *Science*, 15. Januar 1993

Giese, Klaus; Cox, Jeffery; und Grosschedl, Rudolf: „The HMG Domain of Lymphoid Enhancer Factor 1 Bend DNA and Facilitates Assembly of Functional Nucleoprotein Structures." *Cell*, 3. April 1992

Goldsmith, Marsha F. „Tomorrow's Gene Therapy Suggests Plenteous, Patent Cardiac Vessels." JAMA, 16. Dezember 1992

Goleman, Daniel. „New Storm Brews on Whether Crime Has Roots in Genes." *New York Times*, 15. September 1992

Gorman, Christine: „A Lethal Legacy." *Time*, 17. Mai 1993

Gould, Judy: „What Happens When Three Young Men Find Out They're Triplets? It's Not as Simple as 1-2-3." *People*, 13. Oktober 1980

Grady, Denise: „Sex Test of Champions." *Discover*, Juni 1992

Grunstein, Michael: „Die Rolle der Histone als Genregulatoren." *Spektrum der Wissenschaft*, Januar 1993

Hall, Stephen S.: „James Watson and the Search for Biology's 'Holy Grail.'" *Smithsonian*, Februar 1990

Haney, Daniel Q.: „Born Bashful." *Washington Post*, 12. März 1991

Hanson, Betsy: „A Bull's-Eye in the Brain." *Discover*, Oktober 1992

Henig, Robin Marantz: „Dr. Anderson's Gene Machine." *New York Times*, 31. März 1991

Herman, Robin:

„Gene Therapy to be Tested in Cystic Fibrosis Patients." *Washington Post*, 4. Dezember 1992.

„Scientists to Fight Brain Tumor with Altered Mouse Cells." *Washington Post*, 9. Juni 1992

Highfield, Roger: „Gene Injection Used for First Time to Tackle Cancer." *Times* (London), 14. April, 1992

Hoffman, Michelle: „Putting New Muscle into Gene Therapy." *Science*, 6. Dezember 1991

Holden, Constance:

„The Genetics of Personality." *Science*, 7. August 1987

„Identical Twins Reared Apart." *Science*, 21. März 1980

Holden, Constance (Hrsg.): „Another Gene Therapy First." *Science*, 19. Juni 1992

Holliday, Robin: „Eine andere Art der Vererbung." *Spektrum der Wissenschaft*, August 1989

Holloway, Marguerite: „Neural Vector." *Scientific American*, Januar 1991

„Homeobox Genes Go Evolutionary." *Science*, 24. Januar 1992

Horgan, John: „D_2 or Not D_2." *Scientific American*, April 1992

Howard-Flanders, Paul: „Inducible Repair of DNA." *Scientific American*, November 1981

Hunt, Morton: „The Total Gene Screen." *New York Times Magazine*, 19. Januar 1986

Hurrell, Mick: „Opening Up the Book of Life." *Times* (London), 30. Juli 1992

Jackson, Donald Dale: „Reunion of Identical Twins, Raised Apart, Reveals Some Astonishing Similarities." *Smithsonian*, Oktober 1980

Jaroff, Leon: „Giant Step for Gene Therapy." *Time*, 24. September 1990.

„Happy Birthday Double Helix." *Time*, 15. März 1993

Jones, Steve: „The Language of Genes: Change or Decay." *The Independent*, 21. November 1991

Kanigel, Robert: „Genome." *New York Times Magazine*, 13. Dezember 1987

Kiester, Edwin, Jr.: „A Bug in the System." *Discover*, Februar 1991

Kluger, Jeffrey: „Body Doubles." *Omni*, August 1987

Kolata, Gina: „Fetal Hemoglobin Genes Turned On in Adults." *Science*, 24. Dezember 1982

„From Fly to Man, Cells Obey Same Signal." *New York Times*, 5. Januar 1993

Lang, John S.: „How Genes Shape Personality." *U.S. News & World Report*, 13. April 1987

Lantiéri, Marie-Françoise: „À la Découverte du Génome Humain." *Science & Vie*, Februar 1988

Lemonick, Michael D.: „Genetic Tests under Fire." *Time*, 24. Februar 1992

Leo, John:

„Exploring the Traits of Twins." *Time*, 12. Januar 1987

„Genetic Advances, Ethical Risks." U.S. *News & World Report*, 25. September 1989

Lewis, Ricki:. „DNA Fingerprints: Witness for the Prosecution." *Discover*, Juni 1988

Lowenstein, Jerold M: „Whose Genome Is It, Anyway?" *Discover*, Mai 1992

McAuliffe, Kathleen: „Born to Believe: Your Values about God, Home, and Country May Be Influenced by Your Genes." *Omni*, Oktober 1992

McKnight, Steven Lanier: „Molekular-Reißverschlüsse bei der Genregulation." *Spektrum der Wissenschaft*, Juni 1991

Maranto, Gina, und Brownlee, Shannon: „Why Sex?" *Discover*, Februar 1984

Marx, Jean L.:

„The Continuing Saga of ‚Homeo-Madness'". *Science*, 11. April 1986

„DNA Fingerprinting Takes the Witness Stand." *Science*, Juni 1988

Merz, Beverly: „Designer Genes." *American Health*, März. 1993

Moffat, Anne Simon: „Making Sense of Antisense." *Science*, 2. August 1991

Montgomery, Geoffrey: „The Ultimate Medicine." *Discover*, März 1990

Mullis, Kary B.: „Eine Nachtfahrt und die Polymerase-Kettenreaktion." *Spektrum der Wissenschaft*, Juni 1990

Nash, J. Madeleine: „Tracking Down the Killer Genes.",*Time*, 17. September 1990

„Now Robots Have Joined the War against Disease." *The Independent*, 9. November 1992

Okie, Susan: „Genes Play Heavy Role in Weight Gain." *Washington Post*, 24. Mai 1990

„100 Trillion Ants Drop Acid." *Discover*, September 1987

Palca, Joseph:

„Britain Plans Large-Scale Sequencing Center." *Science*, 15, Mai 1992

„The Genome Project: Life after Watson." *Science*, 15. Mai 1992

„The Other Human Genome." *Science*, 7. September 1990

„Peeking at Twins." *The Economist*, 3. November 1990

Perricaudet, Michel; Stratford-Perricaudet, Leslie; und Briand, Pascale: „Gene Therapy by Adenovirus." *Le Recherche*, April 1992

Perutz, M. F.: „The Hemoglobin Molecule." *Scientific American*, November 1964

Price, James O., u. a.: „Prenatal Diagnosis with

Fetal Cells Isolated from Maternal Blood by Multiparameter Flow Cytometry." *American Journal of Obstetrics and Gynecology* (Teil 1), Dezember 1991

Ptashne, Mark: „Wie Genaktivatoren funktionieren." *Spektrum der Wissenschaft*, März 1989

Radetsky, Peter: „The Roots of Cancer." *Discover*, Mai 1991

Randall, Teri: „First Gene Therapy for Inherited Hypercholesterolemia a Partial Success." JAMA, 17. Februar 1993

„Reading the Human Blueprint." U.S. *News & World Report*. 28. Dezember 1987/4. Januar 1988

Richards, Frederic M.: „Die Faltung von Proteinmolekülen. *Spektrum der Wissenschaft*, März 1991

Ried, Thomas, u. a: „Simultaneous Visualization of Seven Different DNA Probes by *In Situ* Hybridization Using Combinatorial Fluorescence and Digital Imaging Microscopy." *Proceedings of the National Academy of Science*, Februar 1992

Roberts, Leslie: „Flap Arises over Genetic Map." *Science*, 6. November 1987

Rosen, Claire Mead: „The Eerie World of Reunited Twins." *Discover*, September 1987

Segal, Nancy L.: „The Nature vs. Nurture Laboratory." *Twins*, Juli/August 1984

Stone, Richard: „Molecular 'Surgery' for Brain Tumors." *Science*, Juni 1992

„Study Discounts Genetics in Most Alcoholism." *Washington Post*, 20. Januar 1992

„Switched-On Genes." *Newsweek*, 20. Dezember 1982

Thompson, Dick: „The Most Hated Man in Science." *Time*, 4. Dezember 1989

Thompson, Larry:

„At Age 2, Gene Therapy Enters a Growth Phase." *Science*, 30. Oktober 1992

„Stem-Cell Gene Therapy Moves Toward Approval." *Science*, 28. Februar 1992

„The Tiniest Transplants." *The Economist*, 25. April 1992

Trotter, Robert J.: „You've Come a Long Way, Baby." *Psychology Today*, Mai 1987

Verma, Inder M.: „Gentherapie." *Spektrum der Wissenschaft*, Januar 1991

Vogel, Shawna:

„The Case of the Unraveling DNA." *Discover*, Januar 1990

„The Shape of Proteins." *Discover*, Oktober 1988

Watson, Traci: „Gene Therapy Research Is Spread across Many Disciplines and Institutes at NIH." *Nature*, 17. September 1992

Weaver, Robert F.: „Changing Life's Genetic Blueprint." *National Geographic*, Dezember 1984

Weinberg, Robert A.: „Molekulare Grundlagen von Krebs." *Spektrum der Wissenschaft*, Januar 1984

Weintraub, Harold M.: „Antisense-DNA und RNA: komplementärer Code mit Sinn." *Spektrum der Wissenschaft*, März 1990

Weiss, R.: „First Human Gene-Therapy Test Begun." *Science News*, 22. September 1990

Wickramasinghe, H. Kumar: „Raster-Sonden-Mikroskopie." *Spektrum der Wissenschaft*, Dezember 1989

Wright, Robert: „Achilles' Helix." *The New Republic*, 9./16. Juli 1990

ANDERE PUBLIKATIONEN

Bouchard, Thomas J., Jr., Segal, Nancy L., und Lykken, David T.: „Genetic and Environmental Influences on Special Mental Abilities in a Sample of Twins Reared Apart." Rom: Mendel-Institut, 1990

DNA *Identity Testing*. Stamford, Conn.: Lifecodes Corporation, 1991

The Human Genome Project: New Tools for Tomorrow's Health. Bethesda, Md.: National Institutes of Health, September 1992

Kanigel, Robert: „How Does a Fertilized Egg Turn Into a Fly, a Chicken, You, or Me?" *From Egg to Adult*. Report. Bethesda, Md.: The Howard Hughes Medical Institute, Mai 1992

„Note to Reporters and Editors." News release. Bethesda, Md.: National Institutes of Health, 8. Oktober 1991

Pines, Maya: „Learning from the Worm." *From* Egg to Adult. Report. Bethesda, Md.: The Howard Hughes Medical Institute, Mai 1992

Radetsky, Peter:

„Discovering the Body Plan." *From Egg to Adult*. Report. Bethesda, Md.: The Howard Hughes Medical Institute, Mai 1992

„The Homeobox: Something Very Precious that We Share with Flies." *From Egg to Adult*. Bethesda, Md.: The Howard Hughes Medical Institute, Mai 1992

Rosenberg, Steven A.: „The David A. Karnofsky Memorial Lecture: Immunotherapy and Gene Therapy of Cancer." American Society of Clinical Oncology 27th Annual Meeting, Houston, Tex., 20. Mai 1991

U.S. Congress, Office of Technology Assessment. *Mapping Our Genes – The Genome Projects: How Big, How Fast?* OTA-BA-373. Washington, D.C.: U.S. Government Printing Office, April 1988

U.S. Department of Energy. *Human Genome Program – Primer on Molecular Genetics*. Washington, D.C.: Office of Energy Research, Juni 1992

REGISTER

Fettgedruckte Seitenzahlen verweisen auf eine Abbildung zu dem betreffenden Stichwort.

A

B

C

D

E

F

G

H

DANKSAGUNG

Für ihre freundliche Hilfe bei der Vorbereitung dieses Bandes danken die Herausgeber folgenden Personen und Institutionen:

Vanessa M. Barnabei, George Washington University, Washington, D.C.; David Bigbee, Federal Bureau of Investigation, Washington, D.C.; Thomas J. Bouchard, Jr., Minnesota Center for Twin and Adoption Research, Minneapolis; Patricia Bray-Ward, Yale University, New Haven, Connecticut; Karen Camille Cone, University of Missouri, Columbia; Kim Cornejo, Howard Hughes Medical Institute, Chevy Chase, Maryland; Jackie Cossman, Applied Biosystems, Foster City, California; Alan Cowell, Rom; Maurizio Cutolo, Genua; Philippe Dacla, C.N.R.I., Paris; Paolo Durand, Rom; Sharon Durham, National Institutes of Health, Bethesda, Maryland; Nina V. Fedoroff, Carnegie Institution of Washington, Baltimore; Gary Felsenfeld, National Institutes of Health, Bethesda, Maryland; Jill S. Fonda-Allen, Children's National Medical Center, Washington, D.C.; Hans Gelderblom, Robert-Koch-Institute, Berlin; Michael Gibson, Applied Biosystems, Foster City, California; Mark R. Hughes, Baylor College of Medicine, Houston, Texas; Lynn Jorde, University of Utah, Salt Lake City; Margaret Keyes, Minnesota Center for Twin and Adoption Research, Minneapolis; Troels Kjaer, National Institute of Mental Health, Bethesda, Maryland; Victor McKusick, The Johns Hopkins University, Baltimore; Christiane Nüsslein-Volhard, Max-Planck-Institut für Entwicklungsbiologie, Tübingen; Michael E. Pique, The Scripps Research Institute, La Jolla, California; Tom Reynolds, National Institutes of Health, Bethesda, Maryland; Michael B. Wiant, Illinois State Museum, Springfield.

QUELLENNACHWEIS

Die Nachweise sind bei Abbildungen von links nach rechts durch Semikolon, von oben nach unten durch Gedankenstrich getrennt.

7: Illustration Alfred T. Kamajian – Drs. T. Reid & D. Ward/Peter Arnold, Inc. – © 1993 Bob Sacha. **8, 9:** Lennart Nilsson, *The Body Victorious*, Dell Publishing Co., New York, 1987. **11:** Enrico Ferorelli. **12, 13:** Phil Schofield/Allstock. **14:** Richard G. Hatton, *The Craftsman's Plant-Book*, 1909 (Dover Edition, New York, 1960) – Graphik von Fatima Taylor. **16:** ©RSI/Allstock. **18, 19:** Illustration Will Williams of Wood, Ronsaville, Harlin, Inc. **20, 21:** Rolf Konow/Shooting Star. **23:** Illustration Alfred T. Kamajian. **24, 25:** Illustration Alfred T. Kamajian; (oben rechts) Lennart Nilsson, A *Child is Born*, Dell Publishing Co., New York, 1986 – (unten rechts) Lennart Nilsson, *Behold Man*, Little, Brown, Boston, 1973, (Bildausschnitte) Biophoto Associates/Science Source/Photo Researchers (3). **26:** Dr. Per Sundström/CNRI – ©Biophoto Associates/Science Source/Photo Researchers (2) – Charlotte Fullerton (2). **28, 29:** Bildausschnitte Tipy Taylor; Manfred P. Kage/Okapia (2) – Illustration Alfred T. Kamajian; Georgetown University Medical Center. **31:** Dr. Jürgen Kunze, Kinderklinik und Institut für Humangenetik, Freie Universität, Berlin. **32:** Illustration Tipy Taylor. **33:** Illustration Fred Holz. **34:** Peter Freed. **36, 37:** The Mansell Collection; Graphik John Drummond; The Royal Archives, Windsor Castle ©Her Majesty Queen Elizabeth II (2). **39:** Michael Pique/Research Institute of Scripps Clinic. **40, 41:** Illustration Will Williams und Rob Wood of Wood, Ronsaville, Harlin, Inc. **42-49:** Illustration Rob Wood of Wood, Ronsaville, Harlin, Inc. **50, 51:** Will & Deni McIntyre/Photo Researchers. **52:** Driscoll, Youngquist & Baldeschwieler, Caltech/Science Photo Library/Photo Researchers. **54, 55:** Petit Format/Nestle/Science Source/Photo Researchers. **56:** CNRI/Science Photo Library/Photo Researchers – CNRI/Science Source/Photo Researchers. **57:** CNRI/Phototake, New York – Prof. P. Motta/Abteilung Anatomy/Universität La Sapienza, Rom/Science Photo Library/Photo Researchers. **59:** David Scharf/Peter Arnold, Inc. **60:** Dr. Christiane Nüsslein-Volhard, Tübingen; Steve Langeland, Steve Paddock, Sherwin Attai, und Sean Carroll/Howard Hughes Medical Institute Research Laboratories. **61:** Steve Langeland, Steve Paddock, Sherwin Attai, und Sean Carroll/Howard Hughes Medical Institute Research Laboratories (2); ©1992 *Discover* Magazine. **63:** Alan Oddie/PhotoEdit. **64, 65:** Lennart Nilsson, *The Body Victorious*, Dell Publishing Co., New York, 1987, (Bildausschnitt) David A. Clayton/ Fran Heyl & Associates. **67:** Secchi-Lecaque/ Roussel -UCLAF/CNRI/Science Photo Library/ Photo Researchers. **68:** J. C. Revy, CNRI. **69:** Bill Longcore/Photo Researchers. **71:** Lee D. Simon/ Photo Researchers – Dr. Hans Gelderblom, Robert-Koch-Institut, Berlin. **72, 73:** Illustration Alfred T. Kamajian. **75:** Nik Kleinberg/Picture Group. **77:** Illustration Steven Bauer – mit frdl. Gen. The Illinois State Museum. **78, 79:** Illustration Steven Bauer; Lifecodes Corporation. **80:** ©Boehringer Ingelheim International GmbH, Photo Lennart Nilsson. **85:** Drs. T. Ried & D. Ward/Peter Arnold, Inc. **86:** Mit frdl. Gen. National Center for Human Genome Research, Bethesda, Maryland. **87:** Mit frdl. Gen. *The New Republic*. **88, 89:** ©Jean-Claude Revy/ Phototake, New York. **90-95:** Illustration Karen Barnes of Wood, Ronsaville, Harlin, Inc. **96, 97:** Photo von Kay Chernush, für Howard Hughes Medical Institute. **98-105:** Illustration Stephen R. Wagner. **106, 107:** ©David Teplica, M.D., M.F.A. **109:** ©1993 Robert Mankoff und The Cartoon Bank, Inc. **111:** Robert Halmi. **113:** ©David Teplica, M.D., M.F.A. **114:** Doris Brenner. **116-117:** The Granger Collection, New York. **118:** London Express/Editorial Enterprises. **119:** ©1987 Bob Sacha. **120:** Robert Burroughs. **121:** ©1987 Bob Sacha. **122:** UPI/Bettmann. **123:** ©1987 Jim Coit. **125:** Mit frdl. Gen. Dr. Monte S. Buchsbaum. **128-131:** Hintergrund Dan McCoy/ Rainbow. **128, 129:** Culver Pictures, Inc. – Manfred P. Kage/ Okapia – mit frdl. Gen. The Rockefeller Archive Center – Photo Researchers. **130, 131:** H. R. Kobel/Université de Genève – Solo Syndication/Sipa Press – Dr. Ralph Brinster – ©M. Beret/RHPHU/Photo Researchers – J. C. Revy/CNRI.